U0885622

高等职业教育能源动力与材料大类

（能源电力专业群）系列教材编委会

高等职业教育能源动力与材料大类系列教材

电力系统继电保护信号识别与分析

DIANLI XITONG JIDIAN BAOHU XINHAO SHIBIE YU FENXI

● 主　编　刘　娟

● 副主编　李　辉　陈　芳　周慧娟
余　斌　李怡静　舒　辉
董寒冰

● 参　编　邓　刚　徐先勇　胡九龙

重庆大学出版社

内容提要

本书是高等职业教育适用于发电厂及电力系统、供用电技术、电力系统自动化等专业的教材，主要介绍电力系统继电保护的基本知识、电力系统故障时的监控信号识别及分析方法。全书分为6个项目，内容包括继电保护的基本知识、配电线路保护信号识别与分析、输电线路保护信号识别与分析、变压器保护信号识别与分析、发电机保护信号识别与分析、母线保护信号识别与分析。本书针对高职高专院校学生的特点和教学要求，本着“理论适度够用，强化实践技能”的原则，对理论内容进行了适度的取舍，以项目任务为主线进行信号识别、故障判断、综合故障分析等各级难度的训练。

本书可作为高职高专电气工程类专业的教材和从事电力行业的职工职业技术培训用书，也可作为从事变电运维、监控值班、继电保护调试等工作的有关工程技术人员的参考用书。

图书在版编目(CIP)数据

电力系统继电保护信号识别与分析 / 刘娟主编. —
重庆 : 重庆大学出版社, 2020.3(2024.8重印)
ISBN 978-7-5689-2024-7

Ⅰ. ①电… Ⅱ. ①刘… Ⅲ. ①电力系统—继电保护—信号识别—高等职业教育—教材②电力系统—继电保护—信号分析—高等职业教育—教材 Ⅳ. ①TM77

中国版本图书馆 CIP 数据核字(2020)第045616号

电力系统继电保护信号识别与分析

主 编 刘 娟
副主编 李 辉 陈 芳 周慧娟 余 斌
李怡静 舒 辉 董寒冰
参 编 邓 刚 徐先勇 胡九龙
策划编辑：鲁 黎
责任编辑：李定群 版式设计：鲁 黎
责任校对：谢 芳 责任印制：张 策

*

重庆大学出版社出版发行
出版人：陈晓阳
社址：重庆市沙坪坝区大学城西路21号
邮编：401331
电话：(023) 88617190 88617185(中小学)
传真：(023) 88617186 88617166
网址：http://www.cqup.com.cn
邮箱：fxk@cqup.com.cn (营销中心)
全国新华书店经销
POD：重庆市圣立印刷有限公司

*

开本：787mm×1092mm 1/16 印张：15.75 字数：376千
2020年3月第1版 2024年8月第3次印刷
ISBN 978-7-5689-2024-7 定价：45.00元

序言

践行习近平总书记提出的“四个革命、一个合作”能源安全新战略，赋予了电力企业全新的使命，众多电力企业需要像电能一样——源源不断地输送到千家万户——需要持续补充能源电力类技术技能型员工，电力类职业院校无疑是这一战略和使命的有力支撑者与践行者。

近年来，长沙电力职业技术学院始终以“产教融合”为主线，以“做精做特”为思路，打造能源电力特色专业群，不断推进人才培养与能源电力发展接轨、与产业升级对接，全力培养电力行业新时代卓越产业工人，为服务经济社会发展提供强有力的人才保障。

教材，是人才培养和开展教育教学的支撑和载体。为此，长沙电力职业技术学院把编制“产教深度融合、工学无缝对接”的教材作为专业群建设的关键切入点，从培养能源电力行业一线职工的角度出发，下大力气破解在传统观念影响下，职业教育教材与企业生产实际、就业岗位需求脱节的突出问题。本套教材由长沙电力职业技术学院教师与“发、输、变、配、用”等能源电力产业链各环节的企业专家、技术人员通力合作编写而成，贯彻了“产教协同”的思路理念，汇聚了源自企业生产一线和技能岗位的实践经验。

以德为先，德育和智育相互融合。本套教材立足高职学生视角，在突出内容设计和语言表达的针对性、通俗性、可读性的同时，注重将核心价值观、职业道德和电力行业、企业文化等元素融入其中，引导学生树立共产主义远大理想，把“爱国情、强国志、报国行”自觉融入实现“中国梦”的奋斗之中，努力成为德、智、体、美、劳全面发展的社会主义建设者和接班人。

以实为体，理论与实践相互支撑。“教育上最重要的事是要给学生一种改造环境的能力”(陶行知语)。为此，本套教材更加突出对学生职业能力的培养，在确保理论知识适度、实用的基础上，采用任务驱动模式编排学习内容，以“项目＋任务”为主体，导入大量典型岗位案例，启发学生“做中学、学中做”，促进实现工学结合、“教学做”一体化目标。同时，得益于本套教材为校企合作开发，确保了课程内容源于企业生产实际，具有较好的“技术跟随度”，较为全面地反映了能源电力专业最新知识，以及新工艺、新方法、新规范和新标准。

以生为本，线上与线下相互衔接。本套教材配有数字化教学资源平台，能够更好地适应混合式教学、在线学习等泛在教学模式的需要,有利于教材跟随能源电力专业技术发展和产业升级情况,及时调整更新。平台建立了动态化、立体化的教学资源体系,内容涵盖课程电子教案、教学课件、辅助资源(视频、动画、文字、图片)、测试题库、考核方案等,学生可通过扫描“二维码”,结合线上资源与纸质教材进行自主学习,为大力开展网络课堂和智慧学习提供了有力的技术支撑。

“教育者,非为已往,非为现在,而专为将来。”(蔡元培语)随着现场工作标准的提高、新技术的应用,本套教材还将不断改进和完善。希望本套教材的出版能够为能源动力与材料专业大类的专业人才培养提供参考借鉴,为“全能型”供电所建设发展作有益探索!

与此同时,对为本套系列教材辛勤付出的编委会成员、编写人员、出版社工作人员表示衷心的感谢!

2019 年 12 月

前言

本书是以《关于全面提高高等职业教育教学质量的若干意见》为指导，主要采用行动导向编写方式，为实现电力职业教育工学结合和实现理实一体教学模式起到了支撑和载体作用，创新了电力职业教育教材体系。

“继电保护”在电力工程中应用广泛，也是电力类专业的一门重要的专业核心课程，理论性与实践性都很强。本书针对高职高专教育“继电保护”课程的特点，采用“项目导向、任务驱动”的模式编写，以电力系统线路及设备故障为情境，设计工作任务，训练学生信号识别与故障分析能力。学生通过识别故障时发出的保护信号，结合保护工作原理进行故障类型及范围的初步分析，再结合现场保护报文与故障录波图得出进一步结论。通过任务训练，帮助学生理解理论知识，同时训练其故障分析、处理能力，让学生在“学中做、做中学”，使学生对知识融会贯通。

全书由长沙电力职业技术学院刘娟担任主编并统稿，李辉、陈芳、周慧娟、余斌、李怡静、舒辉、董寒冰担任副主编。本书共6个项目，具体分工如下：项目1由长沙电力职业技术学院李怡静、刘娟编写；项目2由长沙电力职业技术学院刘娟、董寒冰与长沙供电公司邓刚共同编写；项目3任务3.1、任务3.2由长沙电力职业技术学院刘娟、舒辉与株洲供电公司胡九龙编写；任务3.3由国网湖南省电力有限公司电力科学研究院余斌、李辉和徐先勇编写；项目4由长沙电力职业技术学院周慧娟、刘娟编写；项目5由国网湖南省电力有限公司电力科学研究院李辉与余斌编写；项目6由长沙电力职业技术学院陈芳编写。沙丹老师对本书进行了认真的审阅并协助制图，提出了宝贵的意见，在此表示衷心的感谢！

限于时间和精力，书中疏漏之处难免，敬请批评指正。

编　者

2019年10月

目录

项目 1　继电保护的基本知识

【项目描述】

主要培养学生依照继电保护的基本要求对简单电路保护动作行为的分析能力。理解继电保护的任务及构成，掌握继电保护的基本要求，了解其基本方法，能理解 5 种常用继电器的工作原理。

【项目目标】

知识目标：

能阐述继电保护的任务与作用，掌握继电保护的四项基本要求；掌握各种继电器的符号和图形，熟悉电磁型继电器的结构，了解继电器的动作过程和工作原理，掌握各种继电器在继电保护中的应用，理解动作电流、返回电流和返回系数的意义。

能力目标：

会依照继电保护的基本要求对简单电路保护动作行为进行分析；能对电磁型电流(压)继电器进行接线和特性测试；会对中间继电器进行特性测试。

【教学环境】

继电保护实验室、多媒体课件。

任务 1.1　继电保护的认识

【任务目标】

知识目标

1. 能阐述继电保护的任务与作用。
2. 掌握继电保护的 4 项基本要求。

能力目标

会依照继电保护的基本要求对简单电路保护动作行为进行分析。

【任务描述】

班级学生自由组合为若干个运行学习小组,各运行学习小组自行选出运行组长,并明确各小组成员的角色。在变电站仿真运行场景下,各运行学习小组按照《电力安全工作规程 发电厂和变电站电气部分》(GB 26860—2011)、《继电保护和安全自动装置技术规程》(GB/T 14285—2006)的要求,进行定值查看操作。

【任务准备】

(1)规程学习

学习《继电保护和安全自动装置技术规程》(GB/T 14285—2006),了解继电保护规程大概框架。

(2)设备、资料准备

预先熟悉变电站继电保护设备,收集继电保护设备图片上传网络学习平台。

(3)知识准备

预习本节相关知识内容,并回答以下问题:

①什么是继电保护?

②继电保护的任务是什么?

【相关知识】

电能作为便捷、清洁的二次能源,社会对电能的需求越来越突出,对电力系统安全稳定和电能质量的要求也越来越高。要保证规模不断扩大、运行情况复杂的电力系统安全稳定地运行,必须依靠自动的保护装置。因最初电力系统的保护装置是由一个一个继电器所组成的,故称继电保护装置。继电保护装置是能反映电力系统中电气元件发生的故障或不正常运行状态,并动作于断路器跳闸或发出信号的一种自动装置。

1.1.1 电力系统继电保护的任务

电力系统的运行状态可分为正常运行状态、不正常运行状态和故障。正常运行状态是指电力系统中电气设备运行参数在额定允许范围内的状态。不正常运行状态是指电气设备的正常工作遭到破坏,运行参数超出极限允许范围,但没有发生故障,如过负荷、频率异常、电压异常以及系统振荡等,都属于不正常运行状态。电气设备在不正常运行状态时,通常可坚持运行一段时间,但若不及时处理将可能发展为故障。故障状态是指电气设备发生的短路或断相。在故障状态下,电气设备应立即从电力系统中切除,以防止故障的扩大,造成事故。事故是指电气设备正常工作遭到破坏,并造成对用户少送电,或电能质量变坏到不能允许的地步,甚至造成电气设备的损坏和人身伤亡等。故障和不正常运行状态都可能在电力系统中引起事故。

电力系统的故障一旦发生,将会迅速发展,造成严重后果。因此,建立保护体系是对电力系统安全运行的保证。继电保护装置是保障电力系统安全和稳定运行不可或缺的重要设备。电力系统继电保护的基本任务如下：

①在电力系统发生故障时，能迅速、有选择性地切除故障元件，保证无故障部分继续运行，减小停电范围。

②在电力系统出现不正常运行状态时，能发出警示信号，提醒值班人员进行及时处理，或视设备情况作用于减负荷或延时跳闸。

1.1.2　继电保护的基本要求

为了保证电力系统的安全和稳定运行，任何电气设备都不允许在无继电保护的状态下运行。继电保护装置应满足以下4项基本要求：

(1)可靠性

可靠性是指继电保护在应该动作时动作，不该动作时不动作。可靠性是对电力系统继电保护装置最基本的要求。影响保护装置可靠性的因素主要有装置本身硬件方面异常或原理上的缺陷，以及二次回路和通道方面的异常等。为保证可靠性，在满足性能要求的前提下，应尽可能地选用原理或结构简单的保护方案。

(2)选择性

选择性是指首先应由对故障设备或故障线路本身的保护来切除故障。当对故障设备和故障线路本身的保护或断路器拒动时，才允许由相邻设备和线路的保护，或断路器失灵保护来切除故障。

在如图1.1所示的电网中，当线路 L_2 发生故障时，应由离故障点最近的断路器 QF_2 的保护2动作来切除故障。此时，停电的影响范围最小，保护满足选择性。若保护1动作，断路器 QF_1 断开，则无故障线路 L_1 也停电，从而扩大了停电范围，保护失去了选择性。但如果保护2失效或断路器 QF_2 拒动，无法切除故障；保护1动作断开断路器 QF_1，则这种情况也认为保护是满足选择性的。

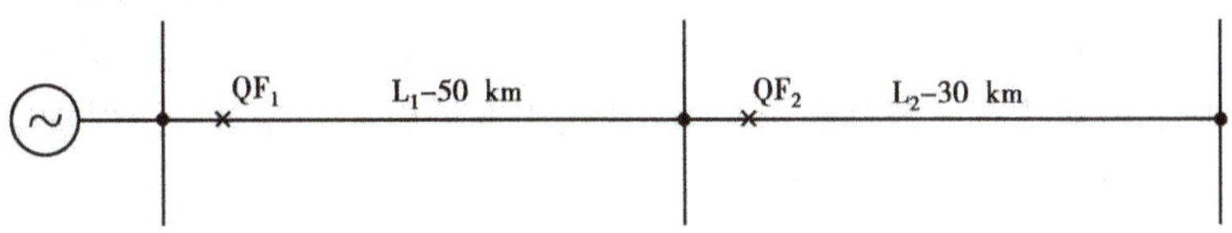

图1.1　保护选择性说明图

(3)速动性

速动性是指继电保护装置应能尽快地切除故障。电力系统是一个从发电到用电实时同步的系统，发生故障时若不及时切除，故障将迅速发展，故障范围扩大并危及系统的稳定和安全。为减少故障损失，要求快速切除故障。

速动性通常以故障切除时间来衡量。故障切除时间是指从故障开始到电弧熄灭的时间，等于保护装置的动作时间与断路器动作时间（包括灭弧时间）之和。因此，要提高速动性，应选择动作更快的保护装置及断路器。

(4)灵敏性

灵敏性是指在设备或线路的被保护范围内发生故障时,保护装置具有正确动作能力的裕度,一般用灵敏系数来描述。灵敏系数越高,保护越灵敏。灵敏性反映了保护装置对保护范围内微小故障的敏锐感知能力。对不同的保护装置与被保护设备,其灵敏系数也各不相同。

灵敏系数与系统参数和运行方式有关。在继电保护的灵敏系数计算中,通常需要考虑系统的最大或最小运行方式。最大运行方式是指使流过保护装置的短路电流最大的系统工作状态及其连接方式;反之,称为最小运行方式。

继电保护的4项基本要求是分析继电保护装置性能的基础。四"性"之间紧密联系,既相互统一又相互矛盾。例如,在某些情况下,为了加速切除故障可能会牺牲选择性,或为了能灵敏地反映故障而需要延长保护时间,这四者的关系需要视具体的情况来协调处理。

1.1.3 继电保护的基本原理及构成

(1)继电保护的基本原理

继电保护的基本原理是利用设备的运行参数来区分电力系统处在正常运行、不正常运行或故障状态。正常运行与故障时,系统中电气量或非电气量的区别越明显,保护性能越好。

电力系统发生故障时,电气量最显著的变化特征是电流增大、电压降低。此外,还有电压与电流之间的相角发生改变,出现负序或零序分量、谐波,以及一些非电气量等。利用这些特征,可构成各类保护。例如,利用电流增大的特征可构成过电流保护;利用电压降低的特征可构成低电压保护;利用出现零序电流,可构成零序电流保护;利用出现气体,可构成气体保护等。

(2)继电保护装置的构成

继电保护装置由测量部分、逻辑部分和执行部分组成。

测量部分是将所测量的被保护设备的输入信号与给定值作比较,以此来判断是否发生了故障或处于不正常状态。若判断结果为"是",则保护启动。在过电流保护中,如电流增大超过了给定值,则判断为设备发生故障,保护启动。

逻辑部分是根据测量部分各输出量的大小、性质以及出现的顺序,确定是否应使断路器跳闸或发出报警信号,并将有关命令传达给执行部分。保护启动后,并不都使断路器跳闸。在如图1.1所示的电网中,线路2发生短路时,短路电流分别流过保护1与保护2。若大于两个保护的给定值,则两个保护都将启动。启动后,保护装置根据逻辑关系来判断,保护1为不动作,保护2动作,使相应的断路器跳闸或发信号(注意保护的启动和动作的区别)。

执行部分是执行逻辑部分的指令,发出报警信号或跳闸信号。

1.1.4 继电保护的分类

继电保护的分类方法有很多,主要有以下5种:

①按照被保护的对象，可分为线路保护、变压器保护和母线保护等。

②按照保护原理，可分为过电流、低电压、功率方向、阻抗距离及差动保护等。

③按照保护所反映的故障类型，可分为相间短路保护、接地故障保护和匝间短路保护等。

④按继电保护装置的实现技术，可分为电磁型保护、晶体管型保护、集成电路型保护及微机型保护等。

⑤按照保护所起的作用，可分为主保护、后备保护和辅助保护等。

主保护是指满足系统稳定和设备安全要求，能以最快速度有选择地切除被保护设备和线路故障的保护。后备保护是在主保护失效且断路器拒动时用来切除故障的保护。在图1.1中，保护2用来在线路 L_2 发生故障时最快并正确切除故障，称保护2为线路 L_2 的主保护。保护1在保护2拒动时再切除故障，称保护1为线路 L_2 的后备保护。

后备保护可分为远后备和近后备两种方式。近后备是指当主保护拒动时，由该电力设备或线路的另一套保护来实现的后备保护；或当断路器拒动时，由断路器失灵保护来实现的后备保护。远后备是指当主保护或断路器拒动时，由相邻电力设备或线路的保护来实现的后备保护。图1.1中，保护1对线路 L_2 的保护是在远处实现的，称为远后备保护。可知，若由断路器 QF_1 断开来切除故障，会使停电范围扩大。为避免这种情况，通常会在断路器 QF_2 的主保护安装处再设一套后备保护，这套保护即近后备保护。

辅助保护是对主保护和后备保护性能的补充，或是当主保护和后备保护退出运行时增设的简单保护。

1.1.5　继电保护的发展历程

电力系统的发展，电网结构日趋复杂，容量日益增大，范围越来越广，对继电保护不断提出新的要求，继电保护就是随着电力系统的发展而发展起来的。最早的继电保护装置是熔断器。到如今，继电保护完成了4个发展历程：机电型(电磁式)保护装置、晶体管式继电保护装置、集成电路继电保护装置及微机型继电保护装置。

随着电子技术、计算机技术与通信技术的飞速发展，更多的技术在继电保护领域的研究应用，继电保护技术向计算机化、网络化、智能化以及保护、控制、测量、数据通信一体化方向发展。

计算机化是指电力系统对微机保护的要求不断提高，要求相当于一台PC机的功能，具有大容量故障信息和数据的长期存放空间，快速的数据处理功能，强大的通信能力，与其他保护、控制装置和调度联网以共享全系统数据、信息和网络资源的能力，以及高级语言编程等。

网络化是指将全系统各主要设备的保护装置用计算机网络连接起来，确保每个保护单元都能共享全系统的运行和故障信息的数据，各个保护单元与重合闸装置在分析这些信息和数据的基础上协调动作，以保证系统的安全稳定运行。

智能化是指对保护装置而言，保护功能除了需要本保护对象的运行信息外，还需要相关联的其他设备的运行信息。一方面保证故障的准确实时识别,另一方面保证在没有或少量人工干预下,能快速隔离故障、自我恢复,避免大面积停电的发生。

保护、控制、测量、数据通信一体化在实现继电保护的计算机化和网络化的条件下,保护装置实际上就是一台高性能、多功能的计算机,是整个电力系统计算机网络上的一个智能终端。它可从网上获取电力系统运行和故障的任何信息和数据,也可将它所获得的被保护元件的任何信息和数据传送给网络控制中心或任一终端。因此,每个微机保护装置不但可完成继电保护功能,而且在无故障正常运行情况下还可完成测量、控制、数据通信功能,即实现保护、控制、测量、数据通信一体化。

广域继电保护系统是计算机化、网络化方向的体现。随着电网的大范围互联,电力系统的安全稳定问题越来越突出。广域保护系统是一种对电力领域中继电保护系统进行优化的有效方式,能有效遏制潜在的大规模电力系统连锁故障的风险,提高系统功角、电压稳定性,是未来系统保护的发展方向之一。目前,广域保护系统的研究取得了很多成果,随着计算机技术和通信技术的快速发展,广域保护系统如何保障电网整体安全运行,仍将是需要深入研究的课题。

智能变电站继电保护技术是智能化方向的体现。2009 年以来,在智能电网、智能变电站建设的大背景下,继电保护技术领域经历了一场深刻而广泛的变革。随着电网的发展,继电保护面临网络可靠性提升技术、电子式互感器新技术等新机遇,面临特高压直流、新能源接入导致电网电力电子化、网络安全、电网高效经济运营的新挑战。智能变电站继电保护可靠性将得到明显提升,减少一次系统停电,降低保护设备对系统运行的约束;将全面提升信息共享水平,提高设备管理的精度和密度;逐步实现“免定检、自维护”,大幅降低运维人力成本,实现高绩效运维,构建安全可控的二次设备架构和厂站二次系统多级安全防护体系,实现电网立体式防护体系。

1.1.6 继电保护的课程学习特点

继电保护课程理论性和实践性都很强。理论学习是基础,必须掌握电力系统各种故障或不正常状态时的特征,如发生相间故障和接地故障时会有电流的增大,电压的降低,接地故障还会有零序分量出现。通过这些特征将故障或不正常与正常状态进行区分,判别故障类型,这是各类继电保护构成的基本原理。继电保护原理的学习因涉及电工基础、电气设备和电力系统分析等多门课程,对初学者而言,会感觉理论要求高、逻辑性强,难以理解。只有边进行理论学习、边进行任务练习,才能更好地学习、理解和掌握“继电保护”这门课程,做到学以致用。

【任务实施】

(1)继电保护装置的认识

各类型保护装置外观大同小异。装置面板基本由液晶显示屏、信号灯和按键 3 个部分组成。以 CSC-122B 为例,装置面板外观如图 1.2 所示。

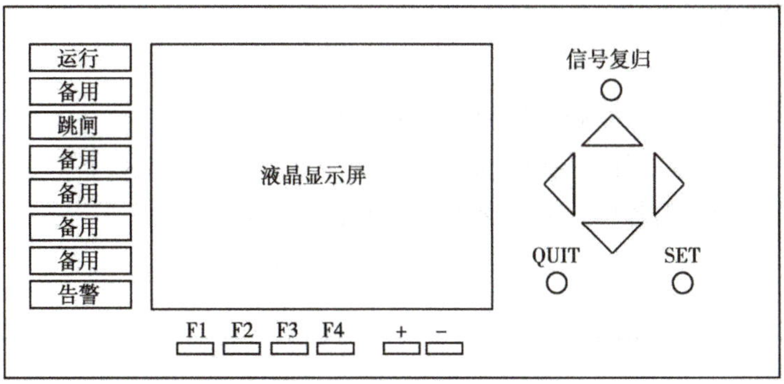

图 1.2　CSC-122B 装置面板图

装置面板各信号灯及按键含义见表 1.1。

表 1.1　装置面板信号灯及按键说明表

信号灯	说　明	信号灯	说　明
运行	正常运行时绿灯亮	跳闸	保护动作跳闸出口时红灯亮
告警	装置出现异常时红灯亮		
按键	说　明	按键	说　明
F1	打印最近一次动作报告	F2	打印最近当前定值
F3	打印采样值	F4	打印装置信息和运行工况
+，-	切换定值区号	QUIT	后退、取消按钮
SET	确认、设置按钮	信号复归	装置信号复归按钮

操作装置按键，可进行时钟核对、定值调阅和报告查看等操作。一般操作方法如下：

①时钟核对、修改。在主菜单下，选择“设置”菜单，进入后选择“时间”，用于设置时钟。修改后，按“确认”键执行。后台主站通信时，应有主站对时。

②定值调阅、修改、打印。定值调阅采用从后台机上进行。从后台机上，首先选择“保护设备”进入，然后选择需要调阅的设备间隔即可。

③定值查看、打印。在主菜单下，选择“定值”菜单，进入后选择“定值”，查看及修改定值。定值按保护功能进行分类，进入后先选择定值区，再选择某路保护，即可查看或修改本区内与该保护相关的定值。

④报告查看与打印。在主菜单下，选择“报告”菜单，进入后选择“查看报告”，可查看历史报告，报告按发生时间顺序排列。第一个报告为最近时间内产生的报告，进入后装置会提示当前共有多少个报告，用户选择好报告序号后按“确认”键，即可查看该报告。

(2)**保护定值单的认识**

1)保护定值

保护定值包括整定值、软硬压板和控制字3个方面的内容。

整定值是由电力调度部门的继电保护整定计算人员对其所辖设备的参数及系统运行要求,通过计算分析给出的各项定值。保护定值单如图1.3所示。

定值发放通知单

继字第2017-09-33号

屏　号	电318			允许负荷	428 A	
保护型号：CAS-231E　　TA变比：600/5						
			软件版本号：Ver：5.04　　CRC：8B2C86EE			
	序号		定值项目		定值	单位
	1		瞬时电流速断保护		投	
	2		瞬时电流速断保护电		47.00	A
	3		瞬时电流速断保护时		0	S
	4		限时电流速断保护		投	
	5		限时电流速断保护电		40	A
	6		限时电流速断保护时		0.3	S
	7		定时限电流保护		投	
	8		过电流保护电流定值		5.3	A
	9		过电流保护时限定值		1.8	S
	10		过负荷Ⅰ段保护		投	
	11		Ⅰ段过负荷保护性质		告警	
	12		Ⅰ段过负荷保护电流		4.4	A
	13		Ⅰ段过负荷保护时限		5	S
	14					
作废编号	继字第2017-09-20号		送出时间	2017年9月26日		
经　办		审　核		批　准		
发放原因：保护插件更换。 执行要求：七天内执行完此定值。						

图1.3　保护定值单

软压板是指保护装置软件系统的某个功能的投退,如投入、退出某保护和控制功能,可通过修改保护装置的软件控制字来实现。软压板是程序,可操作保护保护装置的液晶面板在装置内部进行投退。其中,1表示投入,0表示退出。

硬压板是指保护柜内连接片之类的硬件设备,分为功能压板和出口压板。

控制字,对应一个功能的投退。

保护装置软压板(控制字)和功能压板(硬压板)是“与”关系。如差动保护功能投入,必须是保护装置内部差动保护软压板(控制字)置“1”,同时保护屏柜内的差动保护功能压板在“投入”位置。

2)保护定值调整的操作流程及规定

由于保护定值关系电网中各级设备的协调配合,保护定值由调度部门统筹管理。因此,运行中保护装置定值的变更及投退,必须根据调度命令执行,运行人员无权擅自变动。长远定值的变更由继电保护人员调整,运行人员只能进行临时定值变更的调整,并填用操作票。

保护定值调整操作流程如下：

①保护定值调整前，首先退出被调整保护装置的所有出口压板。

②进行定值调整时，必须有专人监护并核对无误。工作负责人对整定人员应详细交代保护装置不同定值区所适应的运行方式以及定值差异。作业人员应认真核对定值单内整定值、控制字、软压板以及CT变比等重要参数。作业过程中，作业人员的语言交流必须使用准确、规范的专业术语，以免他人引起歧义。

变更后，应立即打印定值清单，并在打印出定值清单上注明开关编号（保护）、保护人员、运行人员，应同时签名确认。注意调整时间后归档保存，与调度下达定值单核对无误，在继电保护定值记录簿作好记录，及时回执整定计算人员。

【任务工单】

保护定值查看任务工单见表1.2。

表1.2　保护定值查看任务工单

工作任务	保护定值查看		学　时		成　绩	
姓　名		学　号		班　级		日　期	

1.计划

（1）岗位划分如下：

组　别	岗　位				
	变电值班员正值	变电值班员	电力调度员	调度（继保）人员	检修（继保）人员

（2）资料准备：

保护定值单：

保护装置说明书：

2.咨询

（1）了解保护装置的面板信号灯说明及按键说明。

续表

(2)了解保护装置的一般操作方法。

3. 实施

(1)定值单检查。

(2)时钟核对、修改。

(3)保护装置定值查看。

(4)打印定值。

4. 检查及评价

考评项目		自我评估 20%	组长评估 20%	教师评估 60%	小计 100%
素质考评(20 分)	劳动纪律(5 分)				
	积极主动(5 分)				
	协作精神(5 分)				
	贡献大小(5 分)				
总结分析(20 分)					
工单考评(60 分)					
总　分					

任务1.2　常用继电器的认识与测试

【任务目标】

知识目标

1. 掌握各种继电器的符号和图形。
2. 掌握电磁型继电器的结构。
3. 了解继电器的动作过程和工作原理。
4. 掌握各种继电器在继电保护中的应用。
5. 理解动作电流、返回电流和返回系数的意义。

能力目标

1. 能对电磁型电流(压)继电器进行接线和特性测试。
2. 会对中间继电器进行特性测试。

【任务描述】

班级学生自由组合为若干个运行学习小组,各运行学习小组自行选出运行组长,并明确各小组成员的角色。在继电保护实验室,各运行学习小组按照《继电保护和安全自动装置技术规程》(GB/T 14285—2006)的要求,进行继电器接线和特性测试。

【任务准备】

预习本节相关知识内容,并回答以下问题:

①常用的电磁型继电器有哪些?

②常用继电器用何种图形和字母来表示?

【相关知识】

继电器是一种能反映输入信号的变化,通过闭合或断开其接点以控制外电路或设备的器件。它是组成继电保护装置的基本元件。继电器经历了电磁型、感应型、整流型及静态型等阶段。常用的电磁型继电器有电流继电器、电压继电器、时间继电器、中间继电器及信号继电器等。

1.2.1　电流继电器

电流继电器反映被保护元件的电流变化情况,其线圈串联于被测电路中。当电流超过某一整定值时,继电器启动和动作。如图1.4所示为电磁型电流继电器的外观图及转动舌片式继电器的内部结构图。

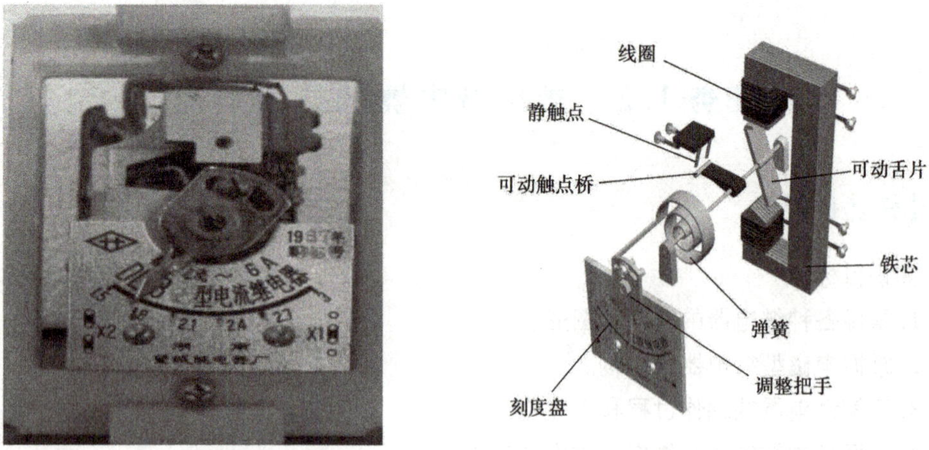

(a)外观图　　(b)内部结构

图 1.4　电磁型电流继电器的外观图及转动舌片式继电器的内部结构图

(1)电流继电器的动作过程

电流继电器的主要部件为电流线圈和触点。当电流继电器的线圈流入电流时,将产生磁通。该磁通大部分经铁芯、空气间隙及舌片闭合,在舌片端面产生使空气间隙缩小的电磁力。当电流增大到一定值,电磁力将克服弹簧的反作用力,舌片开始转动,并带动轴承使动、静触点闭合,则称继电器“动作”。使继电器动作的最小电流,称为动作电流 I_{act}。

若电流减小到一定值,电磁力不足以克服弹簧力,则舌片返回转动,动、静触点打开,恢复原来的状态,称为继电器“返回”。使继电器返回到原来位置的最大电流,称为返回电流 I_{re}。

返回电流与动作电流的比值,称为继电器的返回系数 K_{re}。电磁型过电流继电器的返回系数通常为0.85 ~0.9。返回系数不宜太大或太小。返回系数过大,会使触点产生抖动,容易造成保护误动;返回系数太小,则会降低保护的灵敏度。

(2)继电特性

电流线圈输入的电流信号(控制量)连续变化到一定值时,触点(被控量)发生突变,即“闭合”或“断开”。继电器的动作或返回是干脆明确的,触点不会既闭合又断开,这种自动化开关特性称为继电器的“继电特性”,或“继电器的输入-输出特性”,如图 1.5 所示。

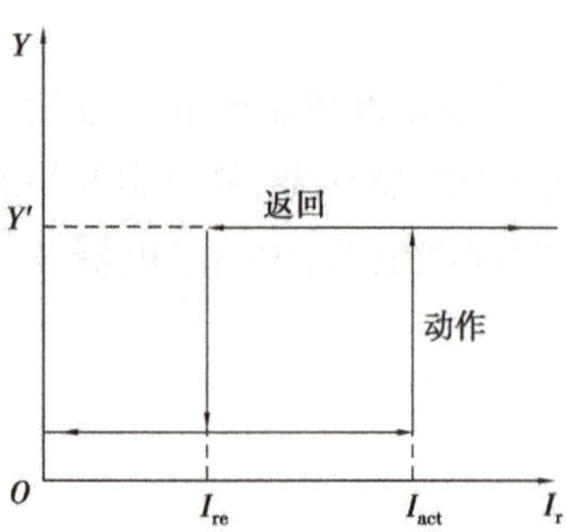

图 1.5　继电特性曲线

(3)继电器的表示符号和触点形式

电流继电器用符号“KA”表示。继电器线圈在电路中用一个长方框符号表示,电流继电器的线圈通常在长方框内或长方框旁标上文字符号“I”。

继电器的触点主要有以下两种基本形式。

1)动合触点

线圈不通电时,动、静触点是断开的,通电后两个触点闭合,也称“常开触点”。

2)动断触点

线圈不通电时,动、静触点是闭合的,通电后两个触点断开,也称“常闭触点”。

电流继电器的触点通常为一对动合触点或一对动合触点加一对动断触点。

1.2.2 电压继电器

电压继电器用符号“KV”表示,用于反映被保护元件的电压情况。电压继电器线圈并联于被测电路中。当电压超过或低于某一整定值时,继电器动作。电压继电器有过电压继电器和低电压继电器两种。它反映系统故障或运行异常时电压的增大或降低。

低电压继电器为欠量继电器,其触点通常为动断触点。正常情况下,电压线圈施加额定电压,动、静触点断开。当发生故障时,电压下降到某一值,低电压继电器动作,动静触点闭合。因此,低电压继电器的动作电压 U_{act} 是指使继电器动作、动断触点闭合的最高电压;返回电压 U_{re} 是指当电压从低电压升高使动断触点断开的最小电压。返回系数等于返回电压与动作电压的比值。由于返回电压大于动作电压,因此,返回系数大于1,一般为1.2。

1.2.3 辅助继电器

(1)**时间继电器**(KT)

时间继电器用于建立保护的延时。其线圈可由直流供电,也可由交流供电。时间继电器的线圈通常接于直流回路,因此,一般为直流供电的继电器。

时间继电器的触点有通电延时和断电延时两种类型。通电延时型触点是当线圈通电后,其触点经过一定延时再动作;当线圈断电后,触点立即复位。断电延时型触点是当线圈通电后,触点立即动作;当线圈断电后,其触点经过一定延时再复位。

(2)**信号继电器**(KS)

信号继电器在保护动作时自身发出掉牌信号,用于指示继电保护装置的动作状态,同时触点接通声、光信号回路。信号继电器的触点为自保持触点,需手动复位。信号继电器有电压型和电流型两种。电压型线圈并联于电路,电流型线圈串联于电路。

(3)**中间继电器**(KM)

中间继电器主要用作转换控制信号的中间元件。在继电保护装置中,有时需要同时控制几个不同回路(如同时接通跳闸与信号回路),或者某些回路电流较大(如跳闸回路),电流继电器的触点无法满足,这时需借助中间继电器来扩大它们的触点数量或容量。此外,中间继电器还可实现时间继电器难以实现的短延时以及在回路中实现自保持功能。

常用继电器的图形符号见表1.3。

表1.3 常用继电器的图形符号

名　称	图形符号	字母符号	名　称	图形符号	字母符号
电流继电器	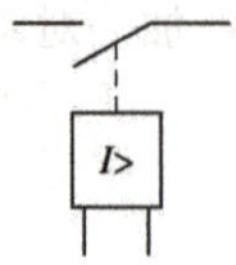	KA	动合(常开)触点		H
过电压继电器	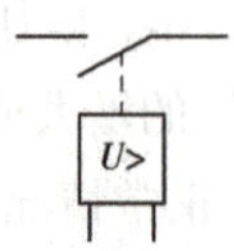	KVO	动断(常闭)触点		D
低电压继电器	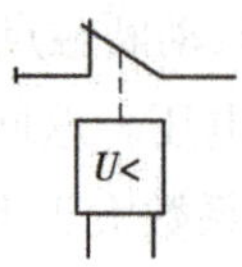	KVU	通电延时触点	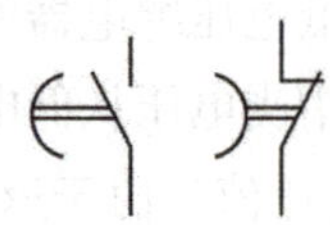	
时间继电器	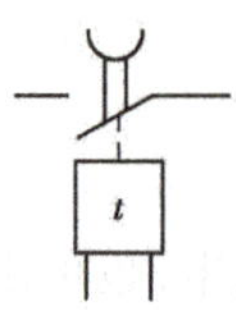	KT	断电延时触点	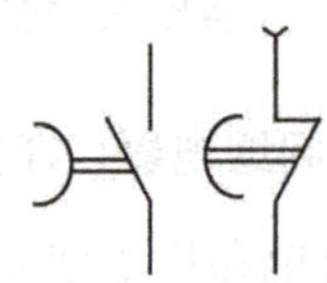	
信号继电器	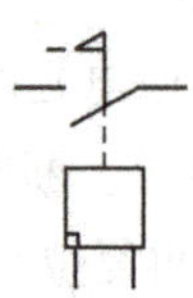	KS	信号继电器的动合触点	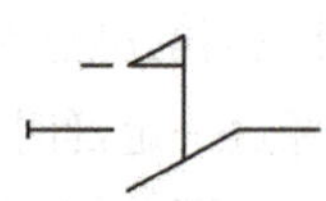	
中间继电器	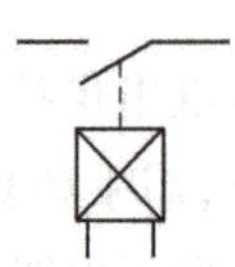	KM	线圈	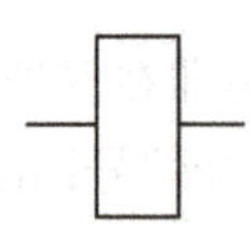	

【任务实施】

(1)电磁型电流继电器

1)原理简介

DL-32型电流继电器背后端子接线图如图1.6所示。

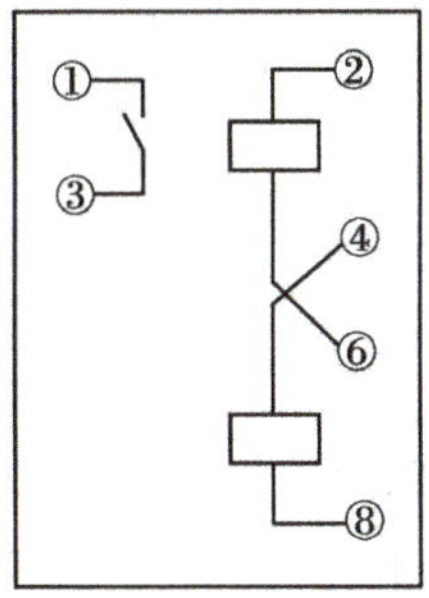

图 1.6　DL-32 型电流继电器背后端子接线图

该继电器采用电磁式瞬时动作原理,电磁系统有两个线圈,用连接片可将两线圈串联或并联,使继电器整定值范围变化 1 倍。继电器的可动系统装在铁芯的两极间,连在同一轴上的有游丝、桥形动触点和 Z 形动片。当加在其线圈上的电流达到整定值时,动片和桥形触点一起转动,动合触点闭合,动断触点断开;当其断电或加在其线圈上的电流低于返回值时,可动系统受游丝反作用力矩的作用返回到原来位置,动合触点断开,动断触点闭合。

电器铭牌上的刻度值是线圈串联时的电流值。改变整定值时,当整定范围确定之后(线圈串联、并联)只需拨动刻度盘上的指针,即可改变游丝的力矩。

2)试验方法

DL-32 型电流继电器试验接线图如图 1.7 所示。

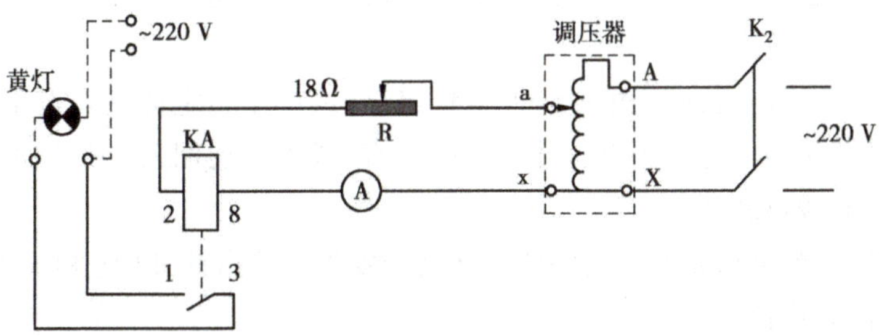

图 1.7　DL-32 型电流继电器试验接线图

①按图接线,调压器置零位,滑线电阻(18 Ω)的滑动点置中间位。继电器整定于一选定刻度。

分别在继电器线圈串并两种情况下测出参数。

串联:④、⑥短接,②、⑧出线,刻度值 ×1。

并联:②、④和⑥、⑧分别短接,②、⑧出线,刻度值 ×2。

②经检查接线正确后,合电源开关 K_2,调节 ZOB_2,使电流均匀上升,直到信号灯亮为止,此电流即继电器动作电流 I_{act}。记录读数。

然后调节 ZOB_2,使电流缓慢下降。当信号灯刚灭时的电流为最大返回电流,简称返回电流 I_{re}。记录读数。

③返回系数的计算为

$$K_{re}=\frac{I_{re}}{I_{act}}$$

正常值:0.85~0.9。

(2)**电磁型电压继电器**

1)原理简介

DY-36 型电压继电器背后端子接线图如图 1.8 所示。

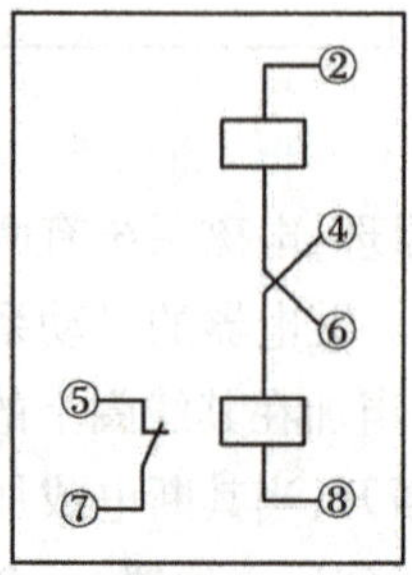

图 1.8　DY-36 型电压继电器背后端子接线图

该继电器是瞬时动作电磁式继电器,当线圈加上规定电压时,产生电磁力矩,衔铁克服反作用力矩而动作。

如作为过电压继电器,则当电压升高至整定值(或大于整定值)时,继电器立即动作,动合触点闭合,动断触点断开。当电压降低至返回值(或小于返回值)时,继电器立即返回,动合触点断开,动断触点闭合。

如作为欠电压继电器,则当电压降低至整定值(或小于整定值)时,继电器立即动作,动合触点断开,动断触点闭合。当电压升高至返回值(或大于返回值)时,继电器立即返回,动合触点闭合,动断触点断开。

继电器铭牌上刻度值是并联时的值。转动刻度牌上的指针,以改变游丝的作用力矩,从而改变继电器的动作值。

2)试验方法

DY-36 型电压继电器试验接线图如图 1.9 所示。

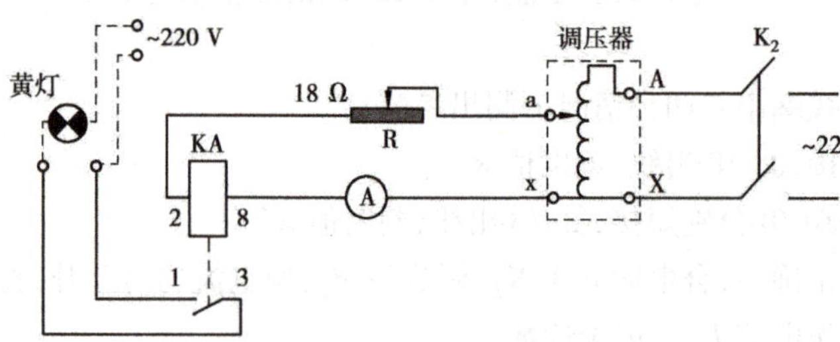

图 1.9　DY-36 型电压继电器试验接线图

①按图接线,调压器置零位,继电器整定于一选定刻度。

分别在继电器线圈串联、并联两种情况下测出表中参数。

串联：④、⑥短接，②、⑧出线，刻度值×2。

并联：②、④和⑥、⑧分别短接，②、⑧出线，刻度值×1。

②经检查接线正确后，合电源开关 K_2，调节 ZOB_2，使电压均匀上升，直到信号灯灭为止，此电压即继电器返回电压 U_{re}。记录读数。

然后调节 ZOB_2，使电压缓慢下降。当信号灯刚亮时的电压为最高动作电压，简称动作电压 U_{act}。记录读数。

③计算电压误差 $\Delta U\%$。

④$\Delta U\% = \dfrac{U_{act} - U_{kd}}{U_{kd}} \times 100\%$。

⑤返回系数的计算为

$$K_{re} = \frac{U_{re}}{U_{act}}$$

正常值：1.05～1.2。

(3)电磁型中间继电器

1)原理简介

DZB-213 型中间继电器背后端子接线图如图1.10所示。

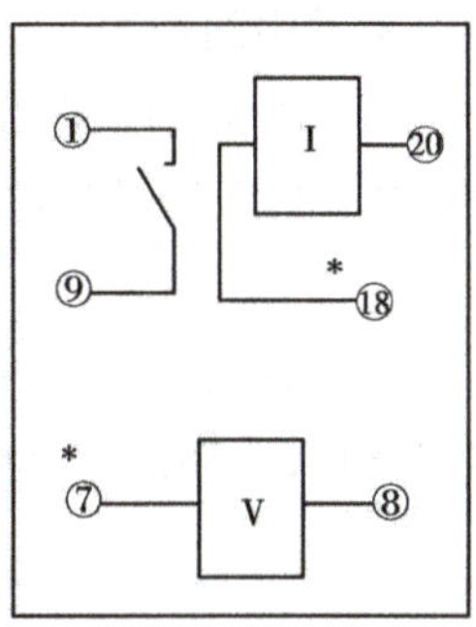

图1.10 DZB-213 型中间继电器背后端子接线图

该继电器采用电磁式瞬时动作原理，内部机构主要由电磁系统和接触系统组成。当输入激励量为动作电压值时，衔铁由于电磁力克服弹簧反作用力而被吸合，同时带动触点闭合或断开。当输入激励量下降至返回电压值及以下时，电磁吸引力小于弹簧的反作用力，衔铁返回原位，同时触点也恢复到动作前的状态。

2)试验方法

DZB-213 型中间继电器试验接线图如图1.11所示。

①动作电压、返回电压的测量

a.检查接线正确后，将电流表插销拔出，调压器 ZOB_2 调至零位。

b.合上电源开关 K_1 和刀闸 K_2 调节电压至继电器完全吸合(即黄色信号灯正常发光)，测出使继电器完全吸合的最小动作电压，即动作电压 U_{act}($U_{act} \leqslant 70\% U_e$)。

c.降低电压，测出使继电器刚返回原位(即信号灯 XD 刚灭)时的电压，即能使继电器返回的最高电压为返回电压 U_{re}（$U_{re} \geqslant 5\% U_e$）。

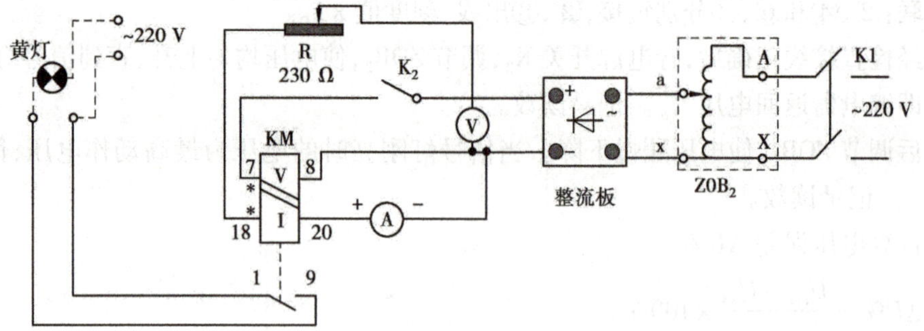

图 1.11　DZB-213 型中间继电器试验接线图

②（最小）保持电流的测量

a. 将电流表插销插入适当的量程，调压器 ZOB_2 调至零位，滑线电阻置中间位置。

b. 合上 K_1，K_2，调节电压使继电器动作，然后拉开 K_2，看继电器是否保持动作状态。如能保持（即信号灯 XD 正常发光），则调节电压和滑线电阻逐步减小电流，直至能使继电器保持吸合状态的最小电流为止。此电流称为保持电流 I_{bz}（$I_{bz} \leqslant 50\% I_e$）。

③动作电流的测量

a. 调压器 ZOB_2 调至零位，滑线电阻置中间位置。

b. 合上 K_1（此时，K_2 应在断开位置），调节调压器 ZOB_2，使电流逐渐增大至继电器完全吸合，测出使继电器完全吸合的最小动作电流，即动作电流 I_{act}（$I_{act} \leqslant 70\% I_e$）。

④线圈极性的确定：

将调压器从零缓慢增加，同时增加电压和电流至继电器动作。此时，若电压和电流均小于动作值，则表明标定极性是正确的（注意：增加值均不应大于其相应的额定值）。

【任务工单】

常用继电器校验任务工单见表 1.4。

表 1.4　常用继电器校验任务工单

<table>
<tr><td>工作任务</td><td colspan="3">基本继电器校验</td><td>学　时</td><td></td><td>成　绩</td><td></td></tr>
<tr><td>姓　名</td><td></td><td>学　号</td><td></td><td>班　级</td><td></td><td>日　期</td><td></td></tr>
<tr><td colspan="8">任务描述：对基本继电器（电磁型电流继电器、电磁型电压继电器、电磁型中间继电器）进行认识与了解，进行简单试验，检验继电器好坏和确定继电器的技术参数。
一、咨询
1. 电磁型继电器的认识
（1）了解电磁型电流继电器型号及结构。</td></tr>
</table>

续表

（2）了解电磁型电压继电器型号及结构。

（3）了解电磁型中间继电器型号及结构。

二、决策

岗位划分如下：

人　员	岗　位		
	接线员	试验员	记录员

三、实施

1. 电流继电器测验数据记录

线圈连接	刻度值	动作电流 I_{act}				返回电流 I_{re}				K_{re}
		1	2	3	平均	1	2	3	平均	
串联	1.8									
	2.7									
	3									
并联	1.8×2									
	2.7×2									
	3×2									

2. 中间继电器测验数据记录

动作电压 U_{act}	返回电压 U_{re}	（最小）保持电流 I_{bz}	动作电流 I_{act}	线圈极性

续表

3. 电压继电器测验数据记录

线圈连接	刻度值	动作电压 U_{act}				返回电压 U_{re}				K_{re}
		1	2	3	平均	1	2	3	平均	
并联	40									
串联	40×2									

四、检查及评价（记录处理过程中存在的问题、思考解决的办法，对任务完成情况进行评价）

考评项目		自我评估 20%	组长评估 20%	教师评估 60%	小计 100%
素质考评（20 分）	劳动纪律（5 分）				
	积极主动（5 分）				
	协作精神（5 分）				
	贡献大小（5 分）				
总结分析（20 分）					
工单考评（60 分）					
总　分					

项目 2　配电线路保护信号识别与分析

【项目描述】

主要培养学生对 35 kV(10 kV)线路保护装置运行维护基本操作及故障保护信号分析判断及信息处理能力。熟悉 35 kV(10 kV)线路保护功能配置,掌握三段式电流保护、方向电流保护原理,了解单相接地故障保护的特点与配置;能进行保护装置的日常维护和定值检查操作,在变电站环境下进行 10 kV 线路故障的保护信号判断及分析,对故障保护信息进行正确处理。

【项目目标】

知识目标:

熟悉 35 kV(10 kV)线路保护功能配置,掌握三段式电流保护、方向电流保护原理,了解单相接地故障保护的特点与配置。

能力目标:

能进行 10 kV 线路相间故障的保护信号判断及分析;能正确判断 35 kV (10 kV)线路单相接地故障。

【教学环境】

变电仿真运行室、多媒体课件。

任务 2.1　配电线路相间短路保护信号识别与分析

【任务目标】

知识目标

1. 熟悉配电线路故障类型,掌握配电线路保护功能基本配置。
2. 掌握三段式电流保护的原理,理解电流保护原理图,理解三段电流保护整定计算原则。
3. 掌握方向电流保护的原理及方向元件装设原则。

能力目标

1. 能看懂电流保护原理图。
2. 能进行三段电流保护整定计算。
3. 能进行单侧电源配电线路相间短路故障的保护信号分析。

【任务描述】

白马垅变 10 kV 白解 I 回 316 线路发生 AB 相间短路故障。试对主控台信号进行分析，初步判断故障原因，并进行简单处理。

【任务准备】

(1)规程准备

《电力安全工作规程　发电厂和变电站电气部分》(GB 26860—2011)、《白马垅变运行规程》、《继电保护和安全自动装置技术规程》(GB/T 14285—2006)。

(2)设备、资料准备

熟悉白马垅变电站 10 kV 一次接线及设备，收集 35/10kV 保护装置说明书。

(3)知识准备

预习本节相关知识内容，并回答以下问题：

①三段式电流保护装置是如何实现配合的?

②10 kV 单侧电源线路保护装置通常配置哪些保护功能?

③为什么双侧电源线路的电流保护要装设方向元件?

【相关知识】

2.1.1　配电线路保护配置

根据我国对线路电压的分类，35 kV(10 kV)线路属于高压配电线路。配电线路直接与用户相连接并向用户分配电能，配电网络庞大而复杂，因此在电力系统中，35 kV(10 kV)线路的故障最为常见，其一旦发生故障，直接影响对用户的连续供电。配电线路的故障主要为相间短路。相间短路故障包括三相短路、两相短路和两相接地短路。配电线路常见的不正常工作状态为过负荷，以及因单相接地或断相等原因造成的电压异常、频率异常和系统振荡等。

配电线路电压等级低，保护配置较为简单。针对配电线路的相间短路故障，主要配置电流保护。对单相接地故障，主要配置绝缘监视等保护。

(1)电流保护

电流保护是反映线路电流值的增大而动作的保护。3～10 kV 单侧电源线路可装设两段式电流保护。35 ~66 kV 单侧电源线路可装设一段或两段式电流速断保护和过电流保护，必要时可增设复合电压闭锁元件。双侧电源线路可装设带方向或不带方向的电流速断保护和过电流保护。

(2)单相接地监视装置

配电网络为中性不接地系统，在线路发生单相接地可装设单相接地监视装置动作于信号，必要时可动作于跳闸。

(3)差动保护

差动保护是反映线路两侧电气量不同而动作的保护。配电线路在保护配合困难或保护范围不满足要求时，可配置光纤电流差动保护作为主保护。

(4)过负荷

可能出现过负荷的电缆线路或电缆与架空混合线路应装设过负荷保护。保护宜带时限动作于信号，必要时可动作于跳闸。

配电线路保护基本配置见表 2.1。

表 2.1　配电线路保护基本配置表

故障与异常类型	线路电压等级/kV	基本保护配置
相间短路	3 ~ 10	两段式电流保护
	35 ~ 66	两段式或三段式电流保护
单相接地	35(10)	单相接地监视装置
过负荷	35(10)	过负荷保护

2.1.2　三段式电流保护

电流保护是利用电力系统故障时电流增大的特征而构成保护。电流保护按启动电流的选择原则不同可分为 3 段，即瞬时电流速断、限时电流速断和过电流保护。

(1)瞬时电流速断保护(第Ⅰ段)

瞬时电流速断保护是指仅反映电流增大而瞬时动作的保护。瞬时电流速断保护可不带时限动作且保证选择性。

1)工作原理

在单侧电源线路上发生短路时，短路点离电源越远，线路阻抗越大，短路电流越小；反之，线路阻抗越小，短路电流越大。将各点的短路电流值相连，可绘制出如图 2.1 所示的短路电流曲线 1。

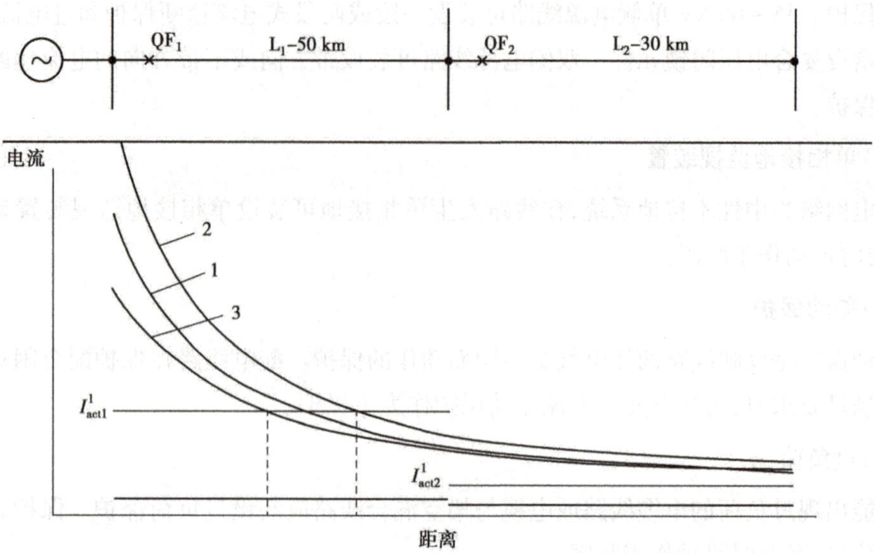

图 2.1 单侧电源线路短路电流曲线

由此短路电流曲线可知,短路点距电源越远,流过保护的短路电流越小,即流过保护的短路电流值与短路发生的地点有关。此外,故障类型及运行方式的变化也会影响短路电流的大小。线路发生三相短路与两相短路时通过电源与短路点的短路电流的计算公式为

$$\dot{I}_k^{(3)}=\frac{\dot{E}_\phi}{Z_k},\dot{I}_k^{(2)}=\frac{\sqrt{3}}{2}\cdot\frac{\dot{E}_\phi}{Z_k} \tag{2.1}$$

式中 $\dot{I}_k^{(3)}$——三相短路电流,A;

$\dot{E}_\phi$——系统相电动势,V;

Z_k——电源到短路点的短路阻抗,Ω;

$\dot{I}_k^{(2)}$——两相短路电流,A。

保护整定计算一般考虑最大和最小两种极端运行方式。最大运行方式是指通过该保护装置流过最大短路电流时的运行方式;最小运行方式是指通过该保护装置流过最小短路电流时的运行方式。在最大运行方式下发生三相短路时,流过保护装置的短路电流最大,线路各点短路电流随距离 L 的变化曲线即最大短路电流曲线,如图 2.1 所示的曲线 2。与正常运行方式下的短路电流曲线相比,短路电流明显增大。而在最小运行方式下发生两相短路时,可得到最小短路电流曲线 3。

对不同运行方式与短路类型进行组合可得各种短路电流曲线,这些短路电流曲线均介于最大与最小短路电流曲线之间。由此可知,在不同运行方式下,在不同短路点发生不同短路类型的故障,短路电流的大小都会不同。

2)瞬时电流速断保护单相接线原理图

继电保护的接线图分为原理图、展开图和安装图 3 种。原理图为继电器线圈与触点在一起,能直观、完整地表示继电器之间的电气联系与工作原理。

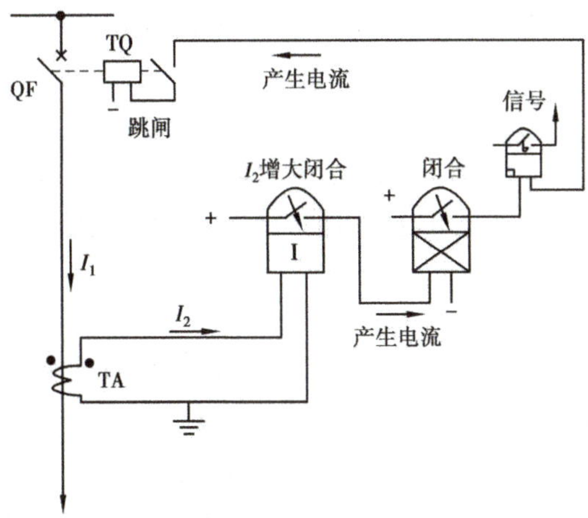

图 2.2　瞬时电流速断保护单相接线原理图

瞬时电流速断保护单相接线原理图如图 2.2 所示。它由继电器 KA,KM,KS 组成。在正常运行时,没有短路电流,负荷电流二次值小于电流继电器 KA 的动作值,电流继电器不会启动。在一次线路上发生相间短路故障时,短路电流二次值大于电流继电器 KA 动作值,电流继电器启动,则中间继电器 KM、时间继电器 KS 依次启动,接通断路器跳闸线圈 YT,断路器 QF 跳闸,切除故障。

3)整定计算

电流保护的整定计算主要包括动作电流、动作时限和灵敏度校验 3 个方面。

①动作电流

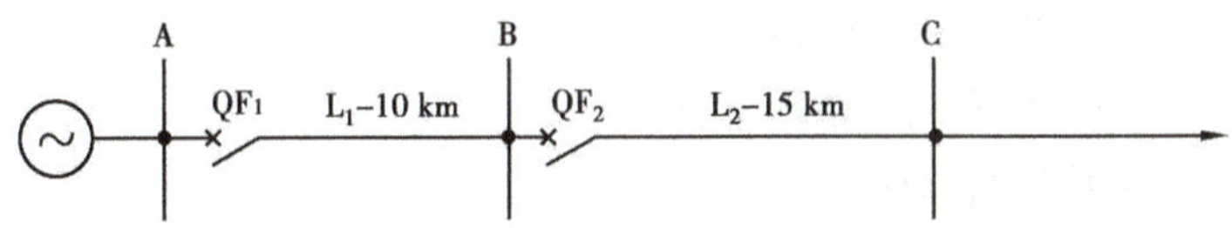

图 2.3　简单网络接线示意图

选择合理的电流值是瞬时电流速断保护保证选择性与快速性的关键。设图 2.3 中线路 L_1 和 L_2 的保护分别为保护 1 和保护 2,保护装置定值的设置是希望线路 L_1 上任何一点故障时,保护 1 能可靠动作,而线路 L_2 上任何一点故障时保护 1 不动作。但由于线路 L_1 末端与线路 L_2 首端电气距离很短,短路电流几乎没有区别,再加上实际测量存在的各种误差,装在线路 L_1 首端的保护 1 实际上是很难区分线路 L_1 末端与线路 L_2 首端的短路故障的。因此,为了保证选择性,瞬时电流速断保护的启动值应躲过本线路末端的最大短路电流。其计算公式为

$$I_{act.1}^{I} = K_{rel}^{I} I_{k.B.max}^{(3)} \tag{2.2}$$

式中　$I_{act.1}^{I}$——线路 L_1 的电流 I 段保护一次电流动作值;

K_{rel}^{I}——电流 I 段保护可靠系数,一般取 $K_{rel}^{I} = 1.2 \sim 1.3$;

$I_{k.B.max}^{(3)}$——最大运行方式下,线路 L_1 末端(B 母线处)发生三相短路时保护 1 流过的短路电流。

当被保护线路 L_1 的一次侧电流达到动作电流 $I_{act.1}^{I}$ 值时，其电流保护 1 将启动，断路器 QF_1 分闸。

②动作时限

瞬时电流速断保护为无时限保护，因此，理论动作时限为 0 s，即 $t_1^{I}=0$。考虑雷电时避雷器放电以及线路空充时，暂态充电电流可能引起瞬时电流速断保护误动，会给中间继电器 KM 加一个小延时，为 0.06 ~0.08 s。

③灵敏度校验及保护范围

由于瞬时电流速断保护范围要求在任何情况下都不延伸至下级线路 BC，瞬时电流速断保护定值设置时躲过了在本线路末端的最大短路电流。因此，电流速断保护对本线路末端发生的故障是无法保护的，其保护范围为本线路的 85% ~90%。在运行方式的变化下，保护范围会随着短路电流的改变而改变。在最小运行方式下，其保护范围最小。当线路较短时，瞬时电流速断保护甚至可能没有保护范围，起不到保护作用。为了保证电流速断保护能有一定保护范围，需对瞬时电流速断保护的灵敏度进行校验，即校验其最小保护范围。最小保护范围一般不小于本线路全长的 15%。最小保护范围计算公式为

$$l_{min}=\frac{\frac{\sqrt{3}}{2}\times\frac{E_{\phi}}{I_{act.1}^{I}}-Z_{s.max}}{Z_1} \tag{2.3}$$

$$l_{min}\%=\frac{l_{min}}{L}\times100\% \tag{2.4}$$

式中 l_{min}——线路 AB 的电流 I 段保护最小保护范围，m 或 km；

E_{ϕ}——系统等效电源相电压，V 或 kV；

$Z_{s.max}$——最小运行方式下系统阻抗，Ω；

Z_1——单位长度阻抗，Ω；

L——被保护线路全长，m 或 km。

【例 2.1】 线路一次网络如图 2.4 所示。在 L_1，L_2 各点发生短路的电流值见表 2.2。试计算线路 L_1 电流速断保护的动作电流和动作时限。

表 2.2 各点短路的电流值表

短路点	故障类型		
	K_1	K_2	K_3
最大运行方式三相短路	1 800 A	1 200 A	400 A
最小运行方式两相短路	1 220 A	1 050 A	300 A

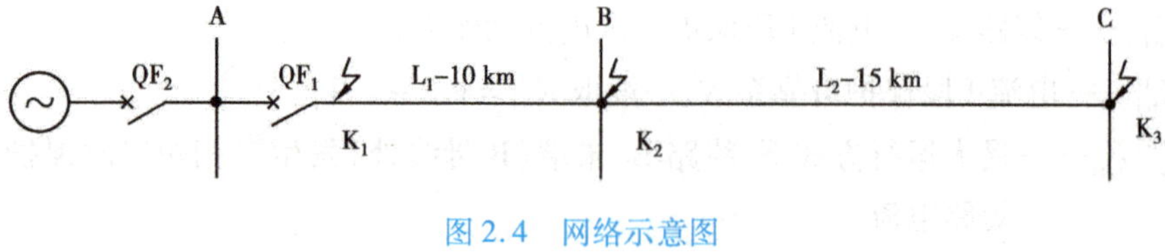

图 2.4 网络示意图

解:(1)根据电流速断保护动作电流的整定原则,应躲过本线路末端的短路电流。L_1 线路末端为B母线处,即应取 K_2 点短路时的最大值。动作电流计算为

$$I_{cat.1}^{I} = K_{rel} I_{K2.max}^{(3)}$$
$$= 1.2 \times 1\,200\ A = 1\,440\ A$$

(2)动作时限为

$$t_1^{I} = 0\ s$$

4)评价

瞬时电流速断保护由于组成元件少,仅靠电流定值来保证选择性,因此结构简单,可靠且动作迅速。但为了保证选择性,瞬时电流速断保护需躲过线路末端短路电流,引入了可靠系数 $K_{rel}^{I} = 1.2 \sim 1.3$。因此,瞬时电流速断保护不能保护本线路的全长,且保护范围受系统运行方式、短路类型的影响较大,保护范围为本线路的85%~90%。

(2)限时电流速断保护(第Ⅱ段)

1)工作原理

瞬时电流速断保护为了保证在本线路快速而有选择地切除故障,牺牲了本线路末端的一部分保护范围,不能保护本线路的全长。为此,需增加一段新的保护来保护本线路的全长,且它的保护范围必然要延伸到下一条线路。

当线路 L_2 首端发生短路时,L_2 的瞬时电流速断保护与 L_1 新增的保护将同时启动。为了使 QF_1 的保护不跳闸,通过让这段新增的保护带有一定的时限,比 L_2 的瞬时电流速断保护高出一个时间级,从而保证动作的选择性。由于它能以较小的时限快速切除全线路范围以内的故障,故称限时电流速断保护。

2)整定计算

①动作电流

为保证能保护整段线路,限时电流速断保护必须延伸到下一线路,因此,需靠整定电流和动作时间相互配合来实现选择性。动作电流值整定原则是要与下一级所有线路或元件的速断保护相配合,即

$$I_{act.1}^{II} = K_{rel}^{II} I_{act.2}^{I} \tag{2.5}$$

式中　$I_{act.1}^{II}$——线路 L_1 电流Ⅱ段保护的一次电流动作值,A或kA;

K_{rel}^{II}——电流Ⅱ段保护可靠系数,也称配合系数,考虑短路电流中的非周期分量已衰减,可选取比电流Ⅰ段保护的可靠系数稍小一些,一般取 $K_{rel}^{II} = 1.1 \sim 1.2$;

$I_{act.2}^{I}$——线路 L_2 电流Ⅰ段保护的一次电流动作值,A或kA。

②时限

限时电流速断保护的动作时限比 L_2 的瞬时电流速断保护要高出一个时间级差。其动作时限计算公式为

$$t_1^{II} = t_2^{I} + \Delta t \tag{2.6}$$

式中　t_1^{II}——线路 L_1 的电流Ⅱ段时限,s;

t_2^{I}——线路 L_2 的电流Ⅰ段固有时限,s;

Δt——时间级差,一般取 0.5 s,微机保护中时间整定误差较小,可选 0.3 s。

③灵敏度校验

限时电流速断保护的保护范围是本线路的全长,因此,必须在线路末端可能出现的最小短路电流时也能有足够的反应能力,即校验在线路末端最小运行方式下发生两相短路时的灵敏度。灵敏系数 K_{sen} 的计算公式为

$$K_{sen}=\frac{I_{K.B.min}^{(2)}}{I_{act.1}^{\mathrm{II}}} \tag{2.7}$$

式中 $I_{K.B.min}^{(2)}$——在最小运行方式下,被保护线路末端发生两相短路时最小短路电流;

K_{sen}——对限时电流速断保护,应要求 $K_{rel}^{\mathrm{II}} \geqslant 1.3 \sim 1.5$。

如果灵敏系数不能满足要求,即说明线路 L_1 的限时电流速断保护在本线路末端发生短路时没有足够的灵敏度,可考虑减小限时电流速断保护动作电流,从而延伸限时电流速断保护的保护范围。此时,通常采用与下一级线路 L_2 的限时电流速断保护相配合。动作电流与动作时限分别为

$$I_{act.1}^{\mathrm{II}}=K_{erl}^{\mathrm{II}} I_{act.2}^{\mathrm{II}} \tag{2.8}$$

$$t_1^{\mathrm{II}}=t_2^{\mathrm{II}}+\Delta t \tag{2.9}$$

式中 $I_{act.1}^{\mathrm{II}}$——线路 L_2 电流Ⅱ段保护的一次电流动作值;

t_2^{II}——线路 L_2 的电流Ⅱ段时限。

【例 2.2】 线路一次网络如图 2.4 所示。在 L_1,L_2 各点发生短路时的电流值见表 2.2。试计算线路 L_1 限时电流速断保护的动作电流和动作时限,并校验其灵敏度。

解:(1)动作电流为

$$I_{act.2}^{\mathrm{I}}=K_{rel}^{\mathrm{I}} I_{K3.max}^{(3)}=1.3\times 400\ \mathrm{A}=520\ \mathrm{A}$$

$$I_{act.1}^{\mathrm{II}}=K_{rel}^{\mathrm{II}} I_{act.2}^{\mathrm{I}}=1.1\times 520\ \mathrm{A}=572\ \mathrm{A}$$

(2)动作时限为

$$t_1^{\mathrm{II}}=0.5\ \mathrm{s}$$

(3)灵敏度的校验为

$$K_{sen}=\frac{I_{k2.min}^{(2)}}{I_{act.1}^{\mathrm{II}}}=\frac{1\ 050}{572}\approx 1.84>1.5$$

故满足灵敏度要求。

3)评价

限时电流速断保护灵敏度较高,可保护线路全长,与瞬时电流速断保护共同构成线路的“主保护”。限时电流速断保护带 0.5 s 左右的延时,速动性较差,可作为本线路首端短路的近后备,但不能作为下一段线路的远后备。

(3)**定时限过电流保护**(**第Ⅲ段**)

1)工作原理

瞬时电流速断保护与限时电流速断保护共同构成线路的“主保护”,为防止主保护拒动或断路器拒动情况的出现,还需配置后备保护,即电流保护第Ⅲ段——定时限过电流保护。

定时限过电流保护作为后备保护需要反映线路上可能出现的各种故障,将正常运行与故障状态灵敏地区分开来,需有较高的灵敏度。定时限过电流保护的保护范围包括本线路及下一线路全长,既作为本线路的近后备,又作为下级线路的远后备。

2)整定计算

①动作电流值的整定

由于定时限过电流保护需区分正常运行与故障状态,因此,其动作电流通常应大于该线路上可能出现的最大负荷电流,即动作电流按躲过线路上可能出现的最大负荷电流 $I_{L.max}$ 来整定,此外还需考虑电动机自启动电流的影响。

如图2.5所示,当K点发生故障时,系统中电压降低, QF_1, QF_2 所在线路所带的电动负荷 M_1, M_2 可能因电压降低而停运, QF_3, QF_4, QF_5 断路器保护流过短路电流,其定时限过电流保护必将启动。根据选择性要求,应由线路 L_2 的保护动作,断开 QF_3 断路器。当断开 QF_3 时,故障被切除,系统电压恢复正常。此时, M_1, M_2 将会自启动,若 QF_4 或 QF_5 的保护小于负荷 M_1, M_2 的自启动电流,保护将动作,断开相应断路器,扩大停电范围。因此,定时限过电流保护应在故障切除后躲过自启动电流的影响可靠返回。

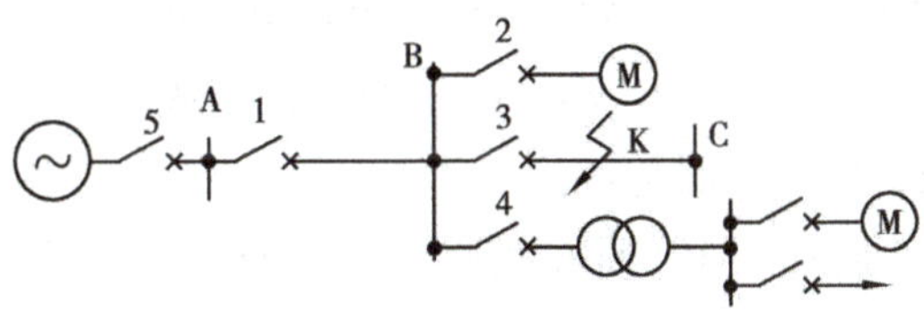

图2.5　选择过电流保护启动电流和动作时间的网络图

引入一个自启动系数 K_{ast},自启动时线路流过的最大电流为 $K_{ast}I_{L.max}$。保护4和5在这个电流的作用下必须立即返回,为此应使保护装置的返回电流 I_{re} 大于 $K_{ast}I_{L.max}$。引入可靠系数 $K_{rel}^{Ⅲ}$,则定时限过电流保护动作电流计算公式为

$$I_{act}^{Ⅲ}=\frac{K_{rel}^{Ⅲ}}{K_{re}}K_{ast}I_{L.max} \tag{2.10}$$

式中　$K_{rel}^{Ⅲ}$——可靠系数,一般取1.15~1.25;

K_{ast}—自启动系数,具体由网络接线和负荷性质确定,一般取1.5~3;

K_{re}——电流继电器的返回系数,一般取0.85~0.95。

②动作时限的整定

定时限过电流保护为了保证在线路各点发生故障时都有足够的灵敏度,其启动电流较小,只需躲过该线路的最大负荷电流即可。在如图2.6所示的单侧电源网络中,当 K_1 短路时,短路电流将从电源流向短路点,保护1,2,3,4都将流过短路电流,即保护1,2,3,4都将启动。但根据选择性的要求,应只有保护4动作切除故障,其他保护不动作。这仅依靠动作电流是无法实现选择性要求的,只有在保护装置中设置不同的时限来满足。

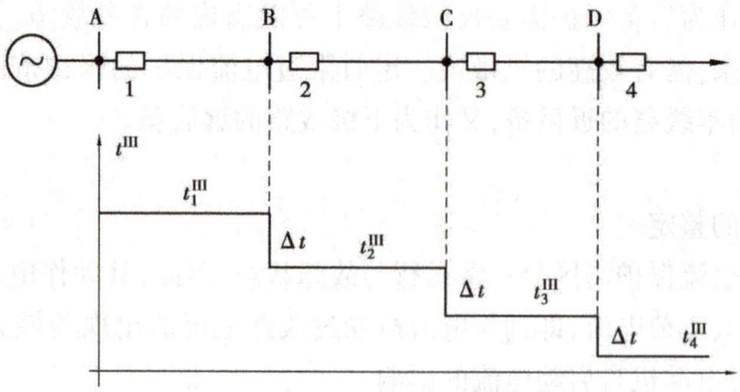

图 2.6 单侧电源网络中过电流保护动作时间

保护 4 位于系统的最末端，设其动作时间为 t_4^{III}。在线路末端发生短路时，保护 3 可以为保护 4 的远后备，只有在保护 4 拒动时，保护 3 才允许动作，则其动作时限应大于 t_4^{III}。引入时间级差 Δt，则保护 3 的动作时限为 $t_3^{III}=t_4^{III}+\Delta t$。以此类推，保护 1,2 的动作时限应比下一级动作时限至少高一个 Δt。

这种保护的动作时限经整定后固定不变，与短路电流的大小无关，故称定时限过流保护，有时简称过电流保护。保护装置各动作时限的配合为从系统末端向电源端逐级增加一个 Δt，形似一个阶梯，故称阶梯时限特性。

多分支线路如图 2.5 所示。QF_4 所在线路为 QF_1，QF_2，QF_3 所在线路的上级，QF_4 的保护应比下级母线上被保护线路最长的动作时限再多一个 Δt。其计算公式为

$$t_n^{III}=t_{(n+1)\max}^{III}+\Delta t \tag{2.11}$$

式中 t_n^{III}——第 n 级定时限过电流保护时限；

$t_{(n+1)\max}^{III}$——第 $n+1$ 级中最大的定时限过电流保护时限。

③灵敏度校验

定时限过电流保护可作为本线路的近后备，也可作为下级线路的远后备。因此，其灵敏系数应对两种后备都进行校验。当作为近后备时，应保证最小运行方式下本线路末端发生两相短路时有足够的灵敏度，一般要求大于 1.3~1.5。灵敏系数计算公式为

$$K_{\text{sen.近}}=\frac{I_{\text{K.本.min}}}{I_{\text{act}}^{III}} \tag{2.12}$$

当作为相邻线路的远后备保护时，则应保证最小运行方式下相邻线路末端发生两相短路时有足够的灵敏度，一般要求大于 1.2。灵敏系数计算公式为

$$K_{\text{sen.远}}=\frac{I_{\text{K.下.min}}}{I_{\text{act}}^{III}} \tag{2.13}$$

式中 $I_{\text{K.本.min}}$——在最小运行方式下，本线路末端 K 点两相短路一次电流值；

$I_{\text{K.下.min}}$——在最小运行方式下，下级线路末端 K 点两相短路一次电流值。

【例 2.3】 一次网络如图 2.4 所示。在 L_1，L_2 各点发生短路的电流值见表 2.2，L_1 的负荷电流为 112 A，L_2 的负荷电流为 80 A（自启动系数 $K_{act}=2.2$，第三段可靠系数 $K_{rel}^{III}=1.3$，返

回系数 $K_{re}=0.85$)，L_2 定时限过电流保护的时限为 2 s。试计算线路 L_1 定时限过电流保护的动作电流和动作时限，并校验其灵敏度。

解：(1)动作电流为

$$I_{act.1}^{\mathrm{III}}=\frac{I_{re}}{K_{re}}=\frac{K_{rel}^{\mathrm{III}}K_{act}I_{f.max}}{K_{re}}=\frac{1.3\times2.2\times112\ \mathrm{A}}{0.85}=376.85\ \mathrm{A}$$

(2)动作时限为

$$t_{L_1}^{\mathrm{III}}=t_{L_2}^{\mathrm{III}}+\Delta t=2\ \mathrm{s}+0.5\ \mathrm{s}=2.5\ \mathrm{s}$$

(3)灵敏度的校验为

$$\begin{aligned}K_{sen近}&=\frac{I_{K本.min}}{I_{act}^{\mathrm{III}}}\\&=\frac{I_{K2.min}}{I_{act}^{\mathrm{III}}}=\frac{1\ 050}{376.85}\\&=2.79>1.3\end{aligned}$$

$$\begin{aligned}K_{sen远}&=\frac{I_{K下.min}}{I_{act}^{\mathrm{III}}}\\&=\frac{I_{K3.min}}{I_{act}^{\mathrm{III}}}=\frac{500}{376.85}\\&=1.32>1.2\end{aligned}$$

故灵敏度满足要求。

3)评价

定时限过电流保护的动作电流只需躲过线路上渡过的最大负荷电流。动作电流数值小，灵敏度高，但动作时限为固定的阶梯形时限。当故障越靠近电源端时，短路电流越大，保护动作时限反而越长，不利于故障的快速切除。因此，在电网中通常采用定时限过电流保护作为后备保护，既可作为本线路的近后备保护，也可作为相邻线路的远后备保护。

(4)三段式电流保护原理图及展开图

1)三段式电流保护原理图

电磁式两相三段式电流保护原理图如图 2.7 所示。电流Ⅰ段由 A 相电流继电器 LJ_1、C 相电流继电器 LJ_2、中间继电器 ZJ_3 及信号继电器 XJ_4 组成；电流Ⅱ段由 A 相电流继电器 LJ_5、C 相电流继电器 LJ_6、时间继电器 SJ_7 及信号继电器 XJ_8 组成；电流Ⅲ段由 A 相电流继电器 LJ_9、C 相电流继电器 LJ_{10}、中性线上电流继电器 LJ_{11}、时间继电器 SJ_{12} 及信号继电器 XJ_{13} 组成。

2)三段式电流保护展开图

保护二次回路有交流电流回路、交流电压回路、直流回路、信号回路等。展开图是以电气回路为基础，将继电器和各元件的线圈与触点分别绘于各自所属回路中，同一继电器或元件标注同样的符号。将图 2.7 电磁式两相三段式电流保护原理图展开，可绘制三段式电流保护展开图如图 2.8 所示。阅读展开图时，一般先交流后直流，从上至下，从左至右。以图

2.8 为例，当线路首端发生 AB 相短路故障，若达到电流 I 段动作值，则先交流回路中电流继电器 LJ_1 动作，再直流回路中其触点 LJ_1 闭合，再中间继电器 LJ_3 动作，LJ_3 触点闭合接通跳闸回路，使断路器跳闸。

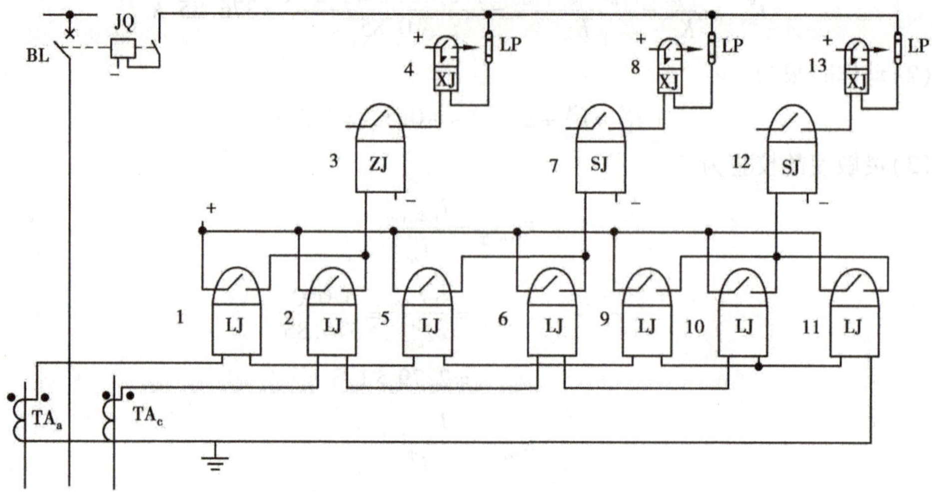

图 2.7　两相三段式电流保护原理图

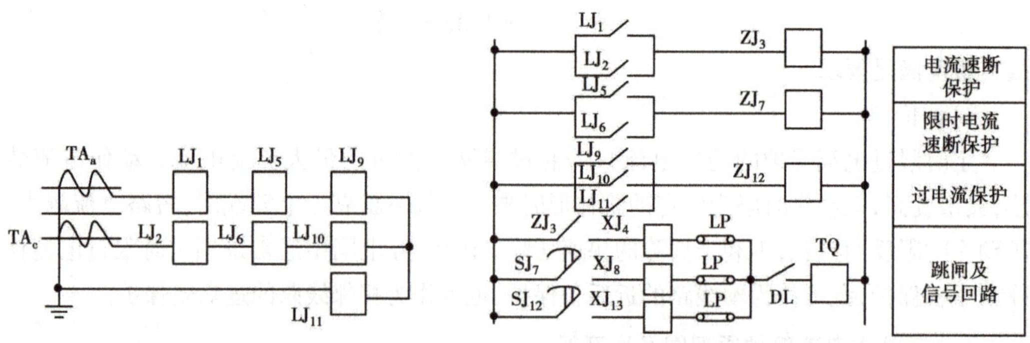

(a)交流回路展开图　　(b)直流回路展开图

图 2.8　三段式电流保护展开图

2.1.3　方向电流保护

(1)方向电流保护的原理

随着电力系统的不断发展扩大，用户对供电可靠性和供电质量提出了更高的要求。因此，电力系统越来越多地采用了多侧电源辐射网络和环网的供电方式。在这样的电网中，为了切除故障线路，在线路两端都装设断路器和保护装置。若采用之前所学的单侧电源电流保护，可能会出现保护无法进行正确配合的情况。

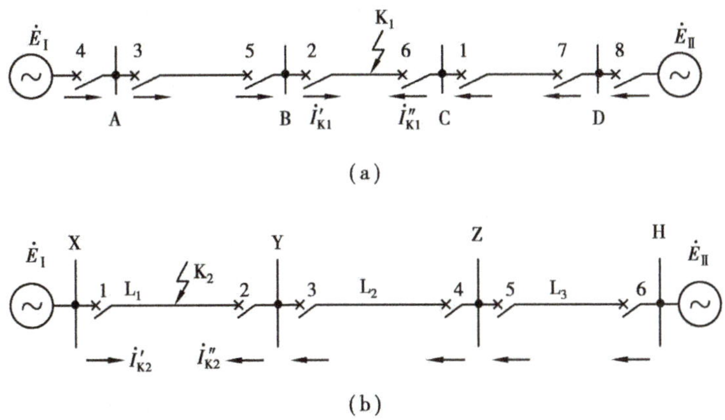

图2.9　双侧电源网络接线

在如图2.9所示的双侧电源网络接线中，每条线路均配有断路器和电流保护。在K_1点短路时，希望3,4保护动作。对于定时限过电流保护而言，即有$t_3<t_2$,$t_4<t_5$，方可正确断开3,4断路器。假设保护1,2,3,4,5,6按只有左侧电源单独供电的情况来进行整定，电流保护Ⅲ段是通过时间的配合来保证选择性的，最末端的保护6时限最短，其他保护的时限按阶梯式原则依次递增至电源端保护1，即有$t_6<t_5<t_4<t_3<t_2<t_1$，这样就无法满足$t_4<t_5$的要求；若按只有右侧电源单独供电的情况来整定，保护1的时限最短，依次递增至电源端保护6，则无法满足$t_3<t_2$的要求。同样，对于瞬时电流速断保护而言，电流定值整定配合也会有同样的矛盾。

在K_2点发生短路时，希望1,2保护动作，断开1,2两侧断路器。就定时限过电流保护而言，即要求$t_2<t_3$，这与K_1点短路时的要求又发生了矛盾。因此，在双侧电源网络中，无论如何选择，简单的电流保护都是无法满足选择性要求的，必须采用新的保护方式。

在电力系统发生故障时，电气量的特点除了电流增大、电压降低外，还可观察其电压与电流的方向变化。以下对图2.9中不同短路点情况的电流方向进行分析。

①在K_1点短路时，短路功率的方向如图2.9(a)所示。保护1,3,4,6的短路功率方向是由母线流向线路，保护2,5为由线路流向母线，需要切除的断路器为3,4。保护1,6可与保护3,4进行整定值的配合不会误动，而无法进行配合可能误动的是保护2,5。网络中无法进行保护配合的都是在各自保护线路的反方向发生故障的保护。

②在K_2点短路时，短路功率的方向如图2.9(b)所示。保护1,2,4,6的短路功率方向是由母线流向线路，保护3,5为由线路流向母线，需要分闸的断路器为1,2。同样可见，可能误动的是短路功率方向为线路流向母线的保护3,5。

一般规定功率方向由母线流向线路为正，线路流向母线为负。在保护2,3,4,5上加功率方向继电器，在电流保护条件满足且功率方向为正时，保护才允许动作。这种保护考虑了功率的方向性，称为方向性电流保护。如图2.10所示为方向电流保护单相接线原理图。

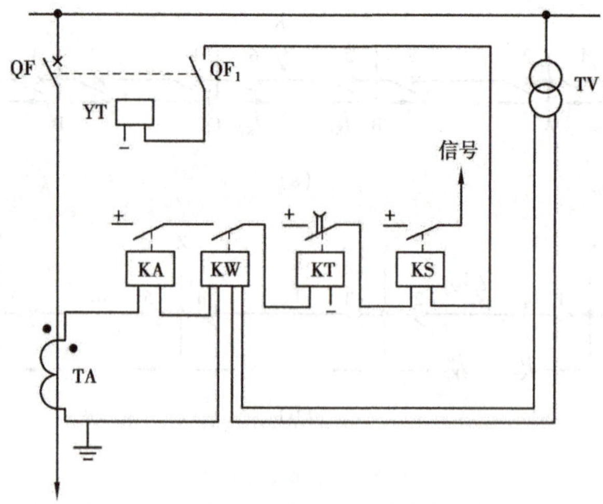

图 2.10　方向电流保护单相接线原理图

方向电流保护单相接线原理图是在原电流保护的基础上增加了一个功率方向继电器 KW。功率方向继电器的常开接点 KW-1 与过电流保护测量电流继电器的常开接点 KA-1 串联,达到闭锁保护跳闸的目的。功率方向继电器 KW 由电压与电流线圈组成,通过对比继电器中的电压与电流的相位夹角来判断功率方向。

当正方向发生故障时,电流超过 KA 设定的动作值,功率方向判断为正,各继电器依次动作,断路器 QF 跳闸切除故障。在反方向故障发生时,即使电流超过 KA 设置的动作值,但功率方向为负,功率方向继电器 KW 不动作,触点不闭合,保护不动作。

(2)功率方向判别元件

1)动作区与最大灵敏角

某双侧电源网络如图 2.11(a)所示。QF_1,QF_2,QF_3,QF_4 的保护分别为保护 1,2,3,4。以母线故障相电压$\dot{U}$ 作为参考量,以短路电流 $\dot{I}_K$ 落后于母线电压$\dot{U}$ 的角度为线路阻抗角 φ_K。当 K_1 点发生三相短路时,对于保护 2 而言,短路电流 $\dot{I}_{KM}$由电源 M 从母线 A 流向线路,为正方向,线路阻抗角$\varphi_K<90°$。此时,短路功率为 $P_{K1}=UI_K\cos\varphi_K>0$,如图 2.11(b)所示。当 K_2 点发生三相短路时,对于保护 2 而言,短路电流 $\dot{I}_{KN}$由电源 N 从线路流向母线 A,为反方向,线路阻抗角为 $\varphi_K+180°$。此时,短路功率 $P_{K_2}=UI_{KN}\cos(\varphi_K+180°)<0$,如图 2.11(c)所示。由此可知,正方向与反方向故障时的线路阻抗角 φ_K 相差 180°。

根据短路时电压与电流之间的角度判别短路功率方向,进而判别短路故障是处于保护的正方向还是反方向的元件称为功率方向元件。

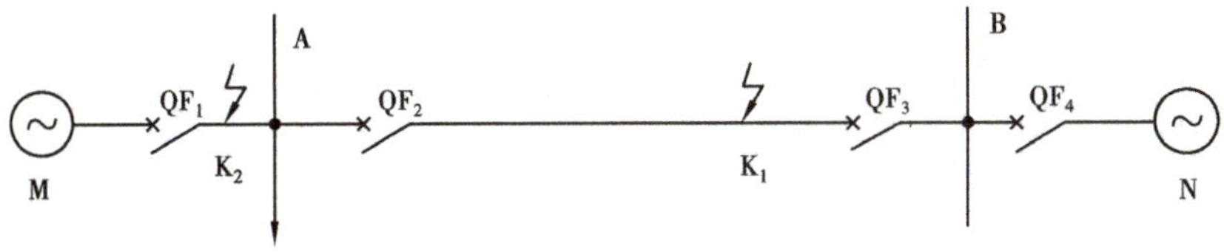

(a)网络接线

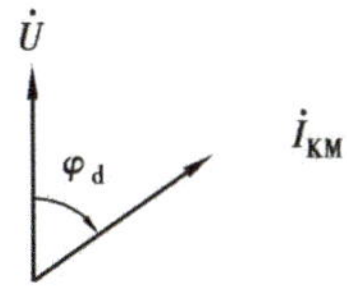

(b) K_1点短路时相量图

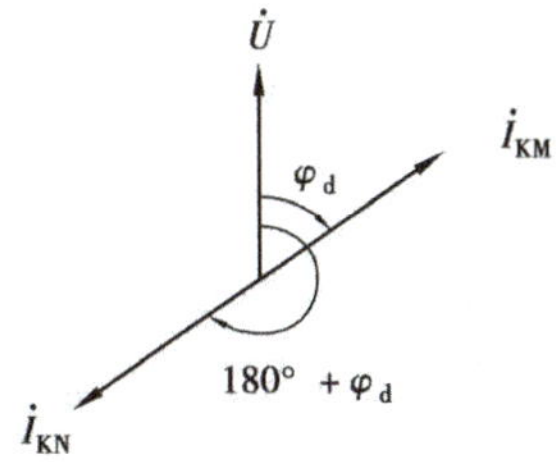

(c) K_2点短路时相量图

图 2.11　功率方向元件工作原理分析

当正方向短路时，短路功率 $P_K = UI_K \cos \varphi_K > 0$。线路阻抗角 φ_K 取值为 $-90° < \varphi_K < 90°$。因此，功率方向元件的动作边界(即动作区)为 $\mathrm{Arg}\dfrac{\dot{U}}{\dot{I}_K} = \pm 90°$，动作方程为

$$-90° \leqslant \mathrm{Arg}\frac{\dot{U}}{\dot{I}_K} \leqslant 90° \tag{2.14}$$

在功率方向元件的动作区中，以电压 $\dot{U}_m$ 为参考量，当电流 $\dot{I}_m$ 越靠近动作边界线时，短路功率值越小，功率方向元件动作越不灵敏；而在 $\mathrm{Arg}\dfrac{\dot{U}}{\dot{I}_K} = 0°$ 时，短路功率值最大，功率方向元件动作最灵敏。此时，$\dot{I}_m$ 超前于 $\dot{U}_m$ 的角度称为灵敏角，用符号 φ_{sen} 表示；垂直于动作区的直线，即最灵敏线。

为了在短路情况下功率方向元件动作最灵敏，应使其最大灵敏角 φ_{sen} 尽量与线路阻抗 φ_k 一致，即 $\varphi_{sen} = \varphi_k$，以提高功率方向元件的灵敏度。此时，线路阻抗功率方向元件的动作方程为

$$\varphi_{sen} - 90° \leqslant \mathrm{Arg}\frac{\dot{U}}{\dot{I}_K} \leqslant \varphi_{sen} + 90° \tag{2.15}$$

设线路阻抗 $\varphi_k = 60°$，由式(2.15)可得，元件的动作区为 $-30° \sim 150°$，功率方向元件的动作区与最大灵敏角如图 2.12(a)所示。

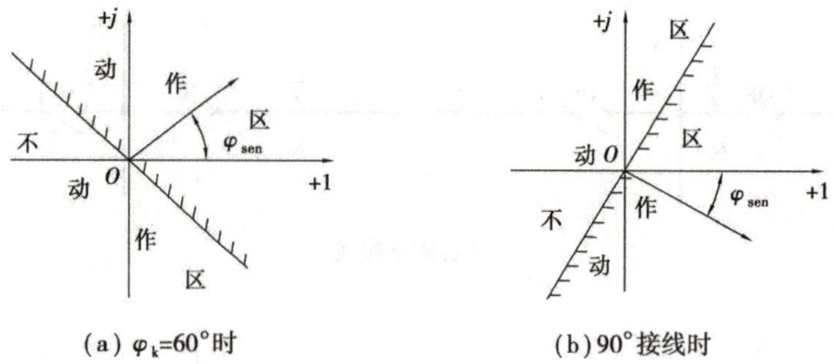

图 2.12　动作区与最大灵敏角

2）功率方向元件的 90°接线

在正方向出口附近发生短路，故障相电压可能降低很多，甚至为零，那么短路功率也几乎为零，功率方向元件无法动作。这部分功率方向元件不能动作的区域称，为电压死区。为了减小和消除电压死区，通常加入在故障时数值较高的非故障相电压作为功率方向元件的电压$\dot{U}_m$，如功率方向元件中加入故障 A 相电流，电压为非故障相 B，C 相电压，这种接线方式通常称为 90°接线方式。此时，功率方向元件电压与电流的角度为 $\varphi = \mathrm{Arg}\dfrac{\dot{U}_{BC}}{\dot{I}_A} = \varphi_k - 90°$。设 $\alpha = 90° - \varphi_k$，以电压作参考量，动作方程(2.14)可变为

$$90° - \alpha \leqslant \mathrm{Arg}\frac{\dot{I}_m}{\dot{U}_m} \leqslant 90° - \alpha \tag{2.16}$$

式中　α——功率方向继电器的内角，其作用是修正$\dot{U}_m$ 采用非故障相电压后相对于故障相电压的相位偏移。

习惯上，电压超前电流的角度为正，电流超前电压的角度为负。因此，灵敏角 $\varphi_{sen} = -\alpha$。设原最大灵敏角 $\varphi_{sen} = \varphi_k = 60°$，采用 90°接线方式后，最大灵敏角 $\varphi_{sen} = -\alpha = \varphi_k - 90° = -30°$，动作区为 $\varphi_m = -120° \sim 60°$，功率方向元件的动作区与最大灵敏角如图2.12(b)所示。

功率方向继电器的接线方式是指功率方向继电器 KW 与电流互感器 TA 和电压互感器 TV 的连接方式。功率方向继电器接线采用的 90°接线方式是指假设系统对称，$\cos\varphi = 1$，加入继电器的电流 $\dot{I}_m$与超前电压$\dot{U}_m$ 的角度为 90°，如图 2.13(a)所示。其原理接线图如图 2.13(b)所示。

功率方向元件采用 90°接线方式能保证各种相间短路动作的方向性，可提高灵敏度。由于可采用非故障相电压，因此，对各种两相短路没有死区。三相短路时，在死区内因电压都降低，故功率方向继电器可能不启动。

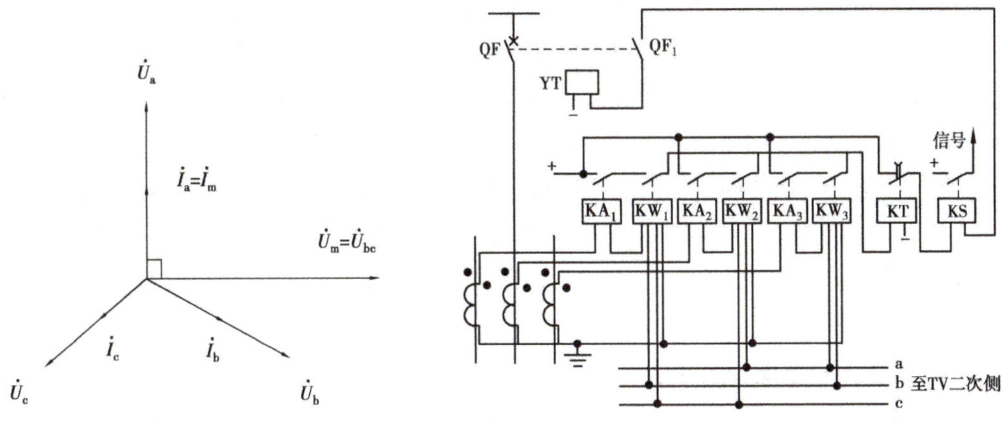

(a)相量图　　(b)原理接线图

图 2.13　功率方向元件 90°接线

(3)方向电流保护整定计算

1)方向电流保护的整定计算原则

双侧电源电网与单侧电源环形电网中方向电流保护整定计算时，可将双侧电源拆成两个单侧电源。在如图 2.14 所示的双侧电源网络中，当母线 D 处发生短路时，保护 1,3,5 流过的短路电流均为从母线流向线路，为同一正方向的保护；而保护 2,4,6 流过的短路电流均为从线路流向母线；当母线 A 处发生短路时，保护 2,4,6 流过的短路电流均为从母线流向线路。因此，此双侧电源网络可拆为电源 E_1 带断路器 QF_1，QF_3，QF_5 和电源 E_2 带断路器 QF_2，QF_4，QF_6 的两个单侧电源。两网络中各断路器保护的动作电流、灵敏度校验的计算与三段式电流保护基本相同。

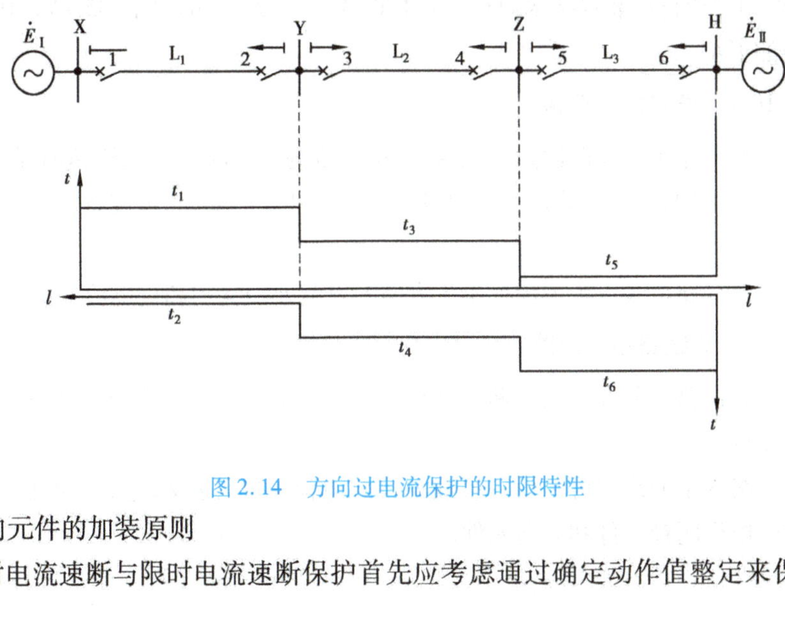

图 2.14　方向过电流保护的时限特性

2)方向元件的加装原则

①瞬时电流速断与限时电流速断保护首先应考虑通过确定动作值整定来保证选择性。

若反方向发生故障时，通过保护的电流大于整定值，则需加装方向闭锁元件来保证选择性。

②定时限过电流保护主要通过时限的配合来保证选择性。其加装方向元件的原则是：同一母线上的保护，其动作时限短的或动作时限相同的保护都应加装方向闭锁元件，动作时限长的保护可不装方向闭锁元件，负荷线路不装方向元件。

在图2.14中，设各断路器的定时限过电流保护时限为 $t_2=t_5=0.5$ s，$t_3=t_4=1$ s，$t_1=t_6=1.5$ s。根据加装方向元件的原则，在母线B上有 QF_2 与 QF_3，QF_2 较 QF_3 保护时限短，因此 QF_2 的保护需加装方向元件。同理，在母线C上，QF_5 较 QF_4 保护时限短，QF_5 的保护需加装方向元件。

(4)对方向电流保护的评价

方向电流保护能保证单侧电源网络和多侧电源网络保护的选择性，但增加了方向元件，使接线复杂，可靠性降低。方向电流保护通常采用90°接线，以提高灵敏度及消除死区的影响。方向电流保护对各种两相短路没有死区，但在保护出口处三相短路时仍有死区。

2.1.4 三段式电流保护的应用

电流保护的Ⅰ段瞬时电流速断保护动作电流大，时限几乎为零，但不能保护线路的全长；电流保护的Ⅱ段限时电流速断保护可保护线路全长，但有一定的短延时，且不能完全作为相邻线路的后备保护；电流保护的Ⅲ段定时限过电流保护动作电流最小，灵敏度最高，时限最长。

为了保证迅速而有选择性地切除故障，通常将瞬时电流速断保护、限时电流速断保护和定时限过电流保护组合在一起，构成三段式阶段电流保护，通常应用于35 kV及以下的单侧电源网络中。在一些简单的单侧电源线路中，也可只采用其中的两段来构成电流保护。按照《继电保护和安全自动装置技术规程》(GB/T 14285—2006)的要求，35 kV(10 kV)线路保护配置原则如下：

(1)3～10 kV 线路相间短路

①单侧电源线路可装设两段过电流保护：第一段为不带时限的电流速断保护；第二段为带时限的过电流保护，保护可采用定时限或反时限特性。必要时，可配置光纤电流差动保护作为主保护。

②双侧电源线路可装设带方向或不带方向的电流速断保护和过电流保护。

(2)35～66 kV 线路相间短路

①单侧电源线路可装设一段或两段式电流速断保护和过电流保护。必要时，可增设复合电压闭锁元件。

②复杂网络的单回线路可装设一段或两段式电流速断保护和过电流保护。必要时，保护可增设复合电压闭锁元件和方向元件。

2.1.5　电流保护的接线方式

电流保护的接线方式是指电流继电器与电流互感器二次绕组之间的连接方式。注入电流继电器的电流与电流互感器的二次侧流出电流的比值,称为接线系数,记为 K_{con}。电流保护的接线方式主要有两相 V 形接线、电流差接线、三相星形接线、三相三角形接线及零序接线。为了简化接线,目前广泛采用的是三相完全星形接线和两相不完全星形接线,如图 2.15、图 2.16 所示。

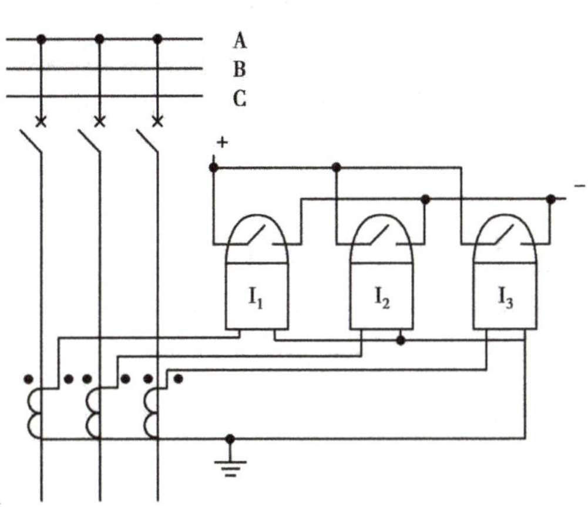

图 2.15　三相完全星形接线图

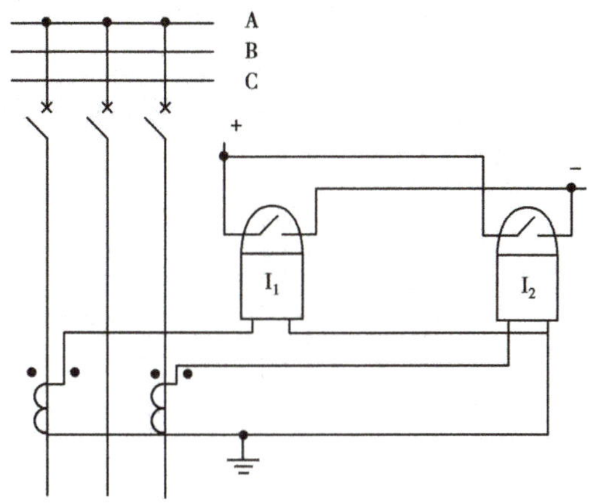

图 2.16　两相不完全星形接线图

(1)三相完全星形接线

三相三继电器完全星形接线是 3 个电流互感器两次分别按相接 3 个电流继电器,呈星形连接方式,电流继电器的触点并联,接线系数为 1。

(2)两相不完全星形接线

两相星形接线有两相两继电器不完全星形接线(见图 2.16)与两相三继电器的不完全星形接线两种,均为两个电流互感器分别接在 A,C 相上,按相接两个电流继电器,接成星形连接方式,电流继电器的触点并联,接线系数为 1。

(3)两种接线方式在不同中性点接地系统的性能分析

1)对相间短路故障的反应能力

完全星形接线由于三相均有电流互感器,完全可反映三相的电流变化,因此三相三继电器完全星形接线可反映各种相间故障。不完全星形接线只能反映 A,C 相电流,在各种相间故障时也至少有一相可反映电流的增大,对相间短路故障可以正确反映,但灵敏性低于完全星形接线。

2)对单相接地短路故障的反应能力

对单相接地短路故障,不完全星形接线由于 B 相无电流互感器,无法在 B 相接地时反映其电流的增大。因此,在中性点直接接地系统或较贵重的电气设备,如变压器、发电机等,保护中通常采用完全星形接线。而在中性点非直接接地系统中,线路在单相接地时电流变化不大,线电压也保持对称,对负荷供电影响较小,因此线路不要求立即跳闸,允许运行 1 ~2 h。中性点非直接接地系统中不完全星形接线在某些情况下对完全星形接线有更高的供电可靠性。

①串联线路异地两点单相接地分析

如图 2.17 所示为中性点非直接接地系统。线路 L_1 与线路 L_2 串联,保护 K_1 和 K_2 按照选择性的要求配合整定。当线路发生一点单相接地时,保护不跳闸;线路 L_1 与线路 L_2 各有一点发生故障时(此时相当于相间短路),希望只断开线路 L_2,以减少停电范围(线路 L_1 一点接地可暂时不停电)。在三相完全星形接线中,保护 K_1 和 K_2 按照选择性的要求配合整定,可保证 100% 只切除线路 L_2;而在采用两相星形接线中,当线路 L_2 上是 B 相接地时,保护能动作,但只能由保护 K_2 动作切除线路 AB,因而扩大了停电范围。串联线路异地两点单相接地保护动作情况见表 2.3。

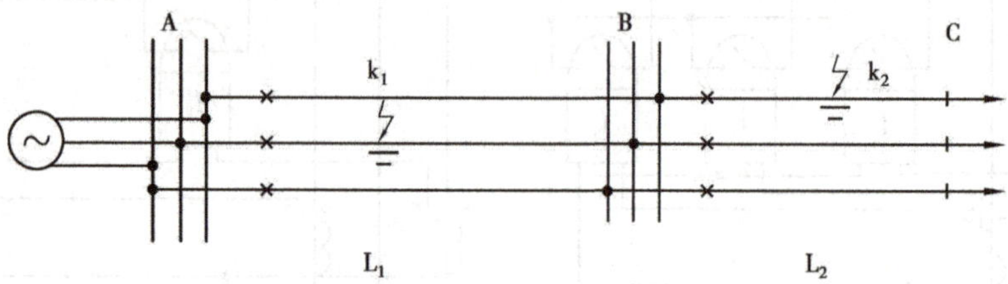

图 2.17　串联线路上不同相两点接地的示意图

表 2.3　串联线路异地两点单相接地保护动作情况表

故障线路及接线类型	故障相别组合及线路切除情况					
故障线路 L_1	A	A	B	B	C	C
故障线路 L_2	B	C	A	C	A	B
两相星形接线时保护切除线路	L_1	L_2	L_2	L_2	L_1	L_1
三相星形接线时保护切除线路	L_2	L_2	L_2	L_2	L_2	L_2

由此可知,两相星形接线方式在不同线路不同相别的两点接地组合中,只能保证有 2/3 的机会有选择性地切除远处一条线路。

②同一母线的两条线路异地两点单相接地分析

如图 2.18 所示为中性点非直接接地系统。线路 L_1 与线路 L_2 为变电站中同一母线的两条出线,保护 1 和保护 2 定值相同。当两条线路发生不同相两点接地时,希望任意切除一条线路。当保护 1 和保护 2 采用三相星形接线时,由于定值相同,两套保护将同时切除两条线路,扩大了停电范围;如果采用两相星形接线,由于 B 相未装电流互感器,无法反映短路电流,则能有 2/3 的机会只切除一条线路。同一母线的两条线路异地两点单相接地保护动作情况分析见表 2.4。

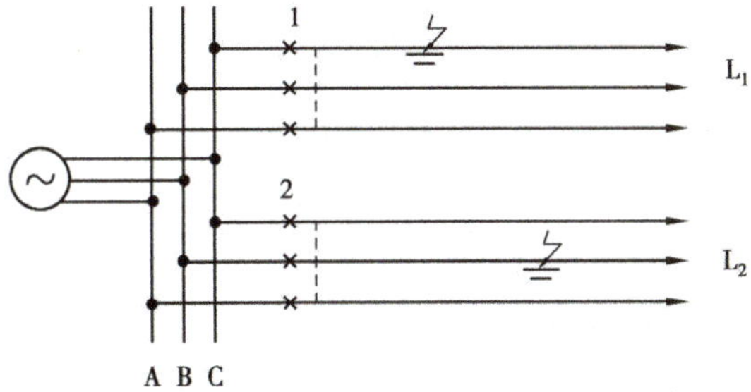

图 2.18　同一母线的两条线路同时接地两线路的示意图

表 2.4　同一母线的两条线路异地两点单相接地保护动作情况表

故障线路及接线类型	故障相别组合及线路切除情况					
故障线路 L_1	A	A	B	B	C	C
故障线路 L_2	B	C	A	C	A	B
两相星形接线时保护切除线路	L_1	L_1,L_2	L_2	L_2	L_1,L_2	L_1
三相星形接线时保护切除线路	L_1,L_2	L_1,L_2	L_1,L_2	L_1,L_2	L_1,L_2	L_1,L_2

由此可知,两相星形接线方式在同一母线的两条线路异地两点单相接地组合中,能保证有 2/3 的机会仅切除一条线路。两电流互感器必须装置同名的两相上,否则可能出现两套保护均不动作的情况。

3) Y/d 接线变压器三角形侧两相短路的反应能力

Y/d 接线变压器在三角形侧发生两相短路时,其短路电流不会成比例地反映为星形侧相同两相电流的增大。以 Yd11 接线的降压变压器低压(△)侧 AB 两相短路为例,如图 2.19 所示。

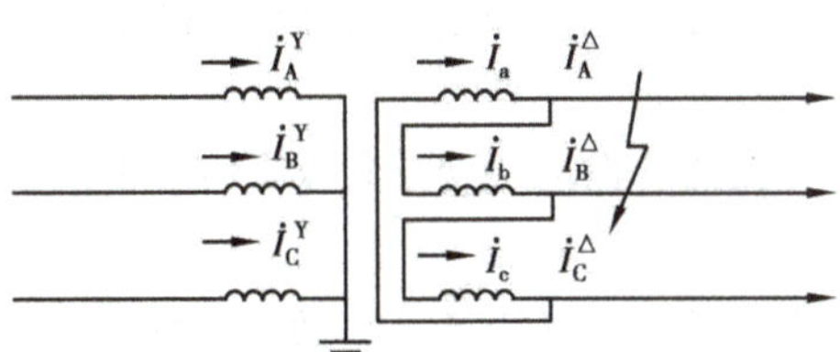

图 2.19　Yd11 接线变压器绕组接线和电流分布图

在故障点,$\dot{I}_A^{\triangle} = -\dot{I}_B^{\triangle}$,$\dot{I}_C^{\triangle} = 0$。因△侧绕组中的电流为

$$\left.\begin{aligned}\dot{I}_a-\dot{I}_b=\dot{I}_A^{\triangle}\\ \dot{I}_b-\dot{I}_c=\dot{I}_B^{\triangle}\\ \dot{I}_c-\dot{I}_a=\dot{I}_C^{\triangle}\end{aligned}\right\}\tag{2.17}$$

且$\dot{I}_a+\dot{I}_b+\dot{I}_c=0$,故联立求解,可得

$$\dot{I}_b=-\frac{2}{3}\dot{I}_A^{\triangle},\dot{I}_a=\dot{I}_c=\frac{1}{3}\dot{I}_A^{\triangle}\tag{2.18}$$

由此可知,低压△侧 B 相绕组中的电流为 A,C 相的 2 倍。设变压器的变比为n_T,高压 Y 侧的电流为低压侧绕组电流的n_T倍,因而高压 Y 侧 B 相绕组中的电流也为 A,C 相的 2 倍[同理可证,Ydll 接线的降压变压器低压(△)侧 BC 两相短路时,高压侧 C 相电流为 A,B 相的 2 倍;低压侧 CA 两相短路时,高压侧 A 相电流为 BC 相的 2 倍,即故障相的滞后相是其他相的 2 倍]。

降压变压器的高压侧装设的电流保护如果为三相星形接线,那么各相均可正确反映故障电流的增大;而如果为两相星形接线,由于 B 相上没有装设电流互感器,保护的动作只能取决于电流值较小的 A 相和 C 相的电流,保护灵敏度降低。若 B 相电流达到保护整定值而 A,C 相电流没有达到时,保护将不会启动,造成保护拒动。为了提高两相星形接线时的灵敏系数,可在两电流继电器的中性线上再接入一个继电器,其流过的电流为$\dot{I}_A^Y+\dot{I}_C^Y=-\dot{I}_B^Y$,即电流 A,C 相电流的 2 倍,从而提高保护的灵敏度。

【任务实施】

(1)配电线路保护信息识别

1)事故详细描述

①主要象征

在白马垅变电站中,突发警铃响。主控台显示以下信号:

2019 年 1 月 1 日 00:06:00:212　白马垅变　10 kV 白解Ⅰ回 316 保护 CSL-216E 过流Ⅰ段-动作
2019 年 1 月 1 日 00:06:00:212　白马垅变　10 kV 白解Ⅰ回 316 保护 CSL-216E 过流Ⅰ段保护出口-动作
2019 年 1 月 1 日 00:06:00:232　白马垅变　事故总-动作
2019 年 1 月 1 日 00:06:00:262　白马垅变　10 kV 白解Ⅰ回 316 断路器总出口跳闸-动作
2019 年 1 月 1 日 00:06:00:272　白马垅变　10 kV 白解Ⅰ回 316 断路器-分闸
2019 年 1 月 1 日 00:06:04:332　白马垅变　10 kV 白解Ⅰ回 316 断路器开关弹簧未储能-动作
2019 年 1 月 1 日 00:06:08:832　白马垅变　10 kV 白解Ⅰ回 316 断路器开关弹簧未储能-复归

②事故前运行方式

仿真变一次接线图及保护配置见附录。10 kV 线路故障前处运行状态，配置两段式电流保护，重合闸未投。

2）配电线路保护信息识别

①告警信息的释义及产生原因

监控屏可观测的信号主要有音响、告警信息窗及光字牌等。信息根据性质不同，可分为异常、告知、事故及变位 4 种。事故发生后，值班人员立即查看监控后台机及保护相应信号，应认真核实信号，防止信号过多，造成信息漏识。在配电线路发生保护动作、断路器跳闸时主要的音响及告警信号有：

A. 音响

告警声，并报语音“××变事故告警”。

B. 告警信息窗

“××变全站事故总”“××变××线路××保护出口”“××变××断路器弹簧未储能”“××变××断路器××出口跳闸”“××变××断路器××重合闸动作”等。各告警信息的释义及产生原因见表 2.5。

表 2.5　配电线路跳闸告警信息的释义表

序号	信号名称	释　义	产生原因	分类
1	事故总-动作	全站事故总信号	全站有任何事故信号发出时	事故
2	××线路××保护动作	××保护装置启动时发出该信号	1. 保护范围内的一次设备故障 2. 保护误发信号	事故
3	××线路××保护出口	××保护装置动作时发出该信号	1. 保护范围内的一次设备故障 2. 保护误动	事故
4	××断路器××出口跳闸	××断路器动作跳闸	任何保护动作或机构故障造成的开关跳闸均发此信号	事故
5	××断路器-分闸	××断路器分闸	任何保护动作或机构故障造成的开关跳闸均发此信号	变位
6	××断路器弹簧未储能	监视断路器操作机构弹簧储能情况，当弹簧未储能时，发出该信号	1. 储能电源断线或熔断器熔断（空气小开关跳开） 2. 储能弹簧机构故障 3. 储能电机故障 4. 电机控制回路故障	异常
7	××变××断路器××重合闸动作	本断路器跳闸后，重合闸动作，发出本断路器合闸命令	1. 线路保护动作使断路器跳闸 2. 断路器偷跳	事故

②识别关键信息

电网运行时信息纷繁复杂，有些信息至关重要，有些信息只有参考意义，更有些信息可能有错误或漏发。对这些信息，值班人员应能进行甄别，并在众多电网信息中，识别需要的关键信息。重要信息只是少数，很多伴生的信息只有参考意义，能帮助确认该重要的信息的正确性，但对事故的处理并没有帮助。有些看似没有用的信息往往能帮助确认事故的态势和情况，或对电网有重大影响，但是并不一定得到重视。对几个信息冲突导致无法判断信息正确性时，应迅速到现场落实情况。

在本例中关键信息为：10 kV 白解Ⅰ回 316 过流Ⅰ段动作、白解Ⅰ回 316 断路器跳闸。

(2)故障判断与分析

1)配电线路保护动作的原因

事故发生后，值班人员应结合综合智能告警信息、频率、电压、潮流变化情况、继电保护及安全自动装置动作行为等，初步分析判断故障性质。配电线路保护动作的原因有以下两种：

①线路故障，保护正确动作

"过流Ⅰ段动作"同时有"线路保护出口"信号，且断路器在断开位置，可判断保护正确动作。根据三段式电流的原理及保护范围可进行初步判断："电流Ⅰ段动作"为线路首端发生相间短路故障；"电流Ⅱ段动作"为线路末端或下级线路首端发生相间短路故障；"电流Ⅲ段动作"线路末端或下级线路发生相间短路故障，且本级电流Ⅱ段或下级线路断路器或保护拒动。

②保护误动

可能是因装置故障、整定错误及二次回路故障等原因造成的。

若为保护装置故障，误发"过流Ⅰ段动作"信号，可能无"线路保护出口"信号及断路器跳闸；若为整定错误，定值设置过低，可能会有断路器频繁动作的情况；若为二次回路故障引起的保护误动，可能无断路器跳闸信号。

2)故障判断与分析

①保护屏信号检查

检查现场保护屏信号是否与监控后台所发信号一致。结合现场保护装置信息检查情况及打印的报告，对故障原因进行初步判断。

现场检查保护装置信号为：白解Ⅰ回 316 线路 AB 相过流Ⅰ段动作。

②结论

在本例中，白马垅变 10 kV 白解Ⅰ回 316 过流Ⅰ段动作，同时关联白解Ⅰ回 316 断路器跳闸信号，可初步判断 10 kV 白解Ⅰ回 316 白炉线发生相间短路故障，故障范围在"308 白炉线"本线路内。若现场信号及断路器位置确认无误，应为保护正确动作。

(3)**具体处理流程**

1)故障情况及时间记录及第一次汇报

2019 年 4 月 20 日 15:15 白马垅变 10 kV 白解Ⅰ回 316 过流Ⅰ段动作,负荷电流及功率指示为零。重合闸退出。天气晴。现场设备及保护装置情况待检查。

2)现场检查

白解Ⅰ回 316 断路器红灯灭、绿灯闪,检查断路器机械位置和储能指示均在断开位置。有功表、无功表、电流表均指示为零。10 kV 线路其他设备无异常。白解Ⅰ回 316 保护装置屏显示过流Ⅰ段跳闸。

3)第二次汇报

4 月 20 日 15:20 现场检查白马垅变白解Ⅰ回 316 断路器确在断开位置,10 kV 白解Ⅰ回 316 过流Ⅰ段保护动作,重合闸退出。其他设备无异常。

4)加强监控并在当值调度员指令下进行事故处理

根据调度命令,将 312 白炉线试送或改变状态。做好操作准备。

【任务工单】

配电线路相间短路故障处理任务工单见表 2.6。

表 2.6　配电线路相间短路故障处理任务工单

<table>
<tr><td>工作任务</td><td colspan="2">配电线路相间短路故障信号分析及处理</td><td>学　时</td><td></td><td>成　绩</td><td></td></tr>
<tr><td>姓　名</td><td></td><td>学　号</td><td>班　级</td><td></td><td>日　期</td><td></td></tr>
<tr><td colspan="7">任务描述:白马垅变电站 10 kV 线路发生相间短路故障时,请对出现的保护信号进行识读与初步分析判断,并进行简单处理。
一、咨询
1. 保护装置认识
(1)了解保护装置基本操作,查询并记录线路保护装置型号、版本号。

(2)阅读保护装置说明书,了解线路电流保护逻辑图。

(3)记录装置保护配置及电流保护相关定值。</td></tr>
</table>

续表

2. 故障前运行方式

二、决策

岗位划分如下：

人　员	岗　位		
	变电值班员正值	变电值班员副值	电力调度员

三、计划

1. 资料准备与咨询

(1)变电站运行规程。

(2)GB/T 14285—2006　继电保护和安全自动装置技术规程。

(3)电力安全工作规程(变电部分)。

(4)电力调度规程。

2. 仿真运行准备

工况保存:10 kV 线路末端相间短路故障。

3. 故障信号分析及处理

4. 总结评价

四、实施

(故障工况发布)

1. 告警信号记录

(1)保护及告警信号记录。

续表

(2)汇报。

2. 现场情况检查

(1)一次设备、测量表计及其他运行情况检查。

(2)保护装置信号检查。

(3)保护信号分析及判断。

3. 处理

(1)汇报调度。

(2)根据调度命令,做进一步处理。

五、检查及评价(记录处理过程中存在的问题、思考解决的办法,对任务完成情况进行评价)

考评项目		自我评估 20%	组长评估 20%	教师评估 60%	小计 100%
素质考评(20分)	劳动纪律(5分)				
	积极主动(5分)				
	协作精神(5分)				
	贡献大小(5分)				
总结分析(20分)					
工单考评(60分)					
总　分					

【拓展任务】

任务描述：

白马垅变220 kV 变电站10 kV 某线路发生相间短路故障时，电流Ⅰ段保护动作，未发断路器跳闸信号，请对出现的信号进行识读与初步分析判断。

任务2.2 配电线路单相接地故障保护信号识别与分析

【任务目标】

知识目标

1. 了解中性点不接地系统发生接地时的特点。
2. 掌握配电线路接地保护的原理。

能力目标

1. 能分析母线电压不平衡的原因。
2. 能进行配电线路单相接地故障的信号分析及简单处理。

【任务描述】

白马垅变发“10 kV Ⅰ母线接地”告警信号。试对主控台信号进行分析，初步判断故障原因，并进行简单处理。

【任务准备】

(1)规程准备

《电力安全工作规程 发电厂和变电站电气部分》(GB 26860—2011)、《白马垅变运行规程》、《继电保护和安全自动装置技术规程》(GB/T 14285—2006)。

(2)设备、资料准备

熟悉白马垅变电站10 kV 一次接线及设备，收集小电流系统选线保护装置说明书。

(3)知识准备

预习本节相关知识内容，并回答以下问题：

①10 kV 线路发生单相接地时有何特点？

②10 kV 线路单相接地保护原理有哪些？

【相关知识】

35 kV 及以下系统为中性点非直接接地方式，也称小接地电流系统。在这种系统中，接地故障电流往往比负荷电流小得多，而且三相之间的线电压仍然保持对称，对用户供电影响不大，故在接地时可坚持运行 1 ~2 h，供电可靠性相对较高。而在电压等级较高的系统中，绝缘费用在设备总价格中占相当大比重，降低绝缘水平带来的经济效益非常显著，一般就采用中性点直接接地方式，辅以其他措施来提高供电可靠性。

2.2.1　小接地电流系统的单相接地故障的特点

(1)单相接地时电压的特点

假设在 A 相发生金属性单相接地，则 A 相对地电压降为零，其他两相的对地电压升高 $\sqrt{3}$ 倍，为线电压，如图 2.20 所示。由相量图可知，系统的线电压仍然是对称的，且出现零序电压，其大小等于相电压，方向与原 A 相电压相反。

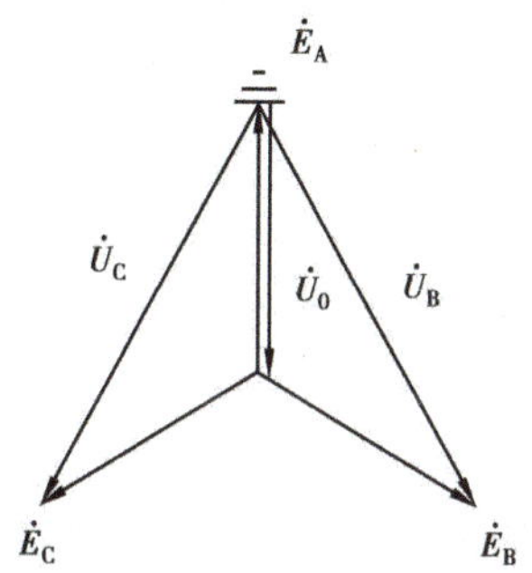

图 2.20　单相接地时电压相量图

(2)单相接地时电流的特点

输电线路在运行时有三相对地电容。设正常运行时电容相同，均为 C，则每相都有微小的超前于相电压 90°的电容电流流入大地，三相电流之和为零。如图 2.21 所示，在系统中某一线路发生 A 相接地故障时，各线路与电源出线端的零序电流分析如下：

①在非故障线路 1 上，由于系统 A 相电压降为零，故 A 相电容电流也为零，其他两相电容电流方向不变，即仍为从母线流向线路，其大小因电压的升高而升高 $\sqrt{3}$ 倍。

②发电机出线端上的零序电流与非故障线路情况一样，为本身的电容电流，方向为从母线流向发电机。

③在故障线路 2 上，B，C 相零序电流为本身电容电流，而故障相 A 相流回了全系统的电容电流，方向也为从线路流向母线。零序电流等于全系统非故障元件对地电容电流之总和，恰好与非故障线路零序电流的方向相反。

综上所述，小接地电流系统发生金属性单相接地时的特征有：故障相电压降为零，非故障相电压升高为线电压，故障线路上的零序电流为全系统非故障元件对地电容电流之总和，大于非故障线路，方向从线路流向母线，与故障线路方向相反。

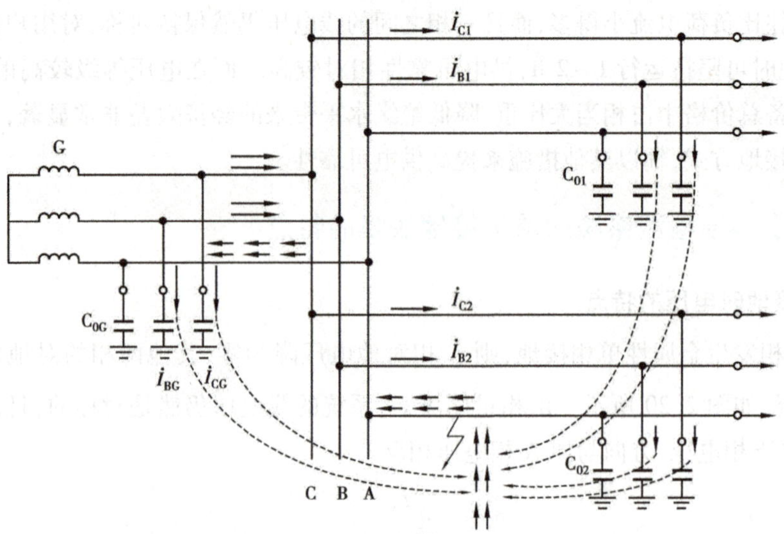

图 2.21　单相接地时电容电流分布图

2.2.2　小接地电流系统的单相接地保护的构成

(1)绝缘监视装置

在发生单相接地故障时,系统将出现零序电压,因此在发电厂和变电站母线上的电压互感器二次开口三角形处接一过电压继电器。在正常运行时,系统三相电压之和为零,无零序电压,电压互感器开口三角无电压输出,过电压继电器不动作。而在发生单相接地故障时,电压互感器开口三角出现零序电压,过电压继电器延时动作。此装置即绝缘监视装置。由于发生单相接地故障,在同一电压等级系统中都将出现零序电压,因此,绝缘监视装置只能判断系统是否出现接地,判断故障相别,不能判断故障线路,其给出的信号是没有选择性的。要查找具体的接地线路,需由运行人员按拉路法的原则,依次短时断开每条线路来进行查找。若系统中两条线路发生同相接地等特殊情况,采用拉路法来查找接地线路,将使用户停电时间更长。绝缘监视装置接线如图 2.22 所示。

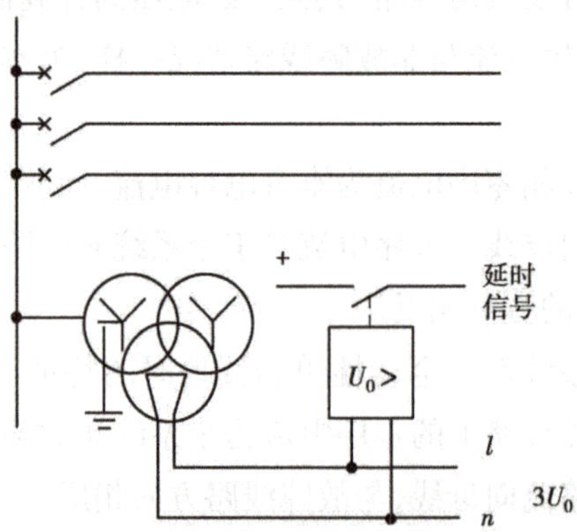

图 2.22　绝缘监视装置接线图

(2)**零序电流保护**

故障线路上的零序电流为全系统非故障元件对地电容电流之总和,大于非故障线路零序电流。利用此特点可在各线路上提取零序电流,依据零序电流的大小来判断故障线路,且此保护的动作具有选择性。零序电流保护接线如图2.23所示。

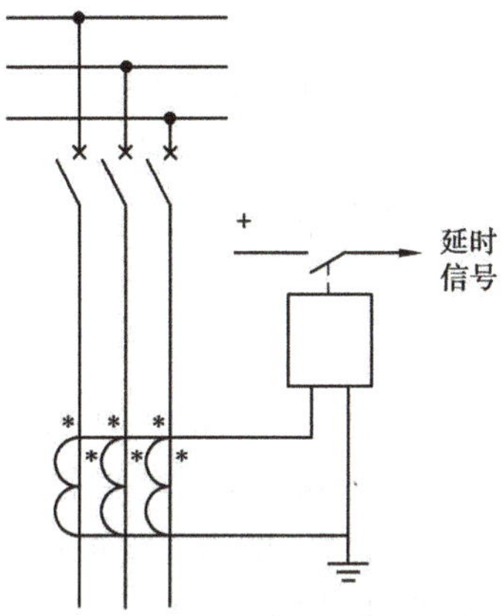

图2.23　零序电流保护接线图

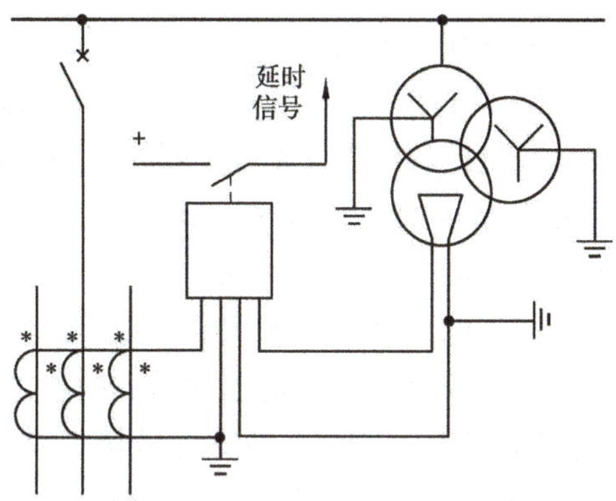

图2.24　零序功率方向保护接线图

(3)**零序功率方向保护**

小电流接地系统发生单相接地故障的另一特点是故障线路零序功率方向发生改变,为从线路流向母线。利用此特点也可实现有选择性的保护,动作于信号或跳闸。这种方式适用于零序电流保护灵敏度不满足要求和接线复杂的网络中,或用于出线较少且有选择性动作的电网。零序功率方向保护接线如图2.24所示。

小电流接地系统中通过零序电流或零序功率判断,在理论上可实现有选择性的动作,但事实上,由于零序电流是系统电容电流,数值通常很小,且受变电站的电磁干扰、运行方式改变和电容电流改变等因素的影响,使保护装置很难正确判断出故障线路。此外,消弧线圈的装设也使选线更为困难。

在电缆出线较多的变电站,电容电流较大,则可能因电弧的延伸造成相间短路跳闸或引起间歇性弧光接地过电压,导致异地异相设备绝缘损坏,并且还容易出现因电磁型电压互感器饱和导致的谐振和电压互感器熔丝熔断等情况。因此,《交流电气装置的过电压保护和绝缘配合设计规范》(GB/T 50064—2014)规定:35 kV,66 kV系统单相接地故障电容电流超过10 A时,应采用消弧线圈接地;6～35 kV系统单相接地故障电容电流不超过7 A时,可采用中性点高电阻接地,故障总电流不超过10 A。采用消弧线圈补偿可减小电容电流,防止因电容电流过大而发生更严重事故的情况,但这也给故障的判断带来困难。消弧线圈采用过补偿方式,即补偿的电感电流大于系统中的电容电流,那么补偿后故障线路零序功率方向也变为与非故障线路一样从母线流向线路,零序功率方向保护也无法正确判断故障线路。

(4)新型小电流选线方法

由于上述传统的选线方法的局限性,目前小电流接地系统(谐振接地系统)故障选线通常采用多种选线方法,进行综合判断。新型选线方法有谐波比幅比相法、有功分量法、小波法、智能群体比幅比相法、首半波法及突变量选线法等。

1)有功分量法

由于线路存在对地电导以及消弧线圈存在电阻损耗,因此,故障零序电流中含有有功分量。故障线路零序电流的有功分量比非故障线路大且方向相反,根据这一特点,可选出故障线路。有功分量法的优点是不受消弧线圈的影响,但由于有功分量非常小,且受线路三相参数不平衡的影响,因此检测灵敏度低。

2)基于(五次)谐波量的方法

由于故障点电气设备的非线性影响,因此,故障电流中存在着谐波信号,其中以五次谐波分量为主。由于消弧线圈对五次谐波的补偿作用仅相当于工频时1/25,可忽略其影响。因此,故障线路的五次谐波电流比非故障线路的都大且方向相反,据此现象可选择故障线路,称为五次谐波法。其缺点是五次谐波含量较小(小于故障电流的10%),检测灵敏度低且受间歇性电弧现象影响。

3)注入信号寻迹法

注入信号寻迹法简称注入法,在发生接地故障后,通过三相电压互感器的中性点向接地线路注入特定频率的电流信号,注入信号会沿着故障线路经接地点注入大地,用信号探测器检测每一条线路。因只有故障线路的故障相才有此信号电流,故障线路即可被选出。该方法的优点是不受消弧线圈的影响,不要求装设零序电流互感器,并且用探测器沿故障线路探测还可确定架空线路故障点的位置。

4)首半波法

电网接地故障是因绝缘被击穿,当相电压将接近最大值的瞬间,绝缘即被击穿,此时故障相电容电荷通过故障相线路向故障点放电。在此瞬间,暂态电容电流可看成故障相的放电电容电流和非故障相的充电电容电流之和。发生故障的最初半个周波内,可利用故障线路零序暂态电流最大值大于非故障线路,且首半波方向相反的特点实现选线。由于不论是中性点不接地系统还是经消弧线圈系统,故障发生瞬间的暂态过程近似相同,因此,此方法不受消弧线圈的影响。

5)谐波比幅比相法

谐波比幅比相法是在线路发生故障时,比较所有线路零序电流谐波分量的幅值与相位,利用故障线路零序电流幅值较大且相位应与正常线路零序电流反相的特点进行选线。若所有线路零序电流同相,则判断为母线接地。此方法与传统零序电流、功率法相比,采用了有效的数字滤波手段,提取出能量最高的谐波频带范围,避免了提取单一谐波频率而导致的误差,提高了选线的正确性。

【任务实施】

(1)**保护信息分析**

1)事故详细描述

①主要象征

在白马垅变电站中,主控台告警信息窗显示以下信号:

2019年1月1日00:24:10:568	白马垅变	白宝Ⅰ回接地-动作
2019年1月1日00:24:10:568	白马垅变	10 kV Ⅰ母接地-动作
2019年1月1日00:24:10:578	白马垅变	事故总-动作

值班人员检查10 kV Ⅰ母电压为A相10 kV,B相10 kV,C相0.0 kV。

②事故前运行方式

仿真变一次接线图及保护配置见附录。110 kV白马垅变10 kV母线分列运行,母联300断路器在断开位置,10 kV线路故障前处运行状态,配置绝缘监视装置。

2)信号分析与判断

①发信原因

中性点不直接接地系统母线电压不平衡、发接地信号的原因有以下6种:

A.线路或母线及附属设备发生单相接地

10 kV系统发生单相接地分为金属性接地与经过渡电阻接地两种情况:一是金属性接地:接地相对地电压降为零,其他两相对地电压升为线电压;二是过渡电阻接地:受过渡电阻影响,接地相电压降低,但不为0,其他两相对地电压高于相电压,且低于线电压

原因主要有线路断线接地、瓷瓶击穿、线路避雷器击穿、配变避雷器击穿、电缆击穿及线路柱上断路器击穿等。

B.电压互感器二次回路断线

由于熔丝熔断发生在低压侧,影响的将只是某一个绕组的电压,因此,不会出现零序电压,不发接地告警信号。熔断相电压为零,其余两相电压基本不变。

C.电压互感器高压熔丝熔断

当电压互感器高压熔丝熔断时,受负载影响,熔断相电压降低,但不为零,通常情况下可达到40 V。此时,其他两相电压应保持为正常相电压或稍低。同时,因断相出现在互感器高压侧,故互感器低压侧会出现零序电压,其大小通常高于接地信号限值,启动接地装置,发出接地信号。

D.谐振

在合空载母线时,可能发生铁磁谐振过电压,报出接地信号。10 kV母线电压三相指示同时或波浪形上升或降低,峰值可超过线电压,谷值可低于相电压(但不会为零),三相数值不稳定,可伴随有母线接地告警的声光信号。

E.断线

线路断线可分为单相断线和两相断线。单相断线时,电压一般显示为一相升高、两相降

低;或一相降低、两相升高。两相断线时,电压一般显示为一相升高、两相降低;或一相降低、两相升高。断线时,电压的变化幅度与断线的长度成正比。

F. 对地电容不平衡

用变压器对空载母线合闸充电时,断路器三相合闸不同期,三相对地电容不平衡,使中性点发生位移,三相电压不对称,报出接地信号。这种情况在操作时发生,只要检查母线及连接设备无异常,即可判定。投入一条线路或投入一台所用变,接地信号即可消失。

②故障判断

根据母线电压值变化判断,故障为 10 kV Ⅰ母系统 C 相发生金属性接地,故障点可能发生在 10 kV Ⅰ母的出线,也可能在 10kV Ⅰ母线及附属设备。

(2)具体处理流程

1)故障情况及时间记录及第一次汇报

1 月 1 日 00:24 白马垅变发"10 kV Ⅰ母线接地"信号,10 kV Ⅰ母电压为 A 相 10 kV,B 相 10 kV,C 相 0.0 kV。天气晴。现场设备及保护装置情况待检查。

2)现场检查

值班人员应注意穿绝缘靴,做好安全防范措施,再到检查现场 10 kV Ⅰ母线及所属设备有无接地或异常。现场检查 10 kV Ⅰ母、TV 等设备无异常。

3)第二次汇报

现场检查白马垅变 10 kV Ⅰ母设备无异常。

4)加强监控并在当值调度员指令下进行事故处理

根据调度命令,查找故障线路。

【任务工单】

配电线路单相接地故障处理任务工单见表 2.7。

表 2.7　配电线路单相接地故障处理任务工单

<table>
<tr><td>工作任务</td><td colspan="3">配电线路单相接地故障信号分析及处理</td><td>学　时</td><td></td><td>成　绩</td><td></td></tr>
<tr><td>姓　名</td><td></td><td>学　号</td><td></td><td>班　级</td><td></td><td>日　期</td><td></td></tr>
<tr><td colspan="8">任务描述:白马垅变电站 10 kV 线路发生单相接地故障时,请对出现的信号进行识读与初步分析判断,并进行简单处理。
一、咨询
1. 保护装置认识
(1)了解保护装置基本操作,查询并记录小电流系统单相接地保护装置型号、版本号。

</td></tr>
</table>

续表

(2)阅读保护装置说明书,了解小电流系统单相接地保护装置保护原理。

2. 回答问题

(1)哪些情况会引起母线电压变化?

(2)单相接地时的特点有哪些?

二、决策

岗位划分如下:

人　员	岗　位		
	变电值班员正值	变电值班员副值	电力调度员

三、计划

1. 资料准备与咨询

(1)变电站运行规程。

(2)GB/T 14285—2006　继电保护和安全自动装置技术规程。

(3)电力安全工作规程(变电部分)。

(4)电力调度规程。

2. 仿真运行准备

工况保存:

(1)10 kV 线路单相金属性接地故障。

(2)10 kV 线路单相非金属性接地故障。

(3)TV 二次回路断线。

(4)10 kV 线路断线。

3. 故障信号分析及处理

续表

4. 总结评价

四、实施

（故障工况发布）

1. 告警信号记录

（1）保护及告警信号记录。

（2）汇报。

2. 现场情况检查

一次设备及其他运行情况检查。

3. 处理

（1）汇报调度。

（2）根据调度命令，做进一步处理。

五、检查及评价（记录处理过程中存在的问题、思考解决的办法，对任务完成情况进行评价）

考评项目		自我评估 20%	组长评估 20%	教师评估 60%	小计 100%
素质考评（20 分）	劳动纪律（5 分）				
	积极主动（5 分）				
	协作精神（5 分）				
	贡献大小（5 分）				
总结分析（20 分）					
工单考评（60 分）					
总　分					

【拓展任务】

任务描述：

白马垅变 220 kV 变电站 10 kV 线路发生两点异地单相接地故障时，请对出现的信号进行识读与初步分析判断，并进行简单处理。

项目 3　输电线路保护信号识别与分析

【项目描述】

主要培养学生对 110 kV 及以上电压等级输电线路保护装置运行维护基本操作及故障保护信号分析判断及信息处理能力。熟悉输电线路保护功能配置，掌握距离保护、零序电流保护和差动保护原理，能进行保护装置的日常维护，在变电站环境下进行输电线路故障的保护信号判断及分析，对故障保护信息进行正确处理。

【项目目标】

知识目标：

熟悉阻抗测量元件的工作原理和测试方法，距离保护的构成原理，阶段式距离保护的工作原理及接线，理解距离保护整定计算原则；理解中性点直接接地系统零序电流的特点，掌握零序电流保护的构成原理及接线，理解零序电流保护整定计算原则，掌握电流差动保护、纵联距离保护和纵联方向保护的原理；了解差动保护的整定原则。

能力目标：

能进行输电线路保护配置，进行 110 kV 线路相间短路故障及接地故障分析，进行 220 kV线路区内故障分析。

【教学环境】

变电仿真运行室、多媒体课件。

任务 3.1　110 kV 线路相间故障保护信号识别与分析

【任务目标】

知识目标

1. 掌握输电线路保护功能配置基本原则。
2. 掌握距离保护的原理。
3. 了解距离保护的整定原则。

4. 了解距离保护的优缺点。

能力目标

能进行 110 kV 线路相间短路故障的保护信号分析及故障处理。

【任务描述】

白马垅变 110 kV 白叶线 508 线路发生 BC 相间短路故障,保护动作,断路器跳闸。试对主控台信号进行分析,初步判断故障原因,并进行简单处理。

【任务准备】

(1)规程准备

《电力安全工作规程 发电厂和变电站电气部分》(GB 26860—2011)、《白马垅变运行规程》、《继电保护和安全自动装置技术规程》(GB/T 14285—2006)。

(2)设备、资料准备

熟悉白马垅变电站 110 kV 一次接线及设备,收集 110 kV 保护装置说明书,阅读 110 kV 保护装置说明书相间短路保护相关部分。

(3)知识准备

预习本节相关知识内容,并回答以下问题:

①110 kV 线路保护装置通常配置哪些保护功能?

②距离保护的实质及原理是什么?

③圆阻抗继电器有哪几种?

【相关知识】

3.1.1 输电线路保护配置

110 kV 及以上电压等级线路属于高压输电线路。输电网络由于对供电可靠性要求更高,通常采用双侧电源或环网供电,保护配合更为复杂,电流保护往往难以满足要求,且其保护范围受运行方式影响大,在短线路中甚至会没有保护范围,因此,输电线路需要采用保护性能更优良的保护。主要的保护配置有距离保护、零序电流保护和差动保护。

(1)相间距离保护

距离保护仍为阶段式保护,主要作为 110 kV 线路单侧电源线路相间故障的保护及 220 kV线路的后备保护。

(2)零序电流保护与接地距离保护

110 kV 及以上电网属于中性点直接接地系统,在发生接地故障时,有零序电流出现,因此,常用零序电流保护作为接地故障保护。零序电流的选择性如不能满足要求时,则装设接地距离保护,并辅之用于切除经电阻接地故障的一段零序电流保护。

(3)差动保护

差动保护为对比两侧电气量而可实现全线速动的保护。220 kV 及以上线路为了有选择性地快速切除故障,一般情况下要求装设两套全线速动保护。110 kV 双侧电源线路、多级串联或采用电缆的单侧电源线路,一般应装设一套全线速动保护。

输电线路保护基本配置见表 3.1。

表 3.1　输电线路保护基本配置表

线路电压等级	故障与异常类型	主保护	后备保护
110kV	相间短路	距离保护Ⅰ,Ⅱ段	距离保护Ⅲ段
	单相接地	接地距离保护Ⅰ,Ⅱ段 零序电流保护Ⅰ、Ⅱ段	接地距离保护Ⅲ段 零序电流保护Ⅲ段
220 kV	相间短路、单相接地	光纤差动、纵联变化量方向保护、纵联距离保护、纵联零序方向保护	距离保护Ⅱ、Ⅲ段 接地距离保护Ⅱ、Ⅲ段 零序过流保护Ⅳ段

3.1.2　距离保护

距离保护是反映故障点至保护安装点之间的距离(或阻抗),并根据距离的远近来确定动作时间的一种保护。

(1)距离保护的原理及组成

通常,电压在 110 kV 及以上的电网不再是简单的辐射式网络,结构更复杂,运行方式的选择也更多。注意到电流保护的整定值与保护范围受系统运行方式的影响较大,严重情况下电流Ⅰ段可能不具保护范围,电流Ⅲ段不能灵敏地反映线路末端故障,导致保护的选择性、灵敏性和快速性都难以得到满足,因此,需要采用在原理上受系统运行方式影响较小和灵敏度更高的保护。电力系统发生故障时,电流增大的同时也有电压的降低,电压与电流的比值——阻抗的变化则更大。

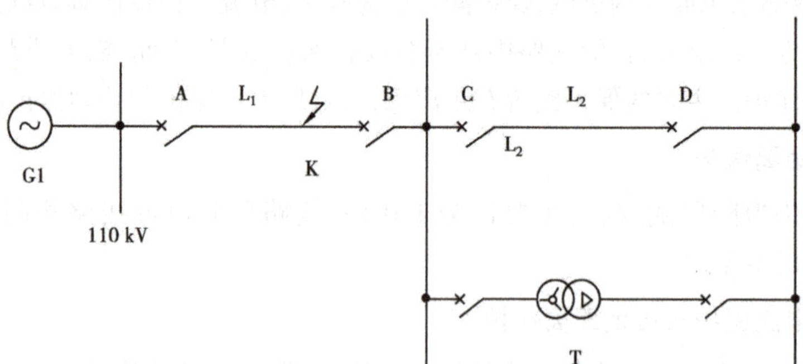

图 3.1　线路一次接线图

如图3.1所示，当系统正常运行时，QFA保护安装处测量的阻抗值为 $Z_m = Z_{AB} + Z_{Ld}$，而在线路AB中K点发生故障时，阻抗值为 $Z_m = Z_K$。比较两式可知，故障时线路的测量阻抗较正常运行时明显变小。同时可知，线路阻抗与距离成正比，故障点离保护安装处距离越近阻抗越小，越远则阻抗越大。因此，可利用距离（或阻抗）的变化来反映故障发生的地点，并可根据距离的远近来确定动作时间。这种反映阻抗值的降低而采取的保护，称为距离保护（阻抗保护）。

与电流保护相比，距离保护的组成更为复杂。它主要由启动元件、测量元件、时间元件、电压二次回路断线闭锁元件与振荡闭锁元件等组成。其中，测量元件由阻抗继电器构成，是距离保护的核心。

1）阻抗继电器的动作特性

阻抗继电器的作用是测量故障点到保护安装处的阻抗，通过阻抗的变化来判断是否发生故障。阻抗继电器的测量阻抗是负荷阻抗 $Z_m = Z_1 = \dfrac{\dot{U}_N}{\dot{I}_1}$。短路时，加在阻抗继电器上的电压是母线处的残压 $\dot{U}_{mK}$，电流是短路电流 $\dot{I}_K$。阻抗继电器的测量阻抗是短路阻抗 Z_K，$Z_m = Z_K = \dfrac{\dot{U}_{mK}}{\dot{I}_K}$，阻抗的变化不仅仅为幅值的减小，还包括复角的变化。因此，距离保护的动作特性与电流保护不只是整定值不同，它为平面内的一个几何区间，有圆、椭圆或四边形等主要类型。圆特性阻抗继电器有全阻抗继电器、方向阻抗继电器和偏移阻抗继电器等。其在平面上的表示如图3.2所示。

圆特性阻抗器的动作特性为一个圆，圆内为动作区，圆外为不动作区；即当测量阻抗落入圆内时继电器动作；反之，不动作。全阻抗继电器的动作特性是以B点（继电器安装点）为圆心，以整定阻抗值为半径所作的圆，如图3.2(b)所示的圆1。全阻抗继电器的动作特性包含4个象限，即保护在正反方向都可动作，因此，全阻抗继电器没有方向性。

方向阻抗继电器的动作特性是以保护安装处为坐标原点，以整定阻抗为直径作圆，如图3.2(b)所示的圆2。此种继电器的动作阻抗随相角的变化而改变。当测量阻抗角等于整定阻抗角时，动作阻抗具有最大值，并将此角度称为灵敏角。此时，阻抗继电器的保护范围最大，工作最灵敏。方向阻抗继电器的主要动作区位于第一象限。在反方向发生故障（即测量阻抗位于第三象限）时，继电器不动作，因此，方向阻抗继电器具有方向性。

方向阻抗继电器特性圆经过原点，即保护安装处位于动作区的边界。若存在过渡电阻等误差因素，在保护安装处发生故障时，可能保护会拒动，即正方向出口存在死区。为此，若将方向阻抗继电器特性圆向第三象限偏移，即称为偏移阻抗继电器。设偏移长度为 αZ_{set}，则偏移阻抗继电器是以 $|Z_{set} + \alpha Z_{set}|$ 为直径的特性圆，α 通常取0.1~0.2。

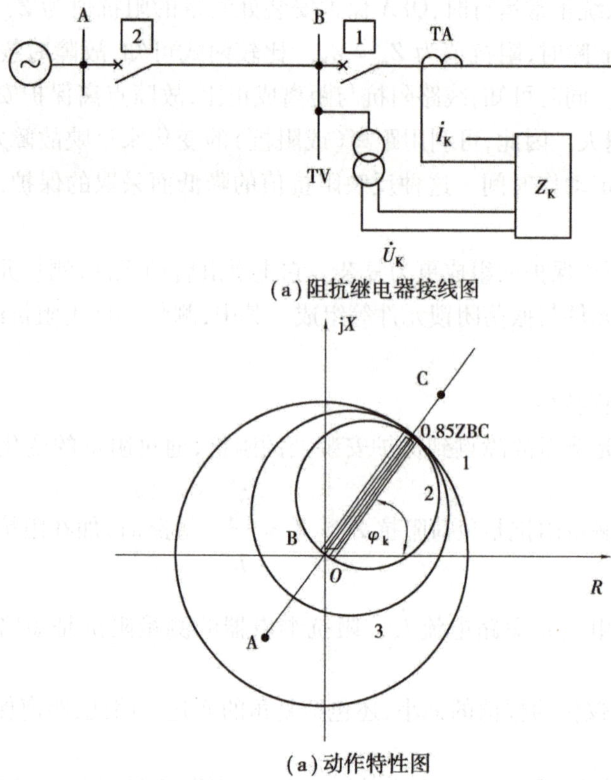

图 3.2 圆特性阻抗继电器动作特性图

【例 3.1】 有一方向阻抗继电器,其整定阻抗 $Z_{set}=7.5\angle 60°\ \Omega$。若测量阻抗为 $Z_m=7.2\angle 30°\ \Omega$,问该继电器能否动作?

解:由于动作阻抗

$$
\begin{aligned}
|Z_{act}| &= |Z_{set}|\cos(60°-30°) \\
&=7.5\times 0.866\ \Omega \\
&=6.5\ \Omega<7.2\ \Omega
\end{aligned}
$$

故该继电器不能动作。

3 种阻抗的概念总结如下:

①测量阻抗:测量电压与测量电流的比值,其大小与短路点到保护安装处的距离有关。

②整定阻抗:一般取保护安装点到保护范围末端线路的阻抗。全阻抗继电器中整定阻抗为阻抗圆的半径,方向阻抗继电器中整定阻抗为阻抗圆的直径,偏移阻抗继电器中整定阻抗为在最大灵敏角方向上原点到圆周的长度。

③动作阻抗:使阻抗继电器动作的最大测量阻抗。除全阻抗继电器外,动作阻抗随短路阻抗角不同而不同。当短路阻抗角与最大灵敏角相同时,动作阻抗最大,其值等于整定阻抗。

2)阻抗继电器的接线方式

阻抗继电器常用的接线方式有 4 类:0°接线、+30°接线、-30°接线及具有零序电流补偿的0°接线。当负荷的功率因数($\cos\Phi$)为1时,接入继电器的电压与电流同相位,称为0°接线;若电压超前电流30°时,称为+30°接线;若电压滞后电流30°时,称为-30°接线。在发生接地故障时,阻抗继电器直接接入相电压和相电流无法正确反映接地时的阻抗,需加入补偿零序电流,此时接入继电器的电压为相电压$\dot{U}_P$,电流为相电流与补偿零序电流之和$\dot{I}_P+K_3\dot{I}_0$(其中,零序电流补偿系数$K=\frac{Z_0-Z_1}{3Z_1}$称为具有零序电流补偿的0°接线)。

阻抗继电器的接线方式见表3.2。

表3.2　阻抗继电器的常用接线方式

继电器接线方式	0°接线		+30°接线		-30°接线		零序电流补偿接线	
	$\dot{U}_J$	$\dot{I}_J$	$\dot{U}_J$	$\dot{I}_J$	$\dot{U}_J$	$\dot{I}_J$	$\dot{U}_J$	$\dot{I}_J$
KR_1	$\dot{U}_{AB}$	$\dot{I}_A-\dot{I}_B$	$\dot{U}_{AB}$	$\dot{I}_A$	$\dot{U}_{AB}$	$-\dot{I}_B$	$\dot{U}_A$	$\dot{I}_A+K_3\dot{I}_0$
KR_2	$\dot{U}_{BC}$	$\dot{I}_B-\dot{I}_C$	$\dot{U}_{BC}$	$\dot{I}_B$	$\dot{U}_{BC}$	$-\dot{I}_C$	$\dot{U}_B$	$\dot{I}_B+K_3\dot{I}_0$
KR_3	$\dot{U}_{CA}$	$\dot{I}_C-\dot{I}_A$	$\dot{U}_{CA}$	$\dot{I}_C$	$\dot{U}_{CA}$	$-\dot{I}_A$	$\dot{U}_C$	$\dot{I}_C+K_3\dot{I}_0$

(2)距离保护的整定

距离保护只采集一端的电气量,因此,与电流保护一样具有阶段式特性。

1)距离保护Ⅰ段

距离保护Ⅰ段为快速动作段,时限为0 s。为保证选择性,其保护范围只保护线路全长的80%~85%。距离保护Ⅰ段的动作阻抗按躲过本线路末端短路时的正序阻抗来整定。图3.1中线路AB的距离保护Ⅰ段整定阻抗为

$$Z_{set.1}^{I}=k_{rel}^{I}Z_1L_1 \tag{3.1}$$

式中　$Z_{set.1}^{I}$——线路L_1的距离保护Ⅰ段整定阻抗;

k_{rel}^{I}——距离保护Ⅰ段可靠系数,取0.8~0.85;

Z_1——线路L_1的单位正序阻抗;

L_1——线路L_1长度。

在式(3.1)中,距离保护Ⅰ段动作阻抗整定值只取决于线路单位阻抗Z_1与线路长度L_1,其值固定,故距离保护Ⅰ段的保护范围基本不受运行方式的影响。距离保护Ⅰ段为快速动作段,不带专门的延时,动作时间为0 s。

2)距离保护Ⅱ段

距离保护Ⅱ段应保护线路全长,其保护范围将延伸至下一级线路首端。因此,要考虑与下级线路保护或变压器保护的Ⅰ段配合。在复杂的网络结构中,往往存在其他电源或分支线路的接入,即出现分支电流,而分支电流会使阻抗继电器的测量阻抗变大或变小,导致其保护范围的缩小或扩大。此时,需引入分支系数K_b以抵消分支线路对保护范围的影响。具有分支的系统图如图3.3所示。

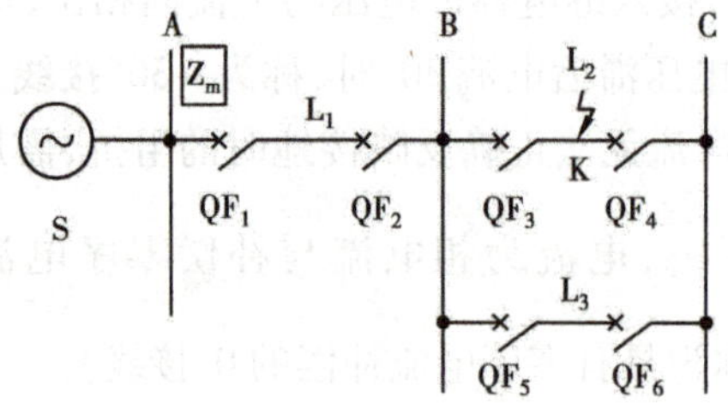

(a)具有助增分支

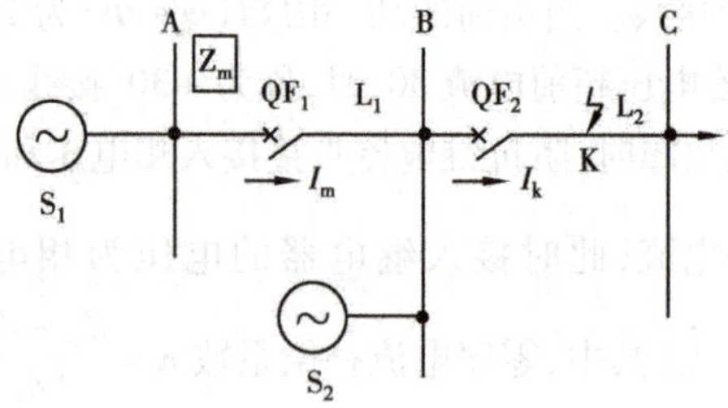

(b)具有汲出分支

图 3.3 具有分支的系统图

如图 3.3(a)、(b)所示,在 K 点发生短路时,断路器 QF_1 处的测量距离阻抗为

$$Z_m = \frac{\dot{U}_m}{\dot{I}_m} = \frac{\dot{I}_m Z_1 + \dot{I}_k Z_k}{\dot{I}_m} = Z_1 + \frac{\dot{I}_k Z_k}{\dot{I}_m} = Z_1 + K_b Z_k \tag{3.2}$$

其中,分支系数 K_b 为

$$K_b = \frac{\text{短路线路的电流}}{\text{通过上级保护的电流}} = \frac{\dot{I}_k}{\dot{I}_m} \tag{3.3}$$

在图 3.3(a)中,由于 B 母线上有电源 S_2 的加入,短路线路的电流大于上级线路 AB 上流过的电流,故分支系数 $K_b>1$。S_2 提供的电流称为助增电流,此分支系数也称助增系数。在助增电流作用下,继电器的测量阻抗增大,在整定阻抗不变的情况下意味着保护范围将缩小。

而在图 3.3(b)中,由于 B 母线上存在分支线路,短路线路的电流小于上级线路 AB 上流过的电流,故分支系数 $K_b<1$。分支线路所分出的电流也称汲出电流。在汲出电流作用下,继电器的测量阻抗减小,在整定阻抗不变的情况下意味着保护范围将增大。

可见,由于分支线路对保护范围的影响,距离保护Ⅱ段的整定需引入分支系数。分支系数应取各种运行方式下的最小值。这样,当运行方式改变时,分支系数只会增大,保护范围将减小,而不会造成保护超范围的无选择动作。

图 3.3 中线路 AB 的距离保护Ⅱ段的整定阻抗如下:

①与下级线路距离保护Ⅰ段配合,则

$$Z_{set.1}^{\mathrm{II}} = k_{rel}^{\mathrm{II}}(Z_{AB} + K_{b.min} Z_{set.2}^{\mathrm{I}}) \tag{3.4}$$

式中 $Z_{set.1}^{\mathrm{II}}$——线路 L_1 的距离保护Ⅱ段整定阻抗;

k_{rel}^{II}——距离保护Ⅱ段可靠系数,取 0.8~0.85;

Z_{AB}——线路 L_1 的正序阻抗;

$K_{b.min}$——最小分支系数;

$Z_{set.2}^{\mathrm{I}}$——线路 L_2 的距离保护Ⅰ段整定阻抗。

②与下级变压器保护Ⅰ段配合,则

$$Z_{set.1}^{\mathrm{II}} = k_{rel}^{\mathrm{II}}(Z_{AB} + K_{b.min} Z_T) \tag{3.5}$$

式中　k_{rel}^{II}——与变压器T保护配合时,因变压器阻抗误差较大,故可靠系数一般取0.7～0.75;

Z_T——下级变压器T的阻抗;变压器的主保护为电流速断保护时,Z_T为电流速断保护内的变压器阻抗;变压器的主保护为差动保护时,Z_T为变压器阻抗。

同时考虑上述两种情况,取两者较小值为距离保护Ⅱ段的整定阻抗。

③灵敏度校验

距离保护Ⅱ段需保护线路全长,在线路末端发生的故障应有足够的灵敏度,要求灵敏度系数应满足

$$K_{sen}=\frac{Z_{set.2}^{II}}{Z_{AB}}\geqslant 1.3 \tag{3.6}$$

3)距离保护Ⅲ段

①整定阻抗

距离保护Ⅲ段为后备保护,与相邻线路Ⅱ,Ⅲ段定值相配合,并通常按躲过正常运行时最小负荷阻抗来整定。采用全阻抗继电器时,距离保护Ⅲ段的整定阻抗为

$$Z_{set.1}^{III}=\frac{Z_{ld.min}}{K_{rel}^{III}K_{re}K_{ast}} \tag{3.7}$$

式中　$Z_{set.1}^{III}$——线路L_1的距离保护Ⅲ段整定阻抗;

K_{rel}^{III}——距离保护Ⅲ段可靠系数,取1.2～1.3;

K_{re}——返回系数,取1.15～1.25;

K_{ast}——电动机自启动系数,取1.5～2.5;

$Z_{ld.min}$——最小负荷阻抗;当线路负荷最大时,母线电压最低;考虑正常运行时,母线电压最低允许值,则

$$Z_{ld.min}=\frac{0.9U_P}{I_{L.max}}$$

式中　U_P——母线相电压;

$I_{L.max}$——线路中流过的最大负荷电流。

②动作时限

距离保护Ⅲ段仍以阶段时限特性,故$t_n^{III}=t_{n+1}^{III}+\Delta t$。

③灵敏度校验

距离保护Ⅲ段作为近后备保护时,应在本线路末端发生故障时有足够的灵敏度;作为远后备保护时,应能保护下级线路末端所发生的故障,则

$$K_{set}^{III}=\frac{Z_{set}^{III}}{Z_1L_{AB}}\geqslant 1.5 \tag{3.8}$$

$$K_{sen}^{III}=\frac{Z_{set}^{III}}{(Z_{AB}+K_{b.max}Z_{BC})}\geqslant 1.2 \tag{3.9}$$

3.1.3 距离保护的影响因素

(1)短路点过渡电阻对距离保护的影响

电力系统中的短路一般不是金属性的,而是经过了一定物质电阻,如电弧的弧光电阻,木杆和水泥杆的电阻等。此种电阻是一种暂态量,一旦故障消失,电阻也随之消失,故称过渡电阻。过渡电阻性质可分为电阻性、感性和容性 3 种。其叠加在测量电阻上将使测量阻抗发生变化,保护范围可能缩短或扩大,造成距离保护不正确动作。为消除过渡电阻的影响,通常采用能允许较大的过渡电阻而不至于拒动的阻抗继电器,如四边形阻抗继电器等。

(2)电力系统振荡对距离保护的影响

电力系统正常运行时,接入系统的发电机都处于同步运行状态。在系统发生故障时,因切除太慢或遭受较大冲击,使并列运行的发电机失去同步,导致系统发生振荡。此时,系统中各点电压、线路电流,以及距离保护的各测量阻抗也会发生周期性变化。当测量阻抗变小落入动作区内时,距离保护将误动作。通常振荡为短路初期的暂态过渡过程,在若干周期后,多数情况下能恢复正常运行,若此时保护动作跳闸,将扩大停电范围,造成更严重的后果。因此,在距离保护中需增设振荡闭锁回路,避免保护误动。

(3)TV 断线对距离保护的影响

当电压互感器二次回路断线时,阻抗继电器的测量电压为零,测量阻抗为零,距离保护可能误动作。因此,在距离保护中应装设断线闭锁装置。

(4)其他因素的影响

阻抗继电器的测量阻抗还会受到分支电路、线路串联电容、输电线非全相运行及系统频率发生变化等因素的影响。

3.1.4 距离保护的评价

距离保护相对于电流保护,其突出的优点是受运行方式变化的影响较小。距离保护Ⅰ段保护范围不受运行方式变化的影响,保护范围比较稳定;Ⅱ,Ⅲ段的保护范围由于可能存在分支电路,因此仍受运行方式变化影响。此外,距离保护能在多侧电源的复杂网络中保证动作的选择性。在灵敏性上,因距离保护同时反映电压和电流,故比单一反映电流的保护灵敏度高。

距离保护仍为反映单端电气量的保护。第Ⅰ段快速保护能保护线路全长的 85%,对双侧电源的线路,至少有 30% 的范围保护要以距离保护Ⅱ段的时间切除故障。在 220 kV 及以上的电网中,距离保护满足不了系统稳定性的要求,因此,距离保护主要应用在 110 kV 电网中作为主保护。

【任务实施】

(1)**保护信息识别**

1)事故详细描述

①主要象征

在变电站中,突发警铃响。主控台显示以下信号:

2019年8月17日00:40:22:520　白马垅变　110 kV 白叶线508线路保护PSL-621D保护动作-动作
2019年8月17日00:40:22:538　白马垅变　事故总-动作
2019年8月17日00:40:22:570　白马垅变　110 kV 白叶线508断路器总出口跳闸-动作
2019年8月17日00:40:22:580　白马垅变　110 kV 白叶线508断路器-分闸
2019年8月17日00:40:27:138　白马垅变　110 kV 白叶线508断路器储能电机启动-动作
2019年8月17日00:40:31:138　白马垅变　110 kV 白叶线508断路器储能电机启动-复归

②事故前运行方式

系统110 kV线路均配置距离保护,重合闸未投。

2)110 kV线路保护信息识别

输电线路发生保护动作、断路器跳闸时告警信息窗的主要信号有“××变全站事故总”“××变××线路××保护出口”“××变××断路器控制回路断线”“××变××断路器××出口跳闸”“××变××断路器××重合闸动作”等。110 kV线路故障信息的分类与释义见表3.3。

表3.3　110 kV线路故障信息的分类与释义表

序号	信号名称	释　义	产生原因	分类
1	事故总-动作	全站事故总信号	全站有任何事故信号发出时	事故
2	××线路××保护动作	××保护装置启动时发出该信号	1.保护范围内的一次设备故障 2.保护误动或二次回路故障	事故
3	××变××线路××保护出口	××保护装置动作时发出该信号	1.保护范围内的一次设备故障 2.保护误动或二次回路故障	事故
4	××变××断路器控制回路断线	控制电源消失或控制回路故障,造成断路器分合闸操作闭锁	1.二次回路接线松动 2.控制保险熔断或空气开关跳闸 3.断路器辅助接点接触不良,合闸或分闸位置继电器故障 4.分合闸线圈损坏 5.断路器机构“远方/就地”切换开关损坏 6.弹簧机构未储能或断路器机构压力降至闭锁值、SF6气体压力降至闭锁值	异常

续表

序号	信号名称	释　义	产生原因	分类
5	××变××断路器××出口跳闸	××断路器动作跳闸	任何保护动作或机构故障造成的开关跳闸均发此信号	事故
6	××断路器-分闸	××断路器分闸	任何保护动作或机构故障造成的开关跳闸均发此信号	变位
7	××断路器-合闸	××断路器合闸	重合闸动作	变位
8	××后加速-动作	重合闸装置动作不成功时发出该信号	线路永久性故障	事故
9	××变××断路器××重合闸动作	重合闸装置动作时发生该信号	1. 线路保护动作使断路器跳闸 2. 断路器偷跳	事故

在本例中关键信息为:110 kV 白叶线 508 保护动作、白叶线 508 断路器分闸。漏发信号:未发具体保护信号,未发保护出口信号。

(2)**故障判断与分析**

1)保护信号分析

距离保护与电流保护同样为阶段式保护,因此,保护范围和动作原因与电流保护基本相同。

在本例中,白叶线 508 发保护动作,同时关联断路器跳闸信号,可初步判断线路发生短路故障,但无具体阶段保护信息。因此,无法判断故障的大致范围,需到现场查看保护报文与故障录波报告。

2)现场检查及保护报文分析

①保护屏信号检查及报文打印

检查现场保护屏信号,并打印保护动作报文见表 3.4、表 3.5。

表 3.4　白叶线 508 保护装置动作报文

厂站名称		装置编号		装置地址	050
打印项目	保护动作报告	打印时间	2019 年 8 月 17 日　00:48:16		
故障序号	767	启动动作时间	2019 年 8 月 17 日　00:40:22:520		
序　号	动作元件名称			动作相别	动作相对时间
1	距离 I 段动作			ABC	34 ms
2	故障测距 测距参数 3.63 km				

表3.5　保护装置故障测距故障参数

序号	名　称	量　值	序号	名　称	量　值
1	A相电流	0.216∠332 A	3	C相电流	17.26∠267 A
2	B相电流	17.24∠87A	4	测距结果	3.626 km

报文分析:34 ms距离Ⅰ段保护动作,故障测距3.63 km,故障应为线路首端故障。

②打印故障录波图及录波报告

白叶线508线路相间短路故障录波图如图3.4所示。

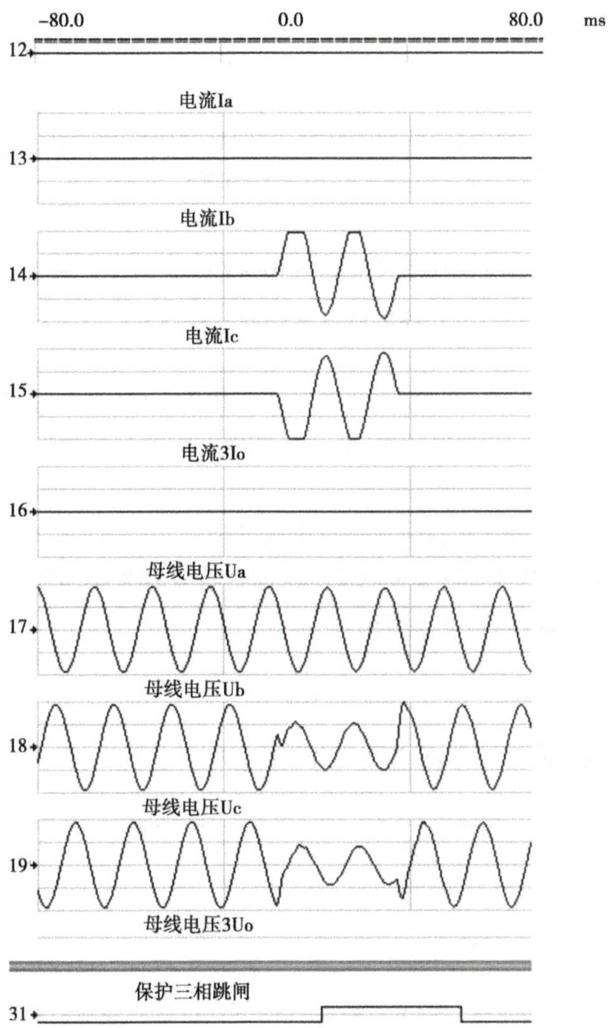

图3.4　白叶线508线路相间短路故障录波图

故障录波装置分析报告如下:

故障线路:110 kV　　508电流

故障距离km:3.5

故障相别:B　　C

故障电流(A):0.214　　17.24　　17.206

故障电压(V):58.31　　45.15　　32.89

跳闸相别:A　　B　　C

跳闸时间(ms):34　　33　　34

故障录波图及报告分析:线路保护 BC 相电流突然增大,电压降低,无零序电压、电流,可判断为 BC 相首端短路故障,故障测距 3.5 km。

③结论

线路发生 BC 相首端短路故障,保护、断路器均动作正确,故障测距 3.6 km 左右。

(3)具体处理流程

1)故障情况及时间记录及第一次汇报

2019 年 8 月 17 日 00:40:白马垅变 110 kV 白叶线 508 保护动作,未发具体信号,断路器跳闸,重合闸未投。天气晴。现场设备及保护装置情况待检查。

2)现场检查

检查白叶线 508 断路器位置在断开位置,110 kV 线路其他设备无异常。白叶线 508 保护装置屏显示距离 I 段跳闸。打印保护报文及故障录波图。

3)第二次汇报

现场检查白马垅变白叶线 508 断路器确在断开位置,其他设备无异常。110 kV 白叶线 508 保护装置信号为距离 I 段保护动作,重合闸未投。保护报文故障测距 3.63 km,故障录波测距 3.5 km。

4)加强监控并在当值调度员指令下进行事故处理

根据调度命令,将白叶线 508 试送或改变状态、检查保护信号漏发原因。做好操作准备。预想可能发生的事故,做好事故预想。

【任务工单】

110 kV 线路相间短路故障处理任务工单见表 3.6。

表 3.6　110 kV 线路相间短路故障处理任务工单

<table>
<tr><td>工作任务</td><td colspan="2">110 kV 线路相间短路故障信号分析及处理</td><td>学　时</td><td></td><td>成　绩</td><td></td></tr>
<tr><td>姓　名</td><td></td><td>学　号</td><td>班　级</td><td></td><td>日　期</td><td></td></tr>
<tr><td colspan="7">任务描述:白马垅变 220 kV 变电站 110 kV 线路发生相间短路故障时,请对出现的信号进行识读与初步分析判断,并进行简单处理。
一、咨询
1.110 kV 线路保护装置认识
(1)了解 110 kV 线路保护装置基本操作,查询并记录线路保护装置型号、版本号。</td></tr>
</table>

续表

(2)阅读110 kV线路保护装置说明书,了解线路距离保护逻辑图。

(3)记录110 kV线路保护配置及相关定值。

2. 故障前运行方式

二、决策

岗位划分如下:

人　员	岗　位		
	变电值班员正值	变电值班员副值	电力调度员

三、计划

1. 资料准备与咨询

(1)变电站运行规程。

(2)GB/T 14285—2006　继电保护和安全自动装置技术规程。

(3)电力安全工作规程(变电部分)。

(4)电力调度规程。

2. 仿真运行准备

工况保存:

(1)110 kV线路近端相间短路故障。

(2)110 kV线路远端相间短路故障。

3. 故障信号分析及处理

4. 总结评价

续表

四、实施 （故障工况发布） 1. 告警信号记录 （1）保护及告警信号记录。   （2）汇报。   2. 现场情况检查 （1）一次设备、测量表计及其他运行情况检查。   （2）保护装置信号检查。   （3）打印报文及录波图。   （4）保护信号分析及判断。   3. 处理 （1）汇报调度。   （2）根据调度命令，做进一步处理。

续表

五、检查及评价(记录处理过程中存在的问题、思考解决的办法,对任务完成情况进行评价)

考评项目		自我评估 20%	组长评估 20%	教师评估 60%	小计 100%
素质考评(20 分)	劳动纪律(5 分)				
	积极主动(5 分)				
	协作精神(5 分)				
	贡献大小(5 分)				
总结分析(20 分)					
工单考评(60 分)					
总　分					

【拓展任务】

任务描述:

白马垅变 220 kV 变电站 110 kV××线路发生相间短路故障时,距离Ⅰ段保护动作,未发断路器跳闸信号,请对出现的信号进行识读与初步分析判断。

任务 3.2　110 kV 线路单相接地故障保护信号识别与分析

【任务目标】

知识目标

1. 掌握零序电流保护的原理。
2. 了解零序电流保护的优点。

能力目标

能进行配电单侧电源线路相间短路故障的保护信号分析及故障处理。

【任务描述】

白马垅变 110 kV 白叶线 508 线路发生 C 相单相接地故障,零序电流保护动作,断路器跳闸,重合不成功。试对主控台信号进行分析,初步判断故障原因,并进行简单处理。

【任务准备】

(1)规程准备

《电力安全工作规程　发电厂和变电站电气部分》(GB 26860—2011)、《白马垅变运行规程》、《继电保护和安全自动装置技术规程》(GB/T 14285—2006)。

(2)设备、资料准备

熟悉白马垅变电站110 kV一次接线及设备，阅读110 kV保护装置说明书接地故障保护相关部分。

(3)知识准备

预习本节相关知识内容，并回答以下问题：

①大电流接地系统中零序分量有何特点？

②零序电流保护有何优点？

③如何提取零序分量？

【相关知识】

电力系统故障80%～90%为单相接地故障。此类故障的故障电流往往较相间短路的故障电流来得小，反映相间故障的距离保护和电流保护对单相接地故障的灵敏度不够。110 kV及以上的系统，当中性点直接接地或经过小电阻接地的电网在发生接地故障时，将出现数值较大的零序电流，而零序电流在正常运行时几乎不存在或很小，据此可构成灵敏反映接地故障的零序电流保护。

在大电流接地系统中，反映零序电流增大而动作的保护，称为零序电流保护。

3.2.1　中性点直接接地系统零序分量分析

中性点直接接地系统(见图3.5)发生故障时，在故障点出现零序电压，通过线路及变压器中性点构成如图3.6所示的零序网络。各零序分量有以下特点：

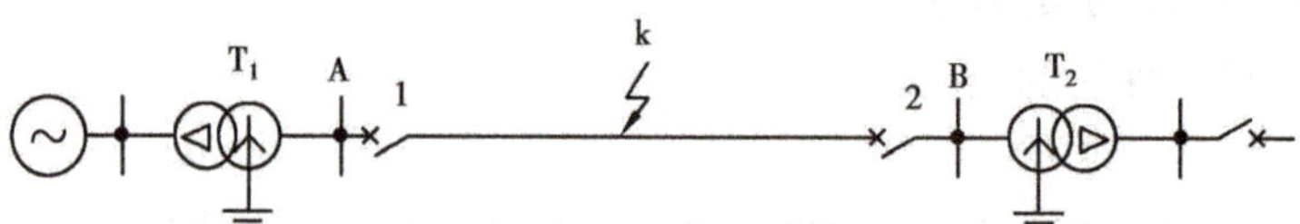

图3.5　中性点直接接地系统

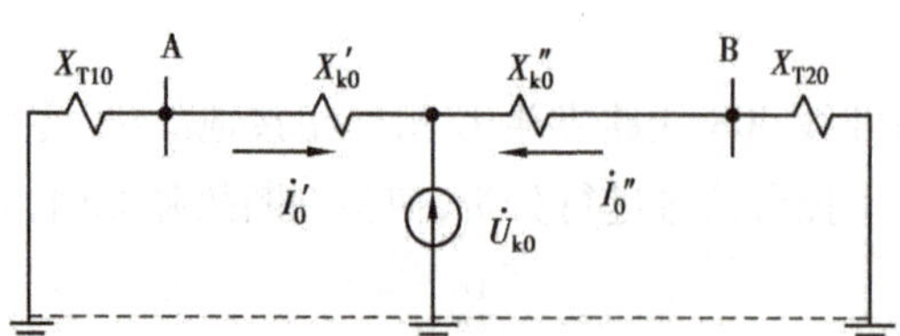

图3.6　零序网络

①故障点的零序电压最高，离故障点越远，零序电压越低，变压器接地中性点的零序电压为零。

②零序电流是从故障点流向中性点接地的变压器，但零序电流的正方向仍规定为从母线到线路，故零序电流为 $-3I_0$。对发生故障的线路，其实际方向为从线路指向母线，零序功率方向为负。

③零序电流的大小与保护背后系统和中性点接地变压器的数目密切相关。接地短路后，不仅电源侧有零序电流，负荷侧也有零序电流。

④零序电流与保护和接地点的距离远近相关。接地点离保护安装处越近，流过保护的零序电流越大；反之，接地点越远，流过保护的零序电流越小。

⑤零序电压与零序电流之间的相位差由零序阻抗角决定。

3.2.2　零序电流、电压的提取

(1)零序电流的提取

零序分量是利用对称分量法所作的人为分解，电流互感器无法直接测得，但可通过零序电流滤过器(见图3.7)或零序电流互感器(见图3.8)来取得。

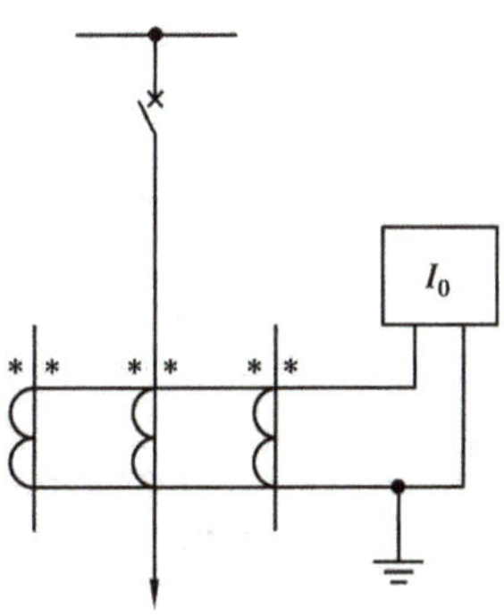

图3.7　零序电流滤过器

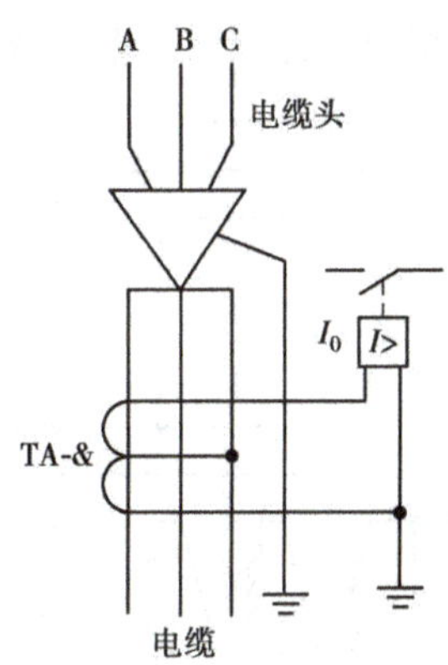

图3.8　零序电流互感器

由于 $\dot{I}_a+\dot{I}_b+\dot{I}_c=3\dot{I}_0$，正序与负序分量三相大小相同，相位互差120°。三相相加后为零，因此，可将三相电流互感器二次同极性并联，中性线上所流过的电流即零序电流。理想情况下，中性线的零序电流为零，而实际上因每相电流互感器的励磁特性不完全相同，故二次所感应的电流也不同。二次中性线上所流过的实际电流为

$$
\begin{aligned}
3\dot{I}_0=\dot{I}_a+\dot{I}_b+\dot{I}_c&=\frac{1}{n_{TA}}[(\dot{I}_A-\dot{I}_{\mu A})+(\dot{I}_B-\dot{I}_{\mu B})+(\dot{I}_C-\dot{I}_{\mu C})]\\
&=-\frac{1}{n_{TA}}(\dot{I}_{\mu A}+\dot{I}_{\mu B}+\dot{I}_{\mu C})\\
&=\dot{I}_{\mu nb}
\end{aligned}
\tag{3.10}
$$

式中　$\dot{I}_{\mu nb}$——流入继电器的不平衡电流。

当线路发生短路故障时，电流互感器一次电流增大并含有非周期分量，不平衡电流也随之增大。为防止保护误动，保护整定需躲过最大不平衡电流，但增大整定值将使保护灵敏度降低。因此，3 个电流互感器的选取应尽量使励磁特性相同，从而减小不平衡电流对保护的影响。

对电缆线路，通常采用零序电流互感器来直接获取零序电流。零序电流互感器一次电流即 $3\dot{I}_0=\dot{I}_a+\dot{I}_b+\dot{I}_c$。零序电流互感器的不平衡电流小，但电缆表面因集肤效应，故可能存在杂散电流。为解决这个问题，需将电缆头的接地线穿回电流互感器铁芯后接地，如图 3.8 所示。这样，杂散电流从零序电流互感器铁芯内穿过两次，作用互相抵消，从而减小了对保护的影响。

(2)零序电压的提取

由式 $3\dot{U}_0=\dot{U}_A+\dot{U}_B+\dot{U}_C$ 可知，零序电压也可通过零序电压滤过器或从 TV 开口三角处获取，三相五柱式电压互感器一次、二次如图 3.9 所示，其开口三角为 n，m 端子。在微机保护中，零序电流和电压还可通过自产零序的方式获得，即将 TA，TV 所取得的三相电流或电压值在软件中相加来得到零序电流或电压值，如图 3.10 所示。

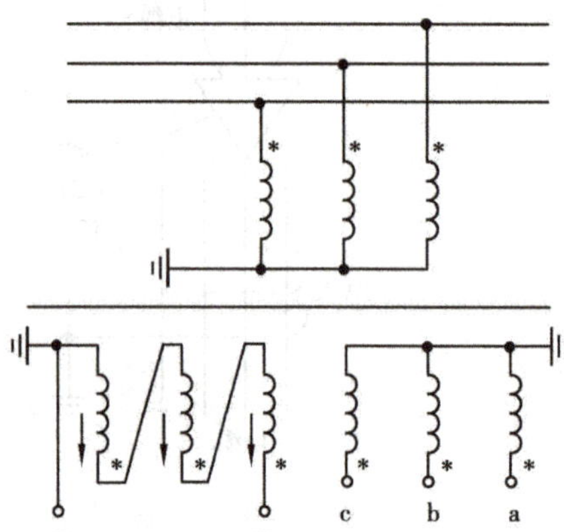

图 3.9　三相五柱式电压互感器

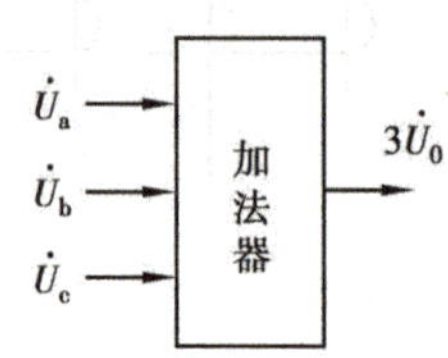

图 3.10　自产零序电压

3.2.3　零序电流保护原理图

零序电流保护通常采用三段式或四段式保护。三段式零序电流保护原理图如图 3.11 所示。零序电流Ⅰ段保护本线路首端一部分，零序电流Ⅱ段以较短的延时保护线路全长，零序电流Ⅲ段作为后备保护。对四段式的零序电流保护，第Ⅳ段定值小，具有高灵敏度，主要保护本线路的高阻接地故障。

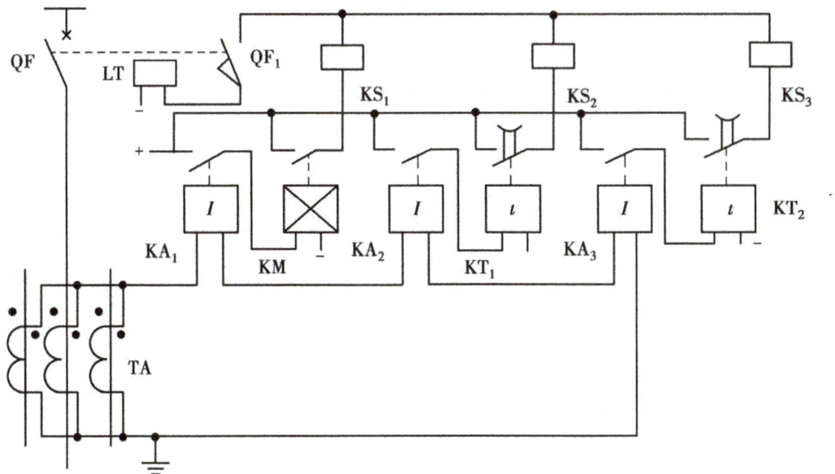

图 3.11　阶段式零序电流保护原理接线图

3.2.4　零序电流保护的整定

(1)零序电流速断(零序Ⅰ段)保护

零序电流速断保护应考虑躲过在各种情况下的最大零序电流。零序电流速断保护的整定原则如下：

①躲过本线路末端接地短路时的最大三倍零序电流 $3I_{0.\max}$，即

$$I_{0.\text{act}}^{\text{I}} = K_{\text{rel}}^{\text{I}} 3I_{0.\max} \tag{3.11}$$

式中　$K_{\text{rel}}^{\text{I}}$——零序电流Ⅰ段可靠系数，一般取 $K_{\text{rel}}^{\text{I}} = 1.2 \sim 1.3$。

②躲过断路器三相触头不同时合闸时出现的最大零序电流 $3I_{0.\text{unb}}$，即

$$I_{\text{act}}^{\text{I}} = K_{\text{rel}}^{\text{I}} 3I_{0.\text{unb}} \tag{3.12}$$

保护整定值应取①、②中较大者。当保护装置动作时间大于断路器三相触头不同时合闸的时间时，则可不考虑条件②。若要避免因考虑条件②而使整定值过大，可给保护加一个小延时，使之大于断路器三相触头不同时合闸的时间。

③在 220 kV 及以上线路上采用单相自动重合闸时，按躲过非全相状态下发生振荡时单相故障所出现的最大零序电流来整定。

非全相运行状态下发生系统振荡时所出现的零序电流往往较大，若按此原则整定，会造成整定值过大，从而在接地但未发生振荡的情况下，灵敏度降低或保护范围缩小。为解决此问题，通常设置两个零序Ⅰ段保护：灵敏Ⅰ段按条件①或条件②整定，定值较小，在全相运行时发挥作用，非全相时退出；不灵敏Ⅰ段按条件③整定，定值较大，在非全相运行时发挥作用。

(2)零序电流限时速断(零序Ⅱ段)保护

零序Ⅱ段的整定原则与电流保护Ⅱ段一样，其动作电流与下一条线路的零序电流速断保护配合，时限比下一条线路的零序电流速断保护大一个时限级差 Δt，则

$$I_{\text{act.1}}^{\text{II}} = K_{\text{rel}}^{\text{II}} I_{\text{act.2}}^{\text{I}} \tag{3.13}$$

式中　$K_{\text{rel}}^{\text{II}}$——零序电流Ⅱ段可靠系数，一般取 $K_{\text{rel}}^{\text{II}}=1.1\sim1.2$。

零序Ⅱ段的灵敏性校验按本线路末端发生接地故障时最小零序电流来进行，则

$$K_{\text{sen}} = \frac{3I_{0\min}}{I_{\text{act2}}^{\text{II}}} \geqslant 1.5 \tag{3.14}$$

若零序Ⅱ段与下一条线路的零序电流速断保护配合不满足要求，则可改为与相邻线路的零序Ⅱ段配合，或用两个灵敏度不同的Ⅱ段：灵敏段与相邻线路Ⅱ段配合，时限为 1 s，定值较小；不灵敏段与相邻线路Ⅰ段配合，时限为 0.5 s，定值较大。也可改用接地距离保护。

(3)零序过电流(零序Ⅲ段)保护

零序过电流保护在正常运行或外部故障时不应动作，因此，零序过电流保护的整定原则如下：

①躲过下级线路出口三相短路时流过本保护装置的最大不平衡电流 $I_{\text{unb.max}}$，即

$$I_{\text{set}}^{\text{III}} = K_{\text{rel}}^{\text{III}} I_{\text{unb.max}} \tag{3.15}$$

其中，不平衡电流

$$I_{\text{unb.max}} = K_{\text{aper}} K_{\text{ss}} K_{\text{met}} I_{\text{k.max}}^{(3)} \tag{3.16}$$

式中　K_{aper}——非周期分量系数；$t=0$ s 时，取 1.5 ~ 2；$t=0.5$ s 时，取 1；

K_{ss}——同型系数。同型时，取 0.5；不同型时，取 1；

K_{met}——电流互感器误差，取 0.1；

$I_{\text{k.max}}^{(3)}$——下级线路出口三相短路时流过本保护装置的最大短路电流。

②与下级线路零序Ⅲ段保护在灵敏度上配合

$$I_{\text{set.1}}^{\text{III}} = K_{\text{rel}}^{\text{III}} I_{\text{set.2}}^{\text{III}} \tag{3.17}$$

式中　$K_{\text{rel}}^{\text{III}}$——零序电流Ⅲ段可靠系数，一般取 1.2 ~ 1.3。

零序电流Ⅲ段动作电流值取①、②两者中较大者。通常，不平衡电流较负荷电流小得多，故对接地故障，零序电流保护比电流保护Ⅲ段的灵敏度高很多。

零序过电流保护动作时间按阶梯时限原则配合。在如图 3.12 所示的电网中，由于变压器 T_2 低压侧发生接地故障时不会在高压侧产生零序电流，因此，可设保护 3 为零序网络最末端，其时限 $t_{0.3}^{\text{III}}=0$ s，保护 3,4,5 按阶梯时限原则配合。可知，零序过电流保护的配合范围比相间过电流保护小，动作时限也更短。

零序过电流保护既可作为本线路的近后备，也可作为下级线路的远后备。在作近后备时，灵敏系数按被保护线路末端短路时流过保护的最小三倍零序电流来校验；作远后备时，灵敏系数按相邻线路末端短路时流过保护的最小三倍零序电流来校验。在图 3.13 中，即有

$$K_{\text{sen.近}} = \frac{3I_{\text{0B.min}}}{I_{\text{01set}}^{\text{III}}} \geqslant 1.5 \tag{3.18}$$

$$K_{\text{sen.远}} = \frac{3I_{\text{0C.min}}}{I_{\text{01set}}^{\text{III}}} \geqslant 1.2 \tag{3.19}$$

式中　$3I_{\text{0B.min}}$——B 母线处短路时最小零序电流；

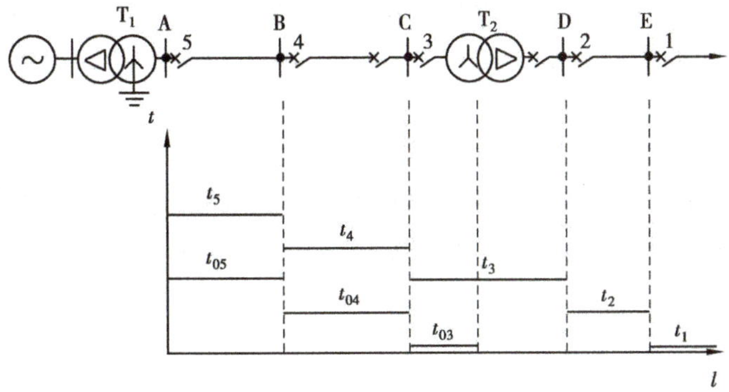

图 3.12　零序过电流保护的时限特性

$3I_{0C.min}$——C 母线处短路时最小零序电流；

$I_{01set}^{Ⅲ}$——零序电流Ⅲ段整定值。

3.2.5　零序方向电流保护

在电力系统中，若线路两侧母线处有中性点接地的变压器，则对于零序电流保护来说，该线路为双侧电源线路。如图 3.13 所示，设各断路器装设了不带方向的电流保护。当 K_1 点发生短路故障时，保护 3 可能因为与保护 2 的定值几乎相等而误动作。同理，当 K_2 点发生短路时，保护 2 与保护 5 可能误动作。因此，零序电流保护需要考虑方向性问题，与方向电流保护一样，需加零序功率方向继电器才能保证它的选择性和灵敏性。

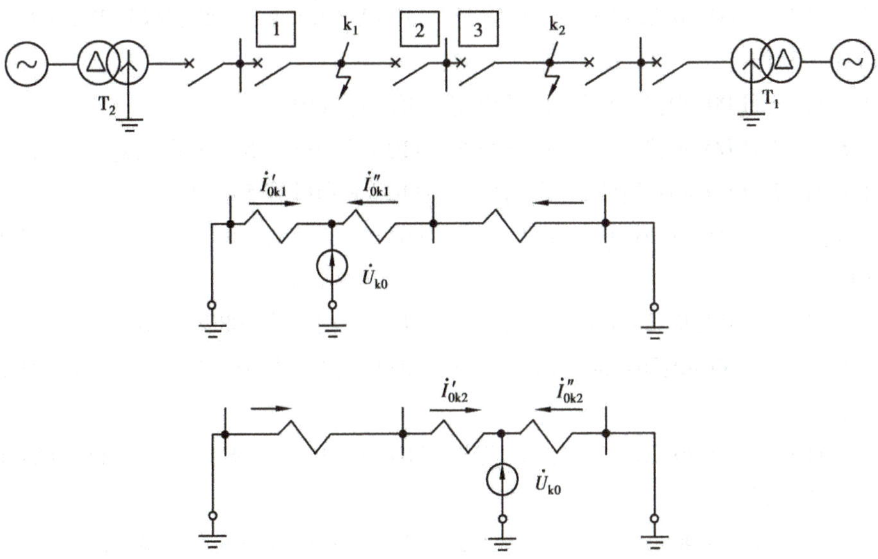

图 3.13　零序等值网络

零序功率方向继电器接入零序电流和零序电压，通过比较零序电压和零序电流的相位来区分正反方向的接地短路。在正方向短路时，零序电流超前于零序电压；在反方向短路时,零序电流滞后于零序电压。在220 kV 及以上系统中,各元件的阻抗角在80°左右;在110 kV 系统中,各元件的阻抗角大约在70°。因此,零序功率方向继电器的最大灵敏角为 -110° ~ -95°。

由于发生接地故障时,零序功率在故障点最大,因此,当故障点发生的保护出口处时,零序电压为最高,启动功率较大,不存在死区的问题。但若故障点离保护安装处较远,保护安装处所测量到的零序电压较小,而零序电流也较小时,保护可能不启动,因此,需校验零序方向电流保护的灵敏度。

3.2.6 零序电流保护的评价

零序电流保护虽然只能保护接地短路故障,但由于正常运行时没有零序电流,或零序电流很小,因此零序过电流保护对接地故障的灵敏度较高,受过渡电阻的影响较小。在系统振荡和过负荷时也没有零序分量,零序电流保护不会受到这些因素的影响。此外,零序电流保护还有配合范围较小,在保护出口处没有死区的优点,因此,在接地故障保护中得到广泛应用。

【任务实施】

(1)保护信息识别

1)主要象征

在变电站中,突发警铃响。主控台显示以下信号:

2019年8月17日00:40:22:520　白马垅变　110 kV 白叶线508线路保护 PSL-621D 零序电流 II 段保护动作-动作
2019年8月17日00:40:22:538　白马垅变　事故总-动作
2019年8月17日00:40:22:570　白马垅变　110 kV 白叶线508断路器总出口跳闸-动作
2019年8月17日00:40:22:580　白马垅变　110 kV 白叶线508断路器-分闸
2019年8月17日00:40:26:080　白马垅变　110 kV 白叶线508线路保护 PSL-621D 重合闸出口-动作
2019年8月17日00:40:26:140　白马垅变　110 kV 白叶线508断路器-合闸
2019年8月17日00:40:26:258　白马垅变　110 kV 白叶线508线路保护 PSL-621D 零序后加速-动作
2019年8月17日00:40:26:258　白马垅变　110 kV 白叶线508线路保护 PSL-621D 零序后加速保护出口-动作
2019年8月17日00:40:26:318　白马垅变　110 kV 白叶线508断路器-分闸
2019年8月17日00:40:27:138　白马垅变　110 kV 白叶线508断路器储能电机启动-动作
2019年8月17日00:40:31:138　白马垅变　110 kV 白叶线508断路器储能电机启动-复归

2)事故前运行方式

系统110 kV 线路均配置零序电流保护,重合闸投入。

3)110 kV 线路故障信息的分类与释义

110 kV 线路发生保护动作、断路器跳闸时告警信息窗的主要信号有“××变全站事故总”“××变××线路××保护出口”“××变××断路器××出口跳闸”“××变××断路器××重合闸动作”等。110 kV 线路故障信息的分类与释义见表 3.3。

4)准确识别关键信息

在本例中关键信息为 110 kV 白叶线 508 零序电流Ⅱ段保护动作、白叶线 508 断路器分闸、重合闸动作、断路器合闸、后加速保护动作、断路器分闸。

(2)故障判断与分析

1)保护信号分析

零序保护为阶段式保护,保护范围与动作原因与电流保护基本相同。

在本例中,白叶线 508 发零序Ⅱ段保护动作,同时关联 508 断路器跳闸信号,重合未成功,可初步判断线路末端发生永久性单相接地故障。若现场信号及断路器位置确认无误,应为保护正确动作。

2)现场检查及保护报文分析

①保护屏信号检查及报文打印

检查现场保护屏信号,并打印保护动作报文见表 3.7、表 3.8。

表 3.7　白叶线 508 保护装置动作报文

厂站名称		装置编号		装置地址	050
打印项目	保护动作报告	打印时间	2019 年 8 月 17 日　00:48:16		
故障序号	769	启动动作时间	2019 年 8 月 17 日　00:40:22:520		
序号	动作元件名称			动作相别	动作相对时间
1	零序Ⅱ段动作			B	303 ms
2	重合闸				3 864 ms
3	零序加速动作			ABC	4 019 ms
4	故障测距 测距参数 8.63 km				

表 3.8　保护装置故障测距故障参数

序　号	名　称	量　值	序　号	名　称	量　值
1	A 相电流	0.290∠081 A	3	C 相电流	0.288∠101 A
2	B 相电流	10.499∠079 A	4	测距结果	8.626　km

报文分析:303 ms 零序电流Ⅱ段保护动作,故障测距 8.63 km,故障应为线路末端故障。

②打印故障录波图及录波报告

白叶线 508 线路单相接地故障录波图如图 3.14 所示。

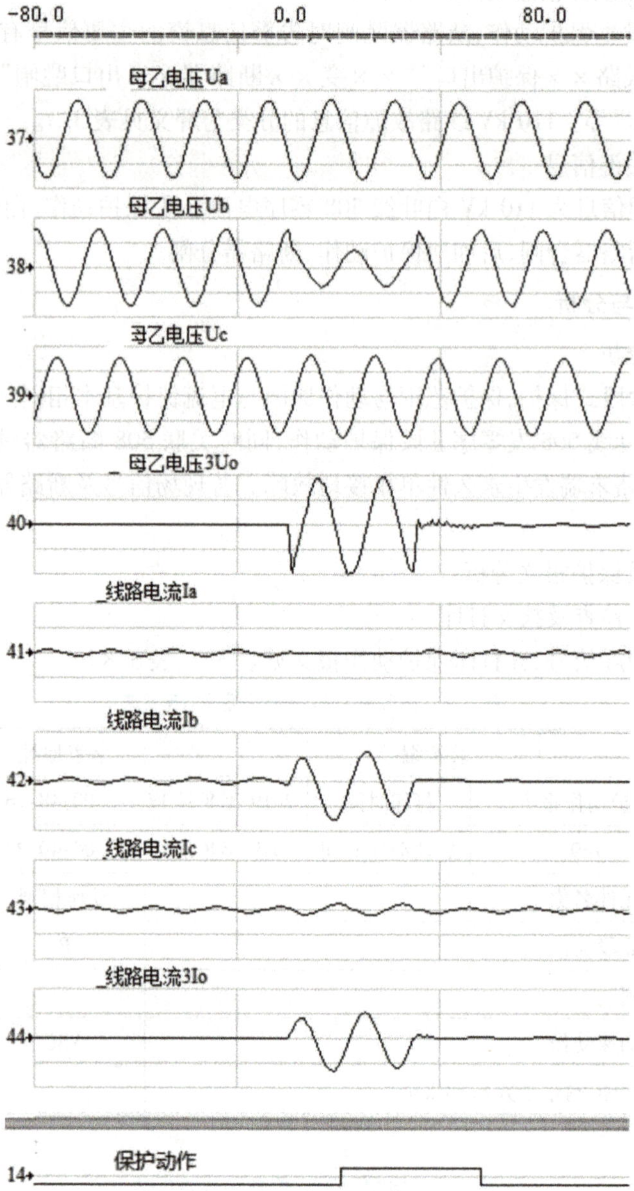

图 3.14　白叶线 508 线路单相接地故障录波图

故障录波装置分析报告如下：

故障线路:110kV　　508 电流

故障距离 km:8.5

故障相别:B

故障电流(A):0.3　　10.6　　0.2

故障电压(V):61.3　　41.7　　58.0

跳闸相别：A　　B　　C

跳闸时间(ms)：340　　336　　348

故障录波图及报告分析：线路保护 B 相电流突然增大，电压降低，出现零序电压、电流，重合闸动作，可判断为 B 相末端短路故障，故障测距 8.5 km。

③结论

线路发生 B 相末端永久性接地故障，保护、断路器均动作正确，故障测距 8.6 km 左右。

(3)**具体处理流程**

1)故障情况及时间记录及第一次汇报

2019 年 8 月 17 日 00:40 白马垅变 110 kV 白叶线 508 零序电流Ⅱ段保护动作，断路器跳闸，重合闸不成功。天气晴。现场设备及保护装置情况待检查。

2)现场检查

检查白叶线 508 断路器位置在断开位置，110 kV 线路其他设备无异常。白叶线 508 保护装置屏显示零序电流Ⅱ段跳闸。打印保护报文及故障录波图。

3)第二次汇报

现场检查白马垅变白叶线 508 断路器确在断开位置，其他设备无异常。110 kV 白叶线 508 保护装置信号为零序电流Ⅱ段保护动作，重合闸不成功。故障相为 B 相，保护报文故障测距 8.63 km，故障录波测距 8.5 km。

4)加强监控并在当值调度员指令下进行事故处理

根据调度命令，将白叶线 508 试送或改变状态。做好操作准备。预想可能发生的事故，做好事故预想。

【任务工单】

110 kV 线路单相接地故障处理任务工单见表 3.9。

表 3.9　110 kV 线路单相接地故障处理任务工单

<table>
<tr><td>工作任务</td><td colspan="3">110 kV 线路单相接地故障信号分析及处理</td><td>学　时</td><td></td><td>成　绩</td><td></td></tr>
<tr><td>姓　名</td><td></td><td>学　号</td><td></td><td>班　级</td><td></td><td>日　期</td><td></td></tr>
<tr><td colspan="8">任务描述：白马垅变 220 kV 变电站 110 kV 线路发生单相接地故障时，请对出现的信号进行识读与初步分析判断，并进行简单处理。
一、咨询
1. 110 kV 线路保护装置认识
(1)了解 110 kV 线路保护装置基本操作，查询并记录线路保护装置型号、版本号。</td></tr>
</table>

续表

(2)阅读 110 kV 线路保护装置说明书,了解线路零序电流保护逻辑图。

(3)记录 110 kV 线路保护配置及相关定值。

2. 故障前运行方式

二、决策

岗位划分如下:

人　员	岗　位		
	变电值班员正值	变电值班员副值	电力调度员

三、计划

1. 资料准备与咨询

(1)变电站运行规程。

(2)GB/T 14285—2006　继电保护和安全自动装置技术规程。

(3)电力安全工作规程(变电部分)。

(4)电力调度规程。

2. 仿真运行准备

工况保存:

(1)110 kV 线路近端单相接地故障。

(2)110 kV 线路远端单相接地故障。

3. 故障信号分析及处理

4. 总结评价

续表

四、实施 （故障工况发布） 1. 告警信号记录 （1）保护及告警信号记录。 （2）汇报。 2. 现场情况检查 （1）一次设备、测量表计及其他运行情况检查。 （2）保护装置信号检查。 （3）打印报文及录波图。 （4）保护信号分析及判断。 3. 处理 （1）汇报调度。

续表

(2)根据调度命令,做进一步处理。

五、检查及评价(记录处理过程中存在的问题、思考解决的办法,对任务完成情况进行评价)

考评项目		自我评估 20%	组长评估 20%	教师评估 60%	小计 100%
素质考评 (20 分)	劳动纪律(5 分)				
	积极主动(5 分)				
	协作精神(5 分)				
	贡献大小(5 分)				
总结分析(20 分)					
工单考评(60 分)					
总　分					

【拓展任务】

任务描述:

白马垅变 220 kV 变电站 110 kV ××线路发生单相接地故障时,未发保护动作信号,断路器跳闸,请对出现的信号进行初步分析判断及处理。

任务 3.3　220 kV 线路故障保护信号识别与分析

【任务目标】

知识目标:

1. 掌握电流差动保护、纵联距离保护和纵联方向保护的原理。
2. 了解差动保护的整定原则。

能力目标:

1. 能进行 220 kV 线路保护信号判断。
2. 会识读 220 kV 线路保护动作报文及故障录波图。

【任务描述】

白马垅变220 kV叶白Ⅰ线604线路发生C相单相接地故障,C相瞬时性接地故障,纵联距离保护动作将C相断路器跳闸,切除故障点,重合闸重合成功。试对主控台信号进行分析,初步判断故障原因,并进行简单处理。

【任务准备】

(1)规程准备

《电力安全工作规程　发电厂和变电站电气部分》(GB 26860—2011)、《白马垅变运行规程》、《继电保护和安全自动装置技术规程》(GB/T 14285—2006)。

(2)设备、资料准备

熟悉白马垅变电站220 kV一次接线及设备,收集220 kV保护装置说明书。

(3)知识准备

预习本节相关知识内容,并回答以下问题:

①纵联差动保护原理是什么?

②纵联差动保护有何优点?

③线路差动保护的实现方式有哪几种?

【相关知识】

3.3.1　纵联保护原理及通道概述

纵联保护是利用某种通信通道将输电线两端的保护装置纵向联结起来,将两端的电气量(电流、电流相位和故障方向)传送到对端,将两端的电气量进行比较,判断故障发生在本线路范围内还是在范围外,从而决定是否切断被保护线路。

(1)纵联保护原理

根据电流、电压和阻抗原理构成的保护,只能从线路的一侧反映各种电气量的变化。由于误差的影响,它们不能准确地判断短路是发生在本线路末端还是在下一线路的出口(或对侧母线)。因此,只能采用阶段式的配合关系来实现故障元件的选择性切除。一旦线路末端发生故障,需要靠延时来切除,这在220 kV或以上电压等级的电力系统中,难于满足系统稳定性对故障快速切除的要求。研究和实践表明,利用线路两侧的电气量可以快速、可靠地区分本线路内部任意点短路和外部短路,达到有选择和快速地切除全线路任意点短路故障的目的。为此,需要将线路一侧的电气量信息传到另一侧去,安装于线路两侧的保护对电气量同时进行比较、联合工作,通过纵向联系综合反映两端电气量的变化,以这种方式构成的保护称为输电线路的纵联保护。理论上,纵联保护仅反映线路内部故障,不反映正常运行和外部故障两种工况，因此具有输电线路内部短路时动作的绝对选择性。

在输电线路纵联保护中，两端比较的电气量可以是流过两端的电流、流过两端电流的相位和流过两端功率的方向等。比较不同的电气量的差别，构成不同原理的纵联保护。将一端的电气量或其用于被比较的特征传送到对端，可根据不同的信息传送通道，采用不同的传输技术。以输电线路纵联保护为例。输电线路纵联保护结构框图如图 3.15 所示。

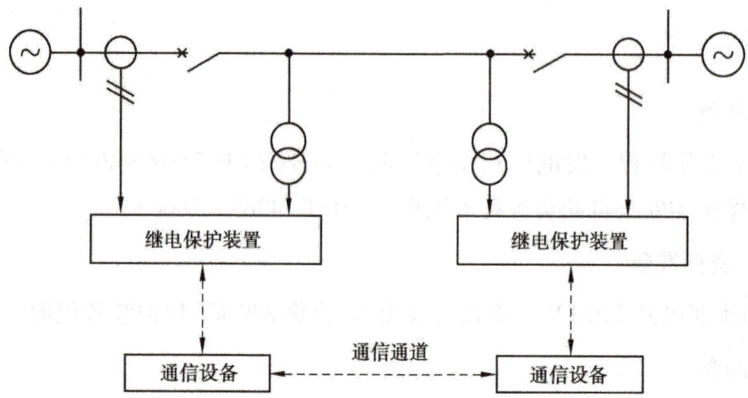

图 3.15 输电线路纵联保护结构框图

图中继电保护装置通过电压互感器 TV 和电流互感器 TA 获取本端的电压和电流值，根据不同的保护原理，两端的保护分别提取本侧的用于比较的电气量特征，一方面通过通信设备将本端的电气量特征传送到对端，另一方面又通过通信设备接受对端发送过来的电气量特征，并将两端的电气量特征进行比较：若符合动作条件，则跳开本端断路器并告知对端；若不符合动作条件，则不动作。可知，一套完整的纵联保护包括两端保护装置、通信设备和通信通道。

按照保护动作原理，纵联保护可分为两类：

1）纵联电流差动保护

这类保护利用通道将本侧电流的波形或代表电流相位的信号传送到对侧，每侧的保护根据两侧电流的波形和相位比较的结果区分是区内故障还是区外故障。这类保护在每侧都直接比较两侧的电气量，称为纵联电流差动保护。对传送电流波形的纵联电流差动保护，由于信息传输量大，并且要求两侧信息同步采集，因此，对通信通道有较高的要求。

2）纵联比较式保护

两侧保护装置将本侧的功率方向、测量阻抗是否在规定的方向和区段内的判别结果传送到对侧。每侧的保护装置根据两侧的判别结果，区分是区内故障还是区外故障。这类保护在通道中传送的是逻辑信号而不是电气量本身，传送的信息量较少，但对信息可靠性要求很高。按照保护判别方向所用的原理，又可将纵联比较式保护分为纵联方向保护和纵联距离保护。

(2)纵联保护通道

输电线路纵联保护的工作需要两端信息，两端的保护要通过通信设备和通信通道快速地进行信息更换。目前已有的通道类型包括导引线通道、电力线载波通道、微波通道及光纤通道。其中，电力线载波通道和光纤通道应用最为普遍。

1）导引线通道

这种通道通过敷设在输电线路两端变电所之间的二次电缆来传递被保护线路两侧的信息。导引线直接传输交流电量，故导引线保护一般做成纵联电流差动保护。考虑雷击以及在大接地电流系统中发生接地故障时地中电流引起的地点位升高的影响，作为导引线的电缆也应有足够的绝缘水平。此外，导引线的参数（电阻和分布电容）直接影响保护性能，从而在技术上也限制了导线保护用于较长的线路。其投资会随线路长度的增加而增加，因而通常只用于较短的重要输电线路，一般不超过 10 km。

2）电力线载波通道。

载波通道由输电线路及其信息加工和连接设备（阻波器、结合电容器和高频收发信机）等组成。其工作原理是将线路两端的电流相位（功率方向）信息转变为高频信号，经过高频耦合设备将高频信号加载到输电线路上。输电线路本身作为高频信号的通道将高频载波信号传输到对端，对端再经过高频耦合设备接受高频信号，从而实现各端电流相位（或功率方向）的比较。通道传输的信号频率范围一般为 50～400 kHz，在通信上属于高频频段范围，故这种通道也称高频通道。此种通道具有无中继通信距离长、经济、使用方便和工程施工简单等优点。

3）微波通道

使用的微波通信频段一般为 300～30 000 MHz，频带较宽，信息传输容量较大。微波通道有较宽的频带，可传送多路信号，采用脉冲编码调制方式还可进一步提高通信容量，可构成分相式的纵联保护。微波通道与输电线路没有联系，受到的干扰小，可用于传送各种信号。微波频率的信号可无线传输，也可有线传输。无线传输要在可视距离内传输，需建高的微波铁塔。当传输距离超过 40～60 km 时，还需加设微波中继站，这样会增加维护难度。为保护专门配备微波通道及设备是不经济的，因而目前微波通道未得到很大应用。

在两端的保护装置中，需要增加将电气量信息转换成微波传送信息的发送端口和接收端口。微波通信部分由两个或多个微波站（中继站）中的调制解调设备，发射和接收设备，连接电缆，方向性天线，以及信息通过的天空组成。

4）光纤通道

通过光纤直接将光信号送到对侧。光纤通信通常由光发射机、光纤、中继器和光接收机组成，在每套保护装置中都将电信号变成光信号送出，又将所接收之光信号变为电信号供保护使用。随着光纤通信技术的快速发展，用光纤作为继电保护通道越来越多，这是目前发展速度最快的一种通道类型。光纤通道通信容量大又不受电磁干扰，且通道与输电线路有无故障无关。近年来发展的光纤复合架空地线（OPGW）将绞制的若干根光纤与架空地线结合在一起，在架空线路建设的同时光缆的铺设也一起完成，使用前景十分诱人。目前，采用专用光纤传输通道可使传输距离达到 120 km。

（3）高频信号

在电力系统中，广泛使用由电力线载波通道来实现闭锁式纵联比较式保护。纵联比较式保护主要由故障判别元件、高频通道和高频收发信机组成。通道中传送的是反映方向继电器或阻抗继电器动作行为的逻辑信号。使用高频信号时，高频信号的性质有以下3种：

1)闭锁信号

闭锁信号是阻止保护动作于跳闸的信号。换句话说，无闭锁信号是保护动作于跳闸的必要条件。只有同时满足两个条件，即本端保护元件动作，且无闭锁信号，保护才作用于跳闸。如图3.16(a)所示为闭锁信号的逻辑图。

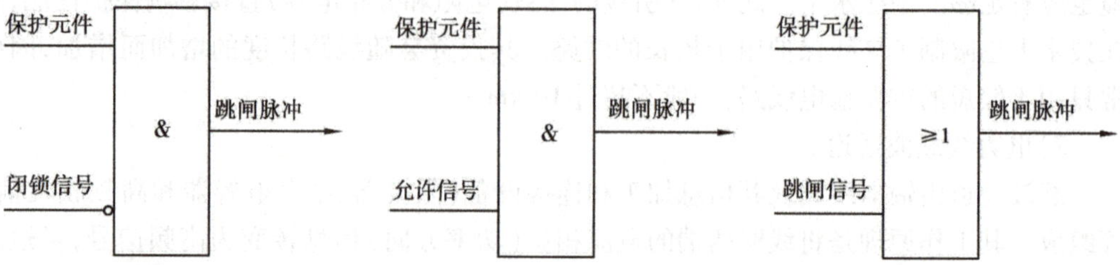

(a)闭锁信号　(b)允许信号　(c)跳闸信号

图3.16　高频保护信号逻辑图

在闭锁式纵联比较高频保护中，当发生外部故障时，闭锁信号自线路近故障点的一端发出，当线路另一端收到闭锁信号时，其保护元件虽然动作，但不作用于跳闸；当内部故障时，任何一端都不发送闭锁信号，两端保护都收不到闭锁信号，保护元件动作后即作用于跳闸。

2)允许信号

允许信号是允许保护动作于跳闸的信号。换句话说，有允许信号是保护动作于跳闸的必要条件。只有同时满足保护元件动作和有允许信号两个条件，保护装置才动作于跳闸。如图3.16(b)所示为允许信号的逻辑图。

在允许式纵联比较高频保护中，当区内故障时，线路两端互送允许信号，两端保护都收到对端的允许信号，保护元件动作后作用于跳闸；当区外故障时，近故障端不发送允许信号，保护元件也不动作，近故障端保护不能跳闸；远故障端的保护元件虽动作，但收不到对端允许信号，保护不能动作于跳闸。

3)跳闸信号

跳闸信号是直接引起跳闸的信号。换句话说，收到跳闸信号是跳闸的充要条件。故图3.16(c)所示为跳闸信号的逻辑图。跳闸的条件是本段保护元件动作，或对端传来跳闸信号。只要本段保护元件动作即作用于跳闸，与有无对端信号无关；只要收到跳闸信号即作用于跳闸，与本段保护元件动作与否无关。

载波通道按其工作方式可分为三大类：正常无高频电流方式、正常有高频电流方式和移频方式。正常无高频电流方式在电力系统正常运行状态下发信机不发信，沿通道不传送高频电流，发信机只在电力系统发生故障期间才由保护的启动元件启动发信，故称故障启动发信的方式。正常有高频电流方式在电力系统正常工作状态下发信机处于发信状态，沿高频通道传送高频电流，故称长期发信方式。移频方式在电力系统正常运行状态下，发信机处在发信状态，对端送出频率为f_1的高频电流，这一高频电流可作为通道的连续检查或闭锁保护之用。在线路发生故障时,保护装置控制发信机停止发送频率为 f_1 的高频电流,改发频率为 f_2 的高频电流。我国电力系统主要采用正常无高频电流方式,在区外发生故障时发闭锁信号的方式构成。

3.3.2　纵联电流差动保护的原理

纵联电流差动保护是利用通信通道将本侧电流的波形或代表电流相位的信号传送到对侧,每侧保护根据两侧电流的波形和相位比较的结果区分是区内故障还是区外故障。

电流差动保护灵敏度高,能适应电力系统振荡、非全相等各种复杂的运行工况,测量简单方便,动作速度快,因而成为超高压线路首选的主保护。

(1)基本工作原理

电流差动保护原理建立在基尔霍夫电流定律的基础上,具有良好的选择性,能灵敏、快速地切除保护区内的故障。

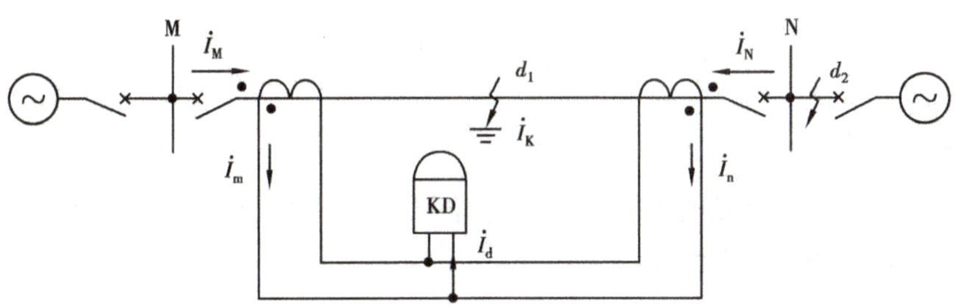

图 3.17　纵联电流差动保护原理示意图

以如图 3.17 所示的双侧电源网络为例,说明纵联电流差动保护的基本原理。在输电线路两侧装设有特性和变比都相同的电流互感器 TA,当电流互感器的一次电流从同名端流入时,二次电流从同名端流出。电流互感器极性和连接方式如图示,KD 为差动继电器,电流互感器的电流流入差动继电器构成纵联电流差动保护,反映线路 MN 上的接地和相间故障。

设流过两端电流互感器的电流 $\dot{I}_M$, $\dot{I}_N$以母线流向被保护线路为正方向,如图 3.18 所示的箭头。流入差动继电器的是 TA 的二次侧电流之相量和。当线路正常运行或外部发生故障时,电流由 M 侧(强电源侧)流向 N 侧(弱电源侧)。流过 M 侧的电流由母线指向线路,为正方向;流过 N 侧的电流由线路指向母线,为负方向。设 n_{TA}为两电流互感器的额定变比,故流入差动继电器的电流为

$$I_d = \frac{1}{n_{TA}} | \dot{I}_M + \dot{I}_N | = | \dot{I}_m + \dot{I}_n | = I_m - I_n = 0 \tag{3.20}$$

当线路内部短路故障时,两侧电流均流向短路点。流过 M 侧和 N 侧的电流方向均由母线指向线路,为正方向。因此,流入差动继电器的电流为

$$I_d = I_m + I_n$$

(2)**不平衡电流**

在实际中,两个电流互感器的励磁特性不会完全相同,而电流互感器总是具有励磁电流。因此,在正常运行及外部故障时,会有不平衡电流流入差动继电器。考虑励磁电流的影响,二次侧电流可计算为

$$\left.\begin{aligned}\dot{I}_m &= \frac{1}{n_{TA}}|\dot{I}_M - \dot{I}_{\mu M}| \\ \dot{I}_n &= \frac{1}{n_{TA}}|\dot{I}_N - \dot{I}_{\mu N}|\end{aligned}\right\} \tag{3.21}$$

式中 $\dot{I}_{\mu M}$, $\dot{I}_{\mu M}$——两个电流互感器的励磁电流;

$\dot{I}_m$, $\dot{I}_n$——其二次侧电流。

当线路 MN 正常运行以及区外发生故障时,$\dot{I}_M = -\dot{I}_N$,则流过差动继电器的电流,即不平衡电流为

$$\dot{I}_{unb} = \dot{I}_m + \dot{I}_n = -\frac{1}{n_{TA}}(\dot{I}_{\mu M} + \dot{I}_{\mu N}) \tag{3.22}$$

差动保护的不平衡电流在数值上就是两侧电流互感器励磁电流之差。当一次电流较大时,铁芯开始饱和,两侧励磁电流差别增大,继电器正确动作时的差动电流 $\dot{I}_d$应躲过正常运行及外部故障时的不平衡电流,即

$$I_d = |\dot{I}_m + \dot{I}_n| > I_{unb} \tag{3.23}$$

(3)**制动式纵联电流差动保护**

以两端二次电流的相量和作为继电器的动作电流 I_d,以两端二次电流的相量差作为继电器的制动电流 I_r,称为比率制动方式,则

$$\left.\begin{aligned}I_d &= |\dot{I}_m + \dot{I}_n| \\ I_r &= |\dot{I}_m - \dot{I}_n|\end{aligned}\right\} \tag{3.24}$$

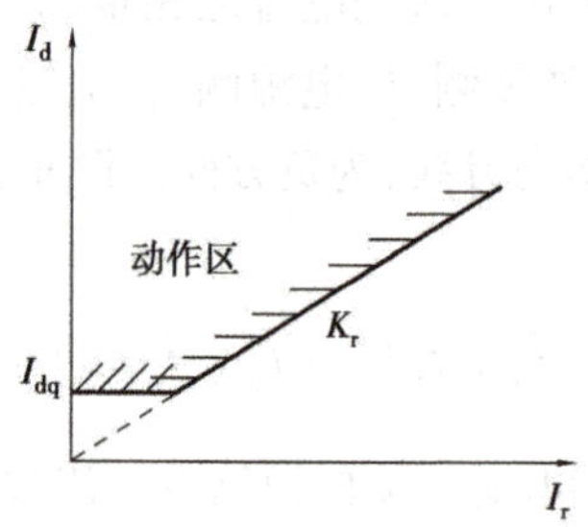

图 3.18 差动继电器的动作特性

纵联电流差动保护的动作特性一般如图 3.18 所示,为比率制动特性,阴影区为动作区,非阴影区为不动作区。其中,I_{dq}为差动继电器的启动电流,K_r 为斜线的斜率。当斜线的延长

线通过坐标原点时,其斜率也等于制动系数。制动系数定义为动作电流与制动电流的比值,即 $K_r = I_d / I_r$。如图3.18所示,两折线的动作特性可用动作方程表示为

$$\left.\begin{array}{l} I_d > I_{qd} \\ I_d > K_r I_r \end{array}\right\} \tag{3.25}$$

当线路MN正常运行以及在线路外部(d_2 点)短路时,按规定的电流正方向看,M侧电流为正,N侧电流为负,两侧电流大小相等、方向相反,流过本线路的电流是穿越性的短路电流,因而动作电流 $I_d = |\dot{I}_m + \dot{I}_n| = 0$。制动电流是2倍的穿越性的短路电流,工作点落在工作特性的非动作区,差动继电器不动作。当线路内部短路(如 d_1 点)时,流经线路两侧的故障电流均为正方向,故 $I_d = |\dot{I}_m + \dot{I}_n| = I_k$,即动作电流等于短路点的电流。而 $I_r = |\dot{I}_m - \dot{I}_n| = |\dot{I}_m + \dot{I}_n - 2\dot{I}_n| = |\dot{I}_k - 2\dot{I}_n|$,制动电流小于短路点的电流,因此,工作点落在动作特性的动作区,差动继电器动作。由上述可得,差动继电器可区分线路外部短路(包括正常运行)和内部短路,继电器的保护范围是两端TA之间的线路。

制动电流还计算为

$$I_r = \begin{cases} \sqrt{|\dot{I}_m||\dot{I}_n|\cos(180° - \theta_{mn})} & \cos(180° - \theta_{mn}) > 0 \\ 0 & \cos(180° - \theta_{mn}) \leqslant 0 \end{cases} \tag{3.26}$$

式(3.26)中,制动电流是被保护线路两端电流的标积,称为标积制动方式。在单侧电源网络中线路内部短路时,$\dot{I}_m$ 和 $\dot{I}_n$ 中有一个为零,此时标积制动方式的灵敏度较比率制动方式高。

(4)常用的电流差动继电器种类

输电线路纵联电流差动保护中所用的差动继电器的动作特性一般如图4.5所示的比率制动特性。随着光纤通信技术的发展,输电线路电流差动保护往往被做成分相式,从而具有天然的选相功能,构成的差动继电器通常有以下3种类型:

1)稳态量的分相差动继电器

用输电线路两端的相电流构成,其动作电流 $I_{d\varphi}$ 和制动电流 $I_{r\varphi}$ 分别为

$$\left.\begin{array}{l} I_{d\varphi} = |\dot{I}_{M\varphi} + \dot{I}_{N\varphi}| \\ I_{r\varphi} = |\dot{I}_{M\varphi} - \dot{I}_{N\varphi}| \end{array}\right\} \tag{3.27}$$

式中,φ 为A,B,C相。稳态量的差动继电器可作成二段式,分别为瞬时动作的Ⅰ段和略带延时的Ⅱ段。

2)工频变化量的分相差动继电器

输电线路两端相电流的工频变化量也常用于构成差动继电器。其动作电流 $\Delta I_{d\varphi}$ 和制动电流 $\Delta I_{r\varphi}$ 分别为

$$\left.\begin{array}{l} \Delta I_{d\varphi} = |\Delta\dot{I}_{M\varphi} + \Delta\dot{I}_{N\varphi}| \\ \Delta I_{r\varphi} = |\Delta\dot{I}_{M\varphi}| + |\Delta\dot{I}_{N\varphi}| \end{array}\right\} \tag{3.28}$$

工频变化量的差动继电器不反映负荷分量,只反映故障分量,是短路附加状态里的电气量。其受过渡电阻影响小,可用于解决重负荷输电线路内部发生经高阻接地时差动继电器的灵敏度问题。

3)零序差动继电器

用输电线路两端的零序电流构成差动继电器。其动作电流 I_{d0} 和制动电流 I_{r0} 分别为

$$\left.\begin{aligned} I_{d0} &= |\dot{I}_{M0} + \dot{I}_{N0}| \\ I_{r0} &= |\dot{I}_{M0} - \dot{I}_{N0}| \end{aligned}\right\} \tag{3.29}$$

该继电器反映的是两端零序电流的关系,没有选相功能,一般与稳态量的分相差动继电器构成"与"逻辑延时选跳故障相。

(5)**整定计算**

以稳态量分相电流差动保护为例来说明。

1)差动保护启动电流

启动电流值应按躲过被保护线路合闸时的最大充电电流值来整定,并可靠躲过区外故障时的最大不平衡电流,同时保证线路发生内部故障时有足够灵敏度。通常按电容电流乘以一定的系数来整定,一般不小于 $0.1 \sim 0.2I_n$,并大于保护装置的启动电流。线路两侧差动保护启动电流应整定为相同值。

稳态量分相电流差动保护 I 段的高启动定值必须可靠躲过线路稳态电容电流,同时考虑故障时高频分量电容电流使暂态电容电流增大的影响,通常取为线路电容电流的 4 ~6 倍,一般不宜小于 0.2 倍的 TA 额定电流。

稳态量分相电流差动保护Ⅱ段通常经 40 ms 延时出口,高频分量的电容电流已得到很大的衰减。因此,启动电流定值按不小于 1.5 倍的线路稳态电容电流整定,一般不宜小于 0.1倍的 TA 额定电流。

2)制动系数

国内分相电流差动保护制动系数内部固定,取值范围为 0.5 ~0.8。

3)灵敏度

纵差保护的灵敏度应按单侧电压供电线路的保护范围末端短路时,流过保护的最小短路电流校验,要求灵敏度系数 $K_{sen} \geqslant 2$,即

$$K_{sen} = \frac{I_{k.min}}{I_{qd}} \geqslant 2 \tag{3.30}$$

3.3.3 纵联比较式保护的原理

纵联比较式保护利用线路两端的功率方向,或由故障点的距离信息而转化成的高频信号,并利用输电线路本身构成的高频通道,将此信号传送到对侧,再比较两侧电气量的差异来区分区内故障与区外故障。

当线路两侧的正方向元件或距离元件都动作时，判断为区内故障，保护立即动作而跳闸；当任意一侧的正方向元件或距离元件不动作时，就判断为区外故障，两侧的保护都不跳闸。目前，220 kV 及以上的高压或超高压电网中，广泛使用纵联比较式保护来判别输电线路内部或外部的故障。

(1)闭锁式纵联方向保护

闭锁式纵联方向保护是通过间接比较被保护线路两侧功率的方向来判别故障是发生在保护范围内部还是外部的。一般规定功率由母线指向线路的方向为正方向。在被保护线路两侧均装设功率方向元件，保护装置采用短时发信方式。当被保护线路外部短路时，靠近短路点一侧的短路功率方向是由线路指向母线，该侧的方向元件判断功率为负方向而不动作，并发出高频闭锁信号，送至本侧及线路对侧的收信机；远离短路点一侧的短路功率方向则由母线指向线路，该侧的方向元件判断功率为正方向，但因收到了对侧发来的高频闭锁信号，这一侧的保护也不会动作于跳闸，故称闭锁式纵联方向保护。在被保护线路内部发生短路故障时，两侧的短路功率方向都是由母线指向线路，方向元件均判断为正方向，两侧都不发高频闭锁信号，保护装置将向断路器发跳闸命令。可知，闭锁式纵联方向保护的跳闸判据是本侧保护方向元件判断为正方向且收不到闭锁信号。

在如图 3.19 所示的系统中，正常运行时所有保护装置都不启动。当在线路 BC 上的 k 点发生短路时，所有保护装置都启动，保护 3，4 的短路功率方向均为正，两侧都不发闭锁信号，满足保护跳闸条件，瞬时跳开断路器 3，4，将故障线路切除。对于线路 AB 和 CD 而言，k 点短路属于外部故障，保护 2，5 的短路功率方向均为负，保护 1，2 收到保护 2 发出的闭锁信号，保护 5，6 收到保护 5 发出的闭锁信号，使断路器 1，2，5，6 都不跳闸。

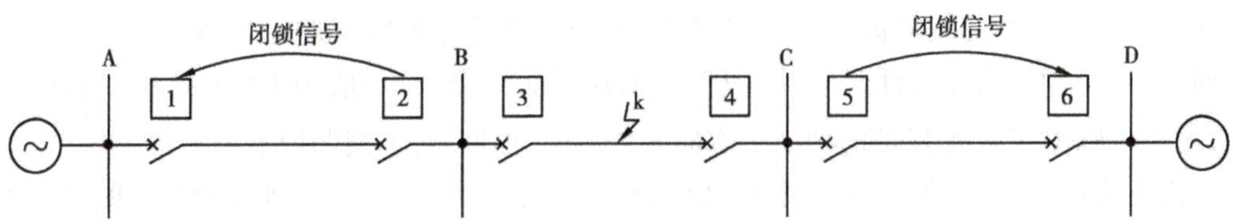

图 3.19　闭锁式纵联方向保护原理图

这种按闭锁信号原理构成的保护，在非故障线路上传送高频信号闭锁非故障线路不跳闸，而故障线路上无须传送高频信号。因此，即使故障线路上的高频通道遭到破坏，两侧保护仍能可靠动作。

闭锁式方向纵联保护安装于被保护线路的两侧。如图 3.20 所示为线路一侧的保护装置原理接线图，两侧完全对称。其中，KW^+ 为功率正方向元件，KA_1 为低定值电流启动发信元件，KA_2 为高定值电流启动停信元件，t_1 为瞬时动作延时返回元件，t_2 为延时动作瞬时返回元件。假设 k 点发生短路故障，现将闭锁式纵联方向保护在不同工况下的工作原理分述如下：

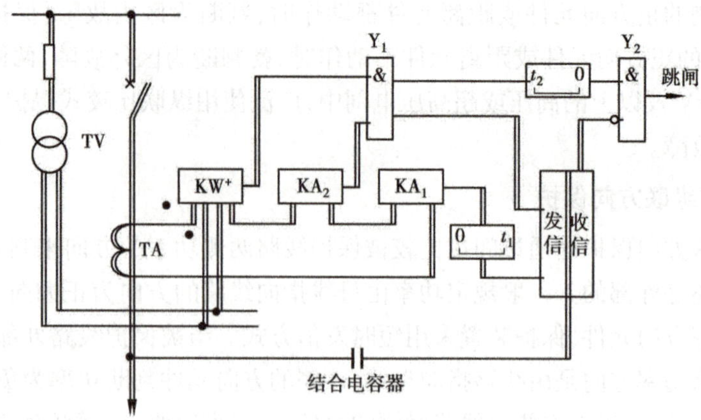

图 3.20　闭锁式纵联方向的原理接线图

1)外部故障

如图 3.20 所示,1,2 分别为线路 AB 两侧的保护。对 B 侧的保护 2,启动元件 KA_1 启动发信,功率方向为负,功率正方向元件 KW^+ 不动作,则 Y_1 元件不动作,发信机不停信,Y_2 元件的两个输入条件都不满足,保护 2 不发跳闸信号。

对 A 侧的保护 1,元件 KA_1 灵敏度高先启动,并启动发信机发出闭锁信号,随后启动元件 KA_2,功率正方向元件 KW^+ 同时启动,Y_1 元件输出 1 使发信机停止发信,经 t_2 延时后 Y_2 元件的一个输入条件满足,本侧保护是否跳闸取决于是否收到对侧(B 侧)保护发出的闭锁信号。

在外部故障被切除之前,B 侧保护 2 一直发闭锁信号,A 侧保护 1 的 Y_2 元件不动作,A 侧保护不动作。外部故障被切除后,A 侧保护的启动元件 KA_2、功率正方向元件 KW^+ 立即返回,A,B 两侧的启动元件 KA_1 也立即返回,B 侧保护经 t_1(一般为 100 ms)延时后停止发信,这样可确保在 A 侧保护的功率正方向元件 KW^+ 返回前,A 侧保护不误动。

由上述可知,发生外部故障时,远故障点(功率方向为正)需要收到对侧发来的高频闭锁信号来防止保护误跳闸。考虑闭锁信号的传输存在延时,闭锁式纵联方向保护不误动的关键是近故障点(功率方向为反)一侧的保护要及时发出闭锁信号并保持发信状态,同时远故障点(功率方向为正)一侧的保护要延时确认对侧是否发出闭锁信号。t_2 延时元件就是考虑对侧的闭锁信号需要一定的时间才能到达本侧而设的,通常整定 t_2 为 4 ~ 16 ms。

2)双侧电源线路区内短路

对如图 3.20 所示的线路 BC 两侧保护 3,4,两侧的启动发信元件 KA_1 都启动发信。但是,两侧功率正方向元件 KW^+ 和启动停信元件 KA_2 都动作后,停止发信并准备跳闸,经 t_2 延时后两侧动作于跳闸。

3)单侧电源线路区内短路

双侧电源线路随一侧电源的停运可能变成单侧电源线路(见图 3.20),D 母线电源停运。此时,若线路 BC 区内发生短路故障时,B 侧保护 3 的工作情况同 2)的分析,C 侧保护 4 不启动,因而不发闭锁信号。保护 3 收不到闭锁信号并且本侧跳闸条件满足,则立即跳开保护3处断路器，切除故障。

4）用故障分量构成的功率方向元件，在振荡时不会误动

对用相电压、相电流组成的功率方向元件或用方向阻抗元件组成的方向判别元件，当振荡中心位于被保护线路上时，会引起保护误动，需要采取防止误动的措施。

通过以上分析可知，在区外故障时，依靠近故障侧（功率方向为负）保护发出的闭锁信号实现远故障侧（功率方向为正）的保护闭锁。为防止保护误动，保护启动后，两侧的保护总是首先假定故障发生在反方向，因此，首先发出高频闭锁信号，然后再根据本侧的方向元件判别结果决定是停信还是保持发信状态。其中存在两个问题：一是需等待确认对侧是否发出闭锁信号，延长了保护动作时间，这是闭锁式纵联保护固有的缺点；二是需要一个启动发信元件 KA_1 和一个启动停信元件 KA_2，并且本侧 KA_1 灵敏度要比两侧的 KA_2 都高。如图3.19所示的短路故障，若保护2的 KA_1 灵敏度低于保护1的 KA_2 而没有启动，则会造成保护1的误动作。

（2）闭锁式纵联距离保护

距离保护是一种阶段式保护。其特点是瞬时段不能保护线路全长，延时段能保护线路全长，且具有后备作用。在220 kV及以上电压等级的输电线路上，要求从两侧瞬时切除线路全长范围内任一点的故障，距离保护不能满足此要求。闭锁式纵联方向保护虽然能从两侧瞬时切除线路全长范围内任一点的故障，但其不具有后备作用。因此，可将距离保护与高频式纵联部分相结合，构成闭锁式纵联距离保护。该保护既能在内部故障时加速两侧的距离保护动作，又能在外部故障时利用高频闭锁信号闭锁两侧保护，同时还具有后备作用。

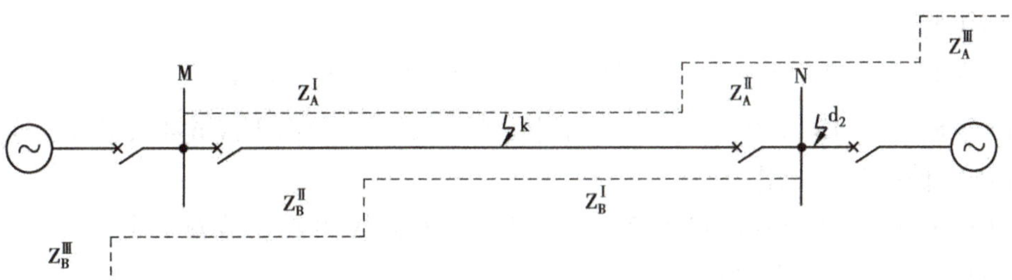

图3.21　闭锁式纵联距离保护原理图

如图3.21所示为闭锁式纵联距离保护所用阻抗元件的动作范围和延时。实际上，闭锁式纵联距离保护是由两侧的三段式距离保护和高频通信部分组成的。它利用两侧的距离保护Ⅲ段继电器在故障时启动发信，并以两侧的距离保护Ⅱ段为方向判别元件和停信元件，以距离保护Ⅰ段作为两侧各自独立跳闸段。以其中一侧为例，保护的工作原理接线图如图3.22所示。三段式距离保护的各段定值和延时的整定原则与前文相同，变化在于增加了瞬时动作的与门元件。该元件的动作条件是本侧距离保护Ⅱ段动作且收不到闭锁信号，若故障发生在两侧保护的Ⅱ段范围内（即被保护线路内），立即动作使断路器跳闸，这样就实现了纵联保护瞬时切除线路全长范围内任一点故障的速动功能。

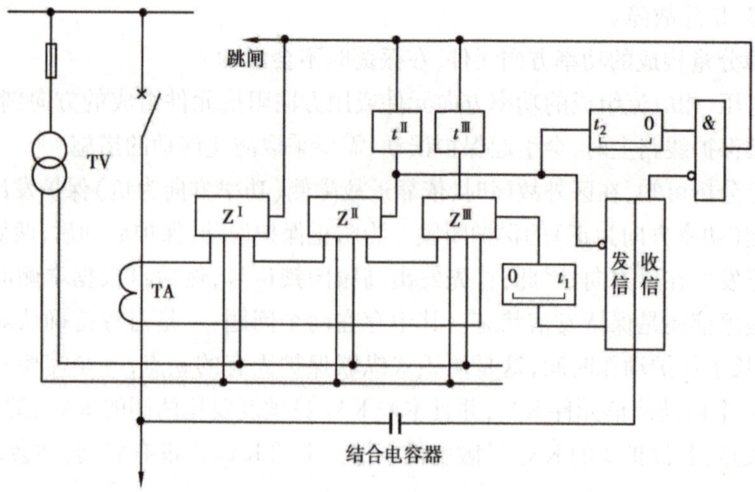

图 3.22　闭锁式纵联距离保护的原理接线图

闭锁式距离纵联保护可近似地看成常规三段式距离保护和以方向阻抗(方向距离段)代替功率方向判别元件的闭锁式纵联方向保护的结合。其主要缺点是当后备保护检修时,主保护也被迫停运,运行检修灵活度不够。

【任务实施】

(1)保护信息识别

1)主要象征

在变电站中,突发警铃响。白马垅变主控台显示以下告警信号:

2019 年 8 月 17 日 11:01:43:942　白马垅变　220 kV 叶白Ⅰ线 604 线路第二套保护 PSL-602 保护动作-动作
2019 年 8 月 17 日 11:01:43:942　白马垅变　220 kV 叶白Ⅰ线 604 线路第二套保护 PSL-602 纵联距离保护动作-动作
2019 年 8 月 17 日 11:01:43:942　白马垅变　220 kV 叶白Ⅰ线 604 线路第二套保护 PSL-602 保护出口-动作
2019 年 8 月 17 日 11:01:43:955-事故总-动作
2019 年 8 月 17 日 11:01:43:961　白马垅变　220 kV 叶白Ⅰ线 604 断路器第二组出口跳闸-动作
2019 年 8 月 17 日 11:01:43:971　白马垅变　220 kV 叶白Ⅰ线 604 断路器 C 相-分闸
2019 年 8 月 17 日 11:01:43:988　白马垅变　220 kV 叶白Ⅰ线 604 断路器非全相运行-动作

2019 年 8 月 17 日 11:01:44:707　白马垅变　220 kV 叶白Ⅰ线 604 线路第一套保护 PSL-601 重合闸出口-动作

2019 年 8 月 17 日 11:01:44:707　白马垅变　220 kV 叶白Ⅰ线 604 线路第二套保护 PSL-602 重合闸出口-动作

2019 年 8 月 17 日 11:01:44:719　白马垅变　220 kV 叶白Ⅰ线 604 断路器非全相运行-复归

2019 年 8 月 17 日 11:01:44:768　白马垅变　220 kV 叶白Ⅰ线 604 断路器 C 相-合闸

2)故障前运行方式

220 kV Ⅰ、Ⅱ母并列运行,220 kV 母联 600 在合位。主接线图附图所示。根据标准化要求,220 kV 线路保护装置按双重化配置,即配置两套完全独立的全线速断的数字式主保护,叶白Ⅰ线 604 配置了两套闭锁式纵联距离保护。

3)220 kV 线路保护信息识别

①告警信息的释义及产生原因

输电线路发生保护动作、断路器跳闸时告警信息窗的主要信号有"××变全站事故总""××变××线路××断路器事故跳闸""××变××断路器 A 相分闸""××变××断路器 B 相分闸""××变××断路器 C 相分闸""××变 ××线路第一套××保护出口""××线路第二套××保护出口""××变××断路器第一组控制回路断线""××变××断路器××操作箱第二组控制回路断线""××变××断路器××操作箱第一组出口跳闸""××变××断路器××操作箱第二组出口跳闸""××变××断路器××重合闸动作""××变××断路器 X 相事故分闸""××变××断路器 X 相事故合闸""××变××断路器 A 相合闸""××变××断路器 B 相合闸""××变××断路器 C 相合闸"等。各信号含义及产生原因同 110 kV 线路信号见表 3.3。

②识别关键信息

在本例中关键信息为 220 kV 叶白Ⅰ线 604 线路第二套保护 PSL-602 纵联距离保护动作动作、220 kV 叶白Ⅰ线 604 断路器 C 相-分闸、220 kV 叶白Ⅰ线 604 线路第二套保护 PSL-602 重合闸出口-动作、220 kV 叶白Ⅰ线 604 断路器 C 相-合闸。

(2)故障判断与分析

1)保护报文分析

①保护屏信号检查及报文打印

检查现场保护屏信号,并打印保护动作报文见表 3.10、表 3.11(相对时间由于装置不同存在差异)。

表 3.10　604 保护Ⅰ屏(PSL601 装置)保护动作报文

<table>
<tr><th>启动时间</th><th>相对时间</th><th>动作相别</th><th>动作元件</th></tr>
<tr><td rowspan="3">11:01:43:371</td><td>0000 ms</td><td></td><td>综重电流启动
距离零序保护启动
纵联保护启动</td></tr>
<tr><td>0139 ms</td><td></td><td>综重重合闸启动</td></tr>
<tr><td>0836 ms</td><td></td><td>综重重合闸出口</td></tr>
</table>

表 3.11　604 保护Ⅱ屏(PSL602 装置)保护动作报文

<table>
<tr><th>启动时间</th><th>相对时间</th><th>动作相别</th><th>动作元件</th></tr>
<tr><td rowspan="4">11:01:43:371</td><td>0000 ms</td><td></td><td>综重电流启动
距离零序保护启动
纵联保护启动</td></tr>
<tr><td>0069 ms</td><td>C</td><td>纵联保护 C 跳出口</td></tr>
<tr><td>0139 ms</td><td></td><td>综重重合闸启动</td></tr>
<tr><td>0836 ms</td><td></td><td>综重重合闸出口</td></tr>
<tr><td colspan="3">故障类型和测距
测距阻抗值
故障相电流</td><td>C 相接地 51.91 km
51.547 + j5.346 Ω
0.844 A</td></tr>
</table>

报文分析:线路发生 C 相接地故障后,线路的综重电流、距离零序保护、纵联保护都满足启动条件而启动。由于装置采样元件的差异,PSL602 装置的动作条件先满足并瞬时跳闸出口,因此,PSL601 装置的保护不满足动作条件。纵联距离保护将 C 相故障切除后,启动重合闸,重合闸出口将 C 相重合,故障消失,保护复归。

②保护动作后台 SOE 事件报文

11:01:43:942　叶白Ⅰ线 604　保护Ⅱ屏　保护出口 动作

11:01:43:871　叶白Ⅰ线 604　断路器　分闸

11:01:43:988　叶白Ⅰ线 604　非全相运行　动作

11:01:44:707　叶白Ⅰ线 604　重合闸出口　动作

11:01:44:719　叶白Ⅰ线 604　非全相运行　复归

11:01:44:768　叶白Ⅰ线 604　断路器　合闸

2)故障录波打印

叶白Ⅰ线 604 故障录波图如图 3.23 所示。

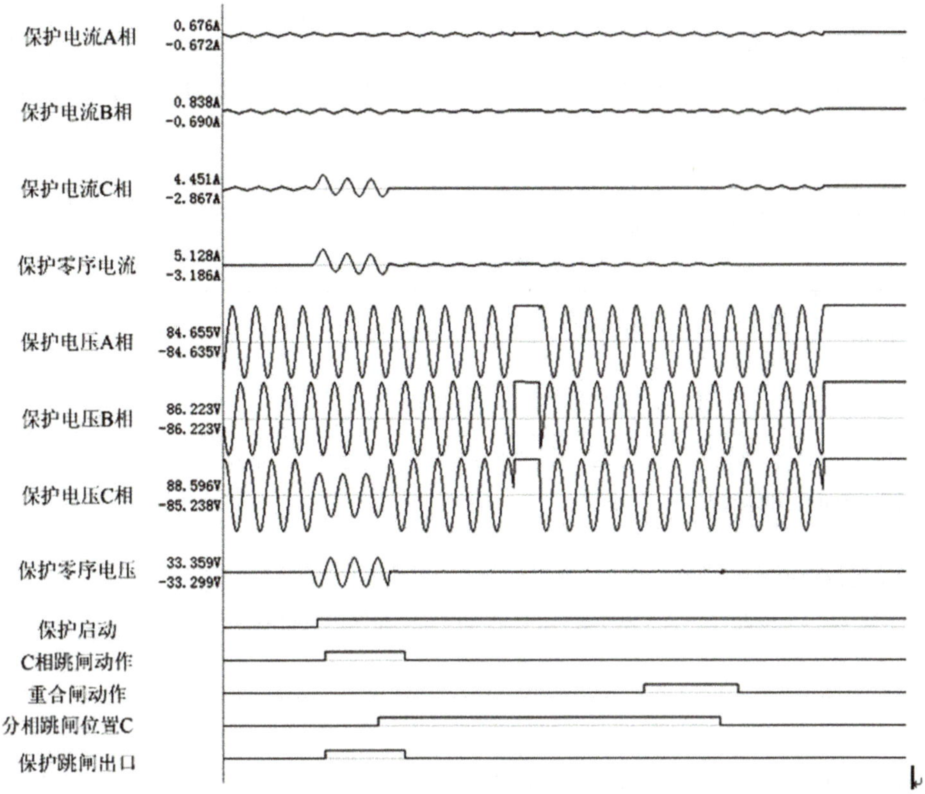

图 3.23　叶白 I 线 604 故障录波图

故障录波图分析：

①$T=-100$ ms，系统正常运行，电流为正常负荷电流，电压为正常相电压。

②$T=0$ ms，C 相电流增大，零序电流增大，A，B 相电流不变，由此可判断为 C 相短路接地故障。

③$T=62$ ms，608 线路纵联保护动作跳开 C 相断路器，C 相电流随后变为零，断路器动作正确。

④$T=809$ ms，线路重合闸启动，将 C 相重合，三相电流恢复正常，重合成功。

3）结论

叶白 I 线 604 发生 C 相瞬时性接地故障，保护、断路器及重合闸均动作正确。

(3) 具体处理流程

1）故障情况及时间记录及第一次汇报

2019 年 8 月 17 日 11:01　白马垅变叶白 I 线 604 保护动作，断路器跳闸，重合闸成功。天气晴。现场设备及保护装置情况待检查。

2）现场检查

检查叶白 I 线 604 断路器位置在合上位置，220 kV 线路其他设备无异常。叶白 I 线 604 保护装置屏显示距离零序保护及纵联保护动作。打印保护报文及故障录波图。

3)第二次汇报

现场检查白马垅变叶白Ⅰ线604断路器确在断开位置,其他设备无异常。220 kV叶白Ⅰ线604保护装置信号为距离零序保护及纵联保护动作,C相接地51.91 km,重合闸成功。

【任务工单】

220 kV线路相间短路故障信号分析及处理任务工单见表3.12。

表3.12　220 kV线路相间短路故障信号分析及处理任务工单

工作任务	220 kV线路相间短路故障信号分析及处理		学　时		成　绩	
姓　名		学　号		班　级		日　期

任务描述:白马垅变220 kV变电站220 kV线路发生单相接地故障时,请对出现的信号进行识读与初步分析判断,并进行简单处理。

一、咨询

1.220 kV线路保护装置认识

(1)了解220 kV线路保护装置基本操作,查询并记录线路保护装置型号、版本号。

(2)阅读220 kV线路保护装置说明书,了解线路保护逻辑图。

(3)记录220 kV线路保护配置及相关定值。

2.故障前运行方式

二、决策

岗位划分如下:

人　员	岗　位		
	变电值班员正值	变电值班员副值	电力调度员

续表

三、计划

1. 资料准备与咨询

(1)变电站运行规程。

(2)GB/T 14285—2006　继电保护和安全自动装置技术规程。

(3)电力安全工作规程(变电部分)。

(4)电力调度规程。

2. 仿真运行准备

工况保存:220 kV 线路相间短路故障。

3. 故障信号分析及处理

4. 总结评价

四、实施

(故障工况发布)

1. 告警信号记录

(1)保护及告警信号记录。

(2)汇报。

2. 现场情况检查

(1)一次设备、测量表计及其他运行情况检查。

(2)保护装置信号检查。

续表

(3)打印报文及录波图。

(4)保护信号分析及判断。

3. 处理

(1)汇报调度。

(2)根据调度命令,做进一步处理。

五、检查及评价(记录处理过程中存在的问题、思考解决的办法,对任务完成情况进行评价)

考评项目		自我评估 20%	组长评估 20%	教师评估 60%	小计 100%
素质考评(20 分)	劳动纪律(5 分)				
	积极主动(5 分)				
	协作精神(5 分)				
	贡献大小(5 分)				
总结分析(20 分)					
工单考评(60 分)					
总 分					

【拓展任务】

任务描述:

试根据以下 220 kV 线路保护配置及动作信息,判断故障类型及保护是否正确动作。

根据规定，某 220 kV 线路挂于Ⅰ母运行，配置了两套不同原理的主保护，分别为南瑞继保的 RCS-931 和 RCS-902 微机保护。报警信息及保护动作如下：

①RCS-931 装置：电流差动保护，故障相别为 B，C 相，A，B，C 跳闸灯亮。

②RCS-902 装置：纵联距离、纵联零序保护动作，故障相别为 B 相，B 相跳闸灯亮。

两套保护装置的跳闸报告见表 3.13。

表 3.13　保护装置跳闸报告

保护装置名称	RCS-931	RCS-902
动作元件	电流差动保护	纵联距离、纵联零序方向
故障相别	B，C	B
动作相	A，B，C	B
动作时间/ms	9	30
故障相电流/A	6.71	6.49
故障相零序电流/A	0.87	0.75
故障差动电流/A	21.11	—

两套保护的保护定值分别见表 3.14、表 3-15。其中，“1”代表该功能投入。

表 3.14　RCS-931 保护定值

项目参数	数值	项目参数	数值
电流变化量启动值/A	0.16	投纵联差动保护	1
零序启动电流/A	0.16	投多相故障闭重	1
差动电流高定值/A	0.32	投单重方式	1
差动电流低定值/A	0.16		

表 3.15　RCS-902 保护定值

项目参数	数值	项目参数	数值
电流变化量启动值/A	0.16	正序灵敏角/(°)	82.6
零序启动电流/A	0.16	投纵联距离保护	1
纵联距离阻抗定值/Ω	21	投纵联零序保护	1
纵联反方向阻抗/Ω	15	投多相故障闭重	1
零序方向过流定值/A	0.16	投单重方式	1
零序补偿系数 K	0.36		

故障录波图如图 3.24 所示。

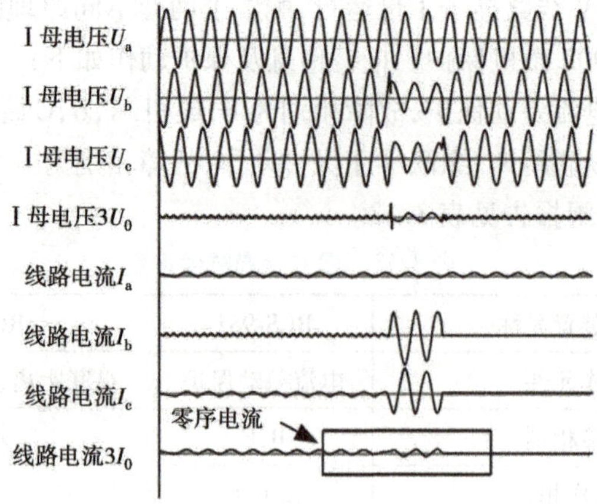

图 3.24　故障录波图

根据故障录波图估算的电流、电压数值及相位见表 3.16。

表 3.16　电流、电压数值及相位

参　数	相　别	数　值
电流/A	I_A	0
	I_B	6.75∠－185.3°
	I_C	5.86∠－348.2°
	$3I_0$	0.89∠－185.3°
电压/V	U_A	57.74＜0°
	U_B	30∠－162.8°
	U_C	30∠－209.4°
	$3U_0$	1.75

提示：

RCS-931 保护差动选相元件在工频变化量和稳态差动继电器动作时，相应动作相选为故障相。本线路在 RCS-902 装置距离保护选相是结合工作电压变化量选相元件选相结果及距离继电器的动作行为综合判断。具体请查阅说明书。

项目 4　变压器保护信号识别与分析

【项目描述】

主要培养学生对变压器保护装置运行维护基本操作及故障保护信号分析判断及信息处理能力。熟悉变压器保护功能配置，掌握主变纵差保护、瓦斯保护、相间后备过电流保护及接地保护的原理，了解两相相间短路及单相接地故障保护的特点与配置；能在变电站环境下进行变压器故障的保护信号判断及分析，对故障保护信息进行正确处理。

【项目目标】

知识目标：

熟悉变压器保护功能配置，掌握主变纵差保护和非电量保护的原理，能进行变压器区内故障的保护信号判断及分析。

能力目标：

掌握相间后备过电流保护和接地保护的原理，能进行变压器区外故障后备保护动作信号判断及分析。

【教学环境】

变电仿真运行室、多媒体课件。

任务 4.1　变压器差动保护信号识别与分析

【任务目标】

知识目标

1. 掌握变压器差动保护的作用及原理，理解变压器差动保护的原理接线图及构成。
2. 理解变压器差动保护整定计算原则。

能力目标

1. 能识读变压器差动保护的原理图。
2. 能进行变压器内部短路故障的差动保护动作信号分析。

【任务描述】

白马垅变#1 主变发生 AB 相引出线相间短路故障。试对主控台信号进行分析，初步判断故障原因，并进行简单处理。

【任务准备】

(1)规程准备

《电力安全工作规程　发电厂和变电站电气部分》(GB 26860—2011)、《白马垅变运行规程》、《继电保护和安全自动装置技术规程》(GB/T 14285—2006)。

(2)设备、资料准备

熟悉变电站主变一次接线及设备。收集主变保护装置说明书，了解保护配置，阅读差动保护相关部分。

(3)知识准备

预习本节相关知识内容，并回答以下问题：

①变压器保护装置通常配置哪些保护功能？

②变压器差动保护的保护范围是什么？

【相关知识】

4.1.1　变压器故障类型及保护配置原则

(1)变压器故障与不正常工作状态

变压器是变电站中的重要主设备之一，在电力系统中起到变换电压的关键作用。变压器设备本身也十分贵重，一旦发生故障，将使变压器停运或损坏，并可能对电力系统的安全可靠运行带来严重影响。因此，应为变压器配置完善和可靠的继电保护装置。

1)变压器的故障

根据发生的位置，变压器的故障可分为油箱内部故障和油箱外部故障，如图 4.1 所示。变压器油箱内的主要部件为绕组与铁芯，变压器的故障有绕组间的相间短路、绕组与油箱外壳的接地短路、单相绕组的匝间短路以及铁芯的烧损等。变压器油箱外的故障有引线及套管处产生的各种相间短路与接地故障。

油箱内发生故障时，产生的电弧会损坏绕组的绝缘，烧毁铁芯，产生强大电动力使绕组变形，还将使绝缘材料和变压器油因受热分解而产生大量的气体，有可能引发变压器油箱的爆炸。油箱外的故障也将产生强大的短路电流，危及变压器与电力系统的安全。这些故障都应尽快予以切除。

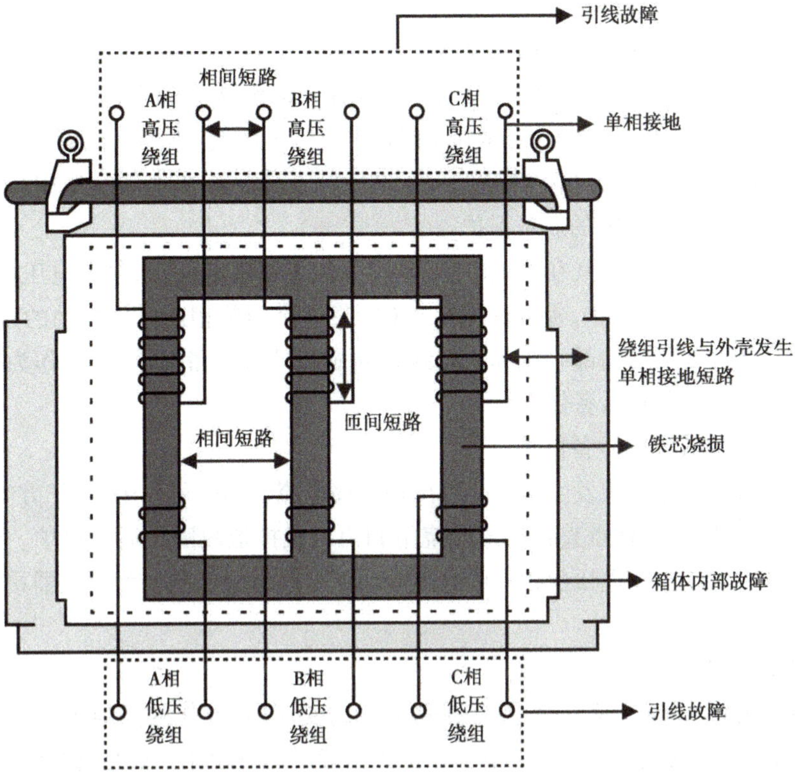

图4.1　变压器内外部故障示意图

2)变压器的不正常工作状态

变压器的不正常运行方式主要有:过负荷,由外部短路故障引起变压器的过电流,不接地运行变压器因外部故障引起中性点过电压,以及油位异常、温度过高、压力过高及冷却系统故障等。大型超高压变压器因自身工作磁通密度接近饱和,故在系统电压的升高或频率的降低等异常运行方式下易发生变压器的过励磁,引起铁芯和其他金属构件的过热。

变压器处于不正常工作状态时,虽无须立即使变压器停运,但若不及时处理也会危及变压器的安全,应尽快发出告警信号并进行相应的处理。

(2)变压器保护配置

根据变压器的不正常工作状态和故障的类型,变压器的主保护是配置瓦斯保护、纵差保护或电流速断保护和压力释放保护。变压器的后备保护主要配置过电流保护、零序过电流(压)保护和低阻抗保护等。异常运行保护主要有过负荷保护、过励磁保护、温度和油位保护及冷却器全停保护等。

1)瓦斯保护

瓦斯保护是通过变压器油箱内的气体或油流变化来反映变压器的内部故障,并可反映漏油造成的油面降低、绕组开焊等故障。容量在0.8 MVA及以上的油浸式变压器和户内0.4 MVA及以上的油浸式变压器应装设瓦斯保护。

2)纵差保护或电流速断保护

纵差保护或电流速断保护用来反映变压器绕组的相间短路、中性点接地侧绕组的接地故障和引出线故障。电压在 10 kV 及以下、容量在 10 MVA 及以下的变压器,一般采用电流速断保护。电压在 10 kV 以上、容量在 10 MVA 及以上的变压器,通常采用纵差保护。对电压为 10 kV 的重要变压器,当电流速断保护灵敏度不符合要求时,也可采用纵差保护。

3)反映相间短路故障的后备保护

根据变压器的容量及其在系统中的作用,可选用过电流保护、复合电压(负序电压和线间电压)启动的过电流保护、复合电流保护(负序电流和单相式电压启动的过电流保护)及阻抗保护等作为变压器内部绕组和引出线相间短路的近后备保护,也可作为变压器外部相间故障时相邻元件的远后备保护。

4)反映接地故障的后备保护

中性点直接接地系统发生接地时将出现零序电流,因此,可采用零序(方向)保护作为变压器外部接地故障、中性点直接接地侧绕组和引出线接地故障的后备保护。中性点不直接接地系统则可采用零序电压保护和中性点的间隙零序电流保护作为变压器接地故障的后备保护。

5)过负荷保护

对容量为 0.4 MVA 及以上、数台并列运行的变压器,或作为其他负荷备用电源的单台运行变压器,应装设过负荷保护。过负荷保护一般经延时动作于信号,但在经常无值班人员的变电所,可动作于跳闸或切除部分负荷。

6)其他非电量保护

变压器的其他非电量保护还有本体和有载调压部分的油温保护、压力释放保护以及启动风冷过载闭锁带负荷调压的保护等。

4.1.2 变压器差动保护

(1)变压器纵差保护的构成原理及接线

变压器因其重要性,通常会配置性能良好、动作可靠的保护。差动保护具有在其保护范围内可实现绝对的选择性及快速性的优点,因此,通常将纵差保护配置为变压器的主保护。

与线路纵联差动保护相同,变压器纵差保护的原理也是比较被保护对象各侧电流向量的大小和方向。

1)正常运行与外部故障时差动保护动作分析

正常运行时,变压器高、低压侧 TA 流过负荷电流,其方向如图 4.2(a)所示。流入变压器的电流与流出的电流相等,相量和为 0,因此,流入差动继电器的电流也为零,差动保护不动作。

发生外部故障(如变压器低压母线发生故障)时,变压器高、低压侧流过穿越性的短路电流(设比原负荷电流增大 K 倍),两侧的 TA 中流过的电流方向仍如图 4.2(a)所示。因此,流入差动继电器的电流仍为零,差动继电器也应不动作。差动继电器的动作电流为

$$\dot{I}_d = \dot{I}'_1 - \dot{I}'_2 = \frac{1}{n_{TA}}(\dot{I}_1 - \dot{I}_2) = 0 \tag{4.1}$$

2）内部故障时差动保护动作分析

当变压器发生内部故障时，各侧短路电流均由母线流向变压器，两侧的 TA 中流过的电流方向如图 4.2(b)所示。流入差动继电器的电流不为零，差动保护动作，断开两侧断路器。差动继电器的动作电流为

$$\dot{I}_d = \dot{I}'_1 + \dot{I}'_2 = \frac{1}{n_{TA}}(\dot{I}_1 + \dot{I}_2) \neq 0 \tag{4.2}$$

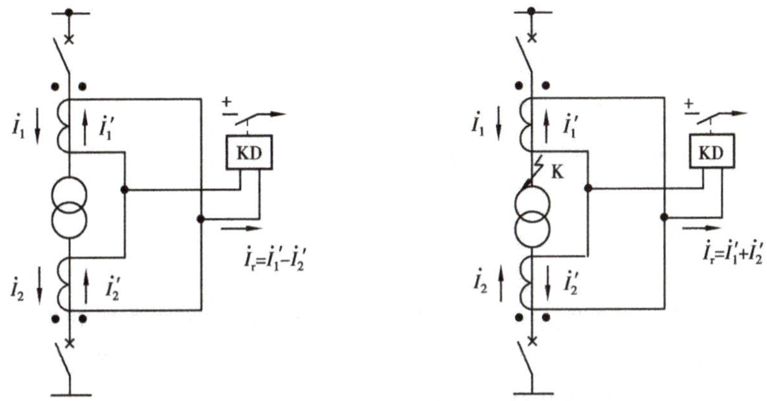

(a)正常运行或外部故障时　　(b)内部故障时

图 4.2　变压器纵差动保护原理接线图

(2)变压器纵差保护不平衡电流产生的原因及其应对措施

在线路的纵联差动保护中，由于两个电流互感器的励磁特性实际上不会完全相同，因此，在正常运行及外部故障时，也会有不平衡电流流入差动继电器。而变压器因其接线及结构的特殊性，故其差动保护的不平衡电流产生的因素更为复杂。主要有以下 5 点：

1）变压器各侧接线方式不同

为消除零序电流的影响，通常变压器一侧接线设计为三角形，这会造成变压器高、低侧电流的相位差和数值差。如常见的 Yd11 接线，因接线方式造成的变压器两侧的电流相位差为 30°，幅值差$\sqrt{3}$倍，故在正常运行及外部故障时，流入差动继电器的高低侧电流之和不为零，产生了不平衡电流。

因变压器各侧接线方式不同而产生的两侧电流相位差可通过相位补偿法，改变电流互感器的接线方式来进行调整，即在变压器星形接线侧的电流互感器按三角形连接，在变压器三角形接线侧的电流互感器按星形连接，如图 4.3 所示。考虑产生的两侧电流幅值差，应使星形侧电流互感器变比增大$\sqrt{3}$倍，即在两侧的电流互感器变比选择时满足

$$\frac{n_{TA(Y)}}{n_{TA(\triangle)}} = \frac{n_{TA}}{\sqrt{3}} \tag{4.3}$$

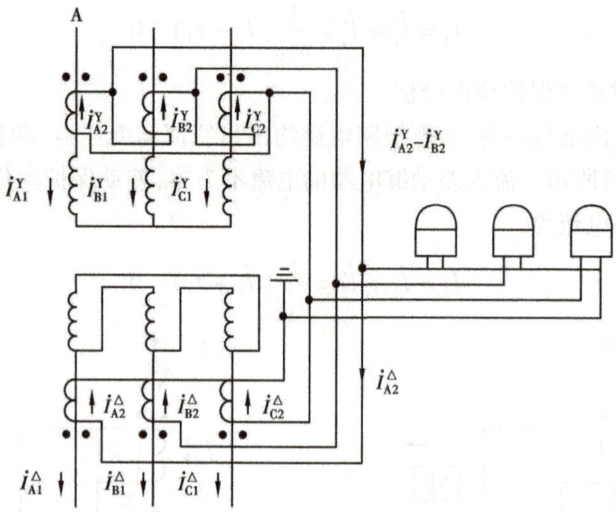

图 4.3　Y/d11 接线变压器差动保护接线图

2）变压器各侧电流互感器的型号和特性不同

因变压器两侧的电压等级不同，故两侧的电流互感器的电压等级和变比选择也不同。如高压侧为 110 kV、低压侧为 10 kV 的降压变压器，其高低压侧的电流互感器电压等级和变比不同，因此，电流互感器的磁化特性也必然不同，这将造成更大的不平衡电流。在外部发生短路故障时，短路电流可能使一侧的电流互感器饱和，而另一侧的不饱和。此时，产生的不平衡电流达到最大，可能是外部短路电流的 10%，从而导致差动保护误动。

一般在整定计算中应考虑同型系数，以减少因电流互感器励磁特性不同而造成的影响。

3）电流互感器的计算变比和实际变比不同

电流互感器都是标准化生产的，通常选择的电流互感器变比不可能与计算的变比一样，这也会导致在差动保护中产生不平衡电流。由这种原因产生的不平衡电流应进行数值补偿，在微机保护中则是引入一个平衡系数来解决的。

4）变压器带负荷调节分接头

变压器运行时常需通过调节分接头来调节系统电压。分接头改变后，变压器的变比变为新的值，而电流互感器在设备投运后其变比是固定的，无法随着分接头的改变而改变。因此，当分接头改变时将产生新的不平衡电流，此不平衡电流应在整定计算中考虑躲过。

5）励磁涌流

变压器的电源侧会流过励磁电流以建立主磁通，而此电流在负荷侧不存在。因此，差动保护中产生不平衡电流。正常运行时，励磁电流数值很小，为变压器额定电流的 3% ~5%，外部发生故障时，由于电压降低，励磁电流更小，因此，这些情况下励磁电流在差动回路中产生的不平衡电流的影响可忽略不计。

当空载投入变压器或外部故障切除后电压恢复的暂态过程中，因铁芯中的磁通不能突变，励磁电流将变得很大，最大可达额定电流的 4 ~8 倍，故此时的励磁电流称为励磁涌流。励磁涌流产生的不平衡电流将使纵差动保护误动，因此，需分析励磁涌流的特点，以区别励磁涌流与短路电流。如图 4.4 所示为某台变压器空投时三相励磁涌流的波形图。

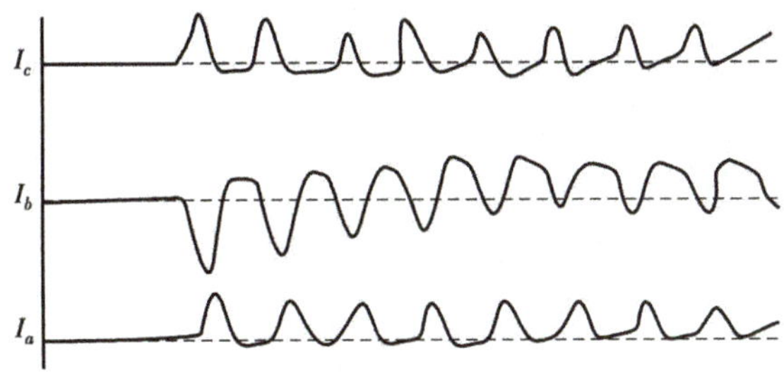

图4.4　空投变压器的励磁涌流

由图4.4可知,励磁涌流有以下5个特点:

①有很大成分的非周期分量。

②有大量的高次谐波,尤以二次谐波为主。

③偏于时间轴的一侧,在一个周期内正半波与负半波不对称。

④波形经削去负波后出现间断。

⑤励磁涌流是衰减的,衰减的速度与合闸回路及变压器绕组中的有效电阻和电感有关。

由于励磁涌流含有大量二次谐波,且波形出现间断、不对称的特点,故常采用二次谐波抑制原理、间断角原理和波形对称性原理来区分故障电流与励磁涌流,以防止励磁涌流造成变压器差动保护的误动。

(3)变压器纵差动保护的整定计算

1)差动保护动作电流的整定原则

如上所述,在正常运行时,差动继电器中也会有不平衡电流的存在。当变压器外部发生故障时,一次短路电流增大,二次的不平衡电流也会被放大。因此,差动保护的动作电流应躲过外部短路故障时的最大不平衡电流,即

$$I_{set}=K_{rel}I_{unb.\,max} \tag{4.4}$$

式中　K_{rel}——可靠系数,取1.3;

$I_{unb.\,max}$——外部短路故障时的最大不平衡电流,包括由变比数值差,分接头和磁化特性不同造成的不平衡电流,可表示为

$$I_{unb.\,max}=(\Delta f_{za}+\Delta U+10\%K_{np}K_{st})\frac{I_{k.\,max}}{n_{TA}} \tag{4.5}$$

式中　Δf_{za}——实际变比与计算变比的误差,若采用自耦变流器或中间变流器来进行补偿,则取补偿后的差值;

ΔU——由分接头引起的电压相对误差,取可调节电压范围的1/2;

10%——电流互感器允许的最大稳态相对误差;

K_{np}——非周期分量因素,取1.5~2;

K_{st}——电流互感器同型系数,取1;

$I_{k.\,max}$——外部短路故障时的最大短路电流;

n_{TA}——变压器的变比。

差动保护的动作电流整定除要考虑外部短路故障时的最大不平衡电流外,还应考虑差

动保护的二次回路发生断线，以及励磁涌流引起不平衡电流增大的情况。但若按这些条件整定将增大动作电流，使差动保护灵敏度降低。因此，可在差动保护中加入励磁涌流闭锁与二次回路断线闭锁装置，从而避免这些因素对差动保护的影响。

2）纵差动保护的灵敏系数的校验

变压器纵差动保护的灵敏系数可按下式进行校验，即

$$K_{sen}=\frac{I_{k.min.r}}{I_{set}} \tag{4.6}$$

式中 $I_{k.min.r}$——变压器内部发生故障时流过差动继电器的最小电流。

注意，灵敏系数K_{sen}要求不小于2。若灵敏度检验不满足要求时，可采用比率制动式差动保护。

4.1.3 比率制动特性差动保护

与线路纵差保护相同，为提高内部故障时的动作灵敏度以及可靠躲过外部故障的不平衡电流，一般采用具有比率制动特性的差动保护。比率制动式纵差动保护的动作值随着外部短路电流的增大而自动增大，灵敏可靠，因此得到广泛应用。

变压器比率制动式纵差动保护的动作特性曲线有一折式、二折式和三折式。其中，二折式应用较多，其动作特性曲线如图4.5所示。其动作方程为

$$\begin{cases} I_d \geqslant I_{act.min} & I_{res} \leqslant I_{res.min} \\ I_d \geqslant K(I_{res}-I_{res.min})+I_{act.min} & I_{res} > I_{res.min} \end{cases} \tag{4.7}$$

式中 I_d——差动电流，对两卷变压器，取 $I_{dz}=|\dot{I}_1+\dot{I}_2|$（$\dot{I}_1$，$\dot{I}_2$分别为差动继电器两侧的电流）；

$I_{act.min}$——最小动作电流，即差动元件的启动电流；

K——折线的斜率，通常称为比率制动系数；

$I_{res.min}$——最小制动电流，也称拐点电流；

I_{res}——制动电流，一般取差动元件各侧电流中的最大者，即 $I_{res}=\max\{|\dot{I}_1|,|\dot{I}_2|\}$，也有采用 $I_{res}=|\dot{I}_1-\dot{I}_2|/2$ 的。

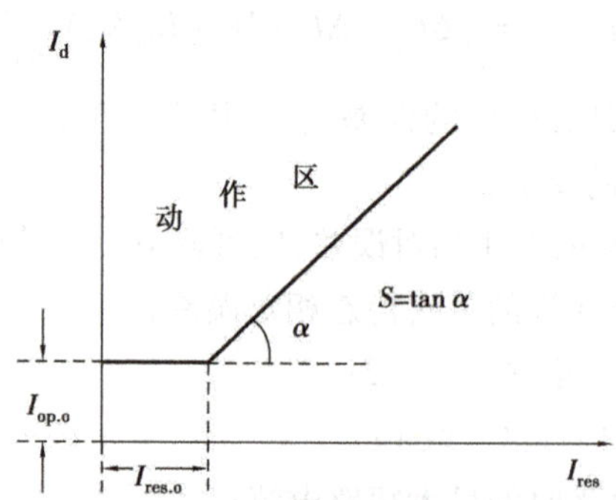

图4.5 二段折线式差动元件的动作特性曲线

4.1.4　差动速断保护

差动速断保护是指差动电流的过电流瞬时速动保护。在变压器差动保护中,为了防止励磁涌流造成纵联差动误动作而设置了涌流闭锁元件。而当变压器内部发生严重故障时,因进行涌流判别需要时间,故会影响差动保护的快速动作。此外,变压器内部严重故障所产生的强大短路电流还可能造成 TA 饱和,使 TA 二次电流波形发生严重畸变,并含有大量的谐波分量,从而使涌流判别元件误将此故障电流判断成励磁涌流,使差动保护拒动,这将造成变压器严重损坏。

为避免上述情况的发生,可设置差动速断保护。它的动作电流仅判断电流值的增大,不经过励磁涌流、过励磁判据和 TA 饱和等情况的判别,只要差动电流大于电流定值即可作用于跳闸。差动速断保护动作电流按躲过可能出现的最大励磁涌流值和不平衡电流来整定。根据工程上的经验,一般不小于变压器额定电流的 6 倍。差动速断保护作为比率制动差动保护的辅助保护,用以加快保护在变压器内部严重故障时的动作速度。

差动保护可防御变压器各侧电流互感器之间包围部分所发生的故障,包括变压器内部和外部引出线的故障。但对变压器内部的轻微故障及匝间短路故障往往灵敏度不够,对变压器漏油等情况也无法反映,因此,差动保护应与瓦斯保护共同构成变压器的主保护。

【任务实施】

(1)变压器差动保护信息识别

1)事故详细描述

①主要象征

在白马垅变电站中,突发警铃响。主控台显示以下信号:

2019 年 4 月 15 日 15:17:30:424-#1	主变第一套保护 PST-1201B 差动保护出口-动作
2019 年 4 月 15 日 15:17:30:424-#1	主变第一套保护 PST-1201B 差动保护跳闸-动作
2019 年 4 月 15 日 15:17:30:424-#1	主变第二套保护 PST-1201B 差动保护出口-动作
2019 年 4 月 15 日 15:17:30:424-#1	主变第二套保护 PST-1201B 差动保护跳闸-动作
2019 年 4 月 15 日 15:17:30:435-事故总-动作	
2019 年 4 月 15 日 15:17:30:465-#1	主变高压侧 610 断路器第一组出口跳闸-动作
2019 年 4 月 15 日 15:17:30:465-#1	主变高压侧 610 断路器第二组出口跳闸-动作
2019 年 4 月 15 日 15:17:30:465-#1	主变中压侧 510 断路器出口跳闸-动作
2019 年 4 月 15 日 15:17:30:465-#1	主变低压侧 310 断路器出口跳闸-动作
2019 年 4 月 15 日 15:17:30:475-#1	主变高压侧 610 断路器 ABC 相-分闸
2019 年 4 月 15 日 15:17:30:475-#1	主变中压侧 510 断路器-分闸
2019 年 4 月 15 日 15:17:30:475-#1	主变低压侧 310 断路器-分闸
2019 年 4 月 15 日 15:17:31:574-#1	电容器保护 CSP-215E 低电压-动作

2019 年 4 月 15 日 15:17:31:574-#1 电容器保护 CSP-215E 低电压保护出口-动作
2019 年 4 月 15 日 15:17:31:624-10kV#1 电容器 302 断路器总出口跳闸-动作
2019 年 4 月 15 日 15:17:31:634-10kV#1 电容器 302 断路器-分闸
2019 年 4 月 15 日 15:17:35:073-10kV 备自投 CSB-21A 备自投动作-动作
2019 年 4 月 15 日 15:17:35:073-10kV 备自投 CSB-21A 出口-动作
2019 年 4 月 15 日 15:17:35:123-10kV 备自投 CSB-21A 跳进线 I-动作
2019 年 4 月 15 日 15:17:35:223-10kV 备自投 CSB-21A 合分段-动作
2019 年 4 月 15 日 15:17:35:283-10kV 分段 300 断路器-合闸

②事故前运行方式

仿真变一次接线图及保护配置见附录。#1 主变故障前处运行状态，主变配置两套保护(双主双后备)。主保护由差动保护和瓦斯保护构成，高压侧后备保护由两段式复合电压启动过流、两段式零序电流和间隙保护构成，中压侧后备保护由复合电压启动过流、两段式零序电流、零序电压保护和间隙零序电流保护构成，低压侧后备保护由过电流和复合电压闭锁过流构成，主保护出口启动高压侧失灵保护。

2)变压器差动保护信息识别

变压器故障信息主要有"××变全站事故总""××变××主变事故跳闸""××变××主变第一套××保护出口""××变××主变第二套××保护出口""××变××主变高压侧(中压测、低压侧)断路器第一组出口跳闸""××变××主变高压侧(中压测、低压侧)断路器第二组出口跳闸""××变××主变高压侧(中压测、低压侧)断路器×相分闸"等。

变压器故障信息的释义及产生原因见表 4.1。

表 4.1 变压器故障信息的释义及产生原因

序号	信号名称	释 义	产生原因	分类
1	××变全站事故总	全站事故总信号	全站有任何事故信号发出时	事故
2	××变××主变事故跳闸	××主变事故时发出该信号	××主变有任何事故信号发出时	事故
3	××变××主变第一套(第二套)××保护出口	××保护装置动作时发出该信号	1. 主变内部或套管引出线故障 2. 保护误动	事故
4	××变××主变高压侧(中压测、低压侧)断路器第一组(第二组)出口跳闸	××断路器动作跳闸	任何保护动作或机构故障造成的断路器跳闸均发此信号	事故
5	××变××主变高压侧(中压测、低压侧)断路器×相分闸	××断路器×相分闸	任何保护动作或机构故障造成的断路器×相分闸均发此信号	事故

3)准确识别关键信息

在本例中关键信息为#1 主变第一套保护 PST-1201B 差动保护动作、#1 主变第二套保护 PST-1201B 差动保护动作、#1 主变高压侧 610 断路器跳闸、#1 主变中压侧 510 断路器跳闸、#1主变低压侧 310 断路器跳闸;10 kV 备自投动作、10 kV 分段 300 断路器合闸;#1 电容器保护 CSP-215E 低电压-动作、#1 电容器 302 断路器-分闸。

(2)故障判断与分析

1)保护信号分析

事故发生后,运维人员应结合综合智能告警信息、频率、电压及潮流变化情况、继电保护及安全自动装置动作行为等,初步分析判断故障性质。变压器差动保护动作的原因有以下4 种:

①变压器套管和引出线故障,差动保护范围内(差动保护用电流互感器之间)的一次设备短路故障。

②变压器内部故障。

③差动保护用电流互感器二次回路开路或短路“主变差动保护动作”为变压器绕组、套管及引出线发生的短路故障。

④保护误动。可能是因电流互感器接线错误等二次回路故障原因造成的。

在本例中,白马垅变#1 主变差动保护动作,瓦斯保护未动作,同时关联#1 主变 610,510,310 断路器跳闸信号,可初步判断#1 主变发生相间短路故障,故障范围在#1 主变油箱外的引出线相间短路故障。

2)现场检查及保护报文分析

①保护屏信号检查及报文打印

检查现场保护屏信号是否与监控后台信号一致,并打印保护动作报文,如图 4.6 所示。

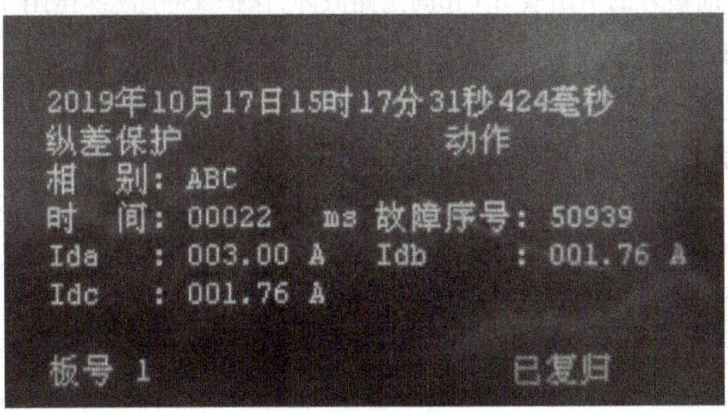

图 4.6　变压器差动保护动作报文

②报文分析

424 ms 差动保护动作(瓦斯保护未动作),故障应为#1 主变油箱外的引出线相间短路故障。

③打印故障录波图及录波报告

故障录波图分析：变压器保护 C 相电流为零，A 相和 B 相电流增大且方向相反，同时比率差动保护动作，因此，可判断为变压器油箱外 AB 相间短路故障，如图 4.7 所示。

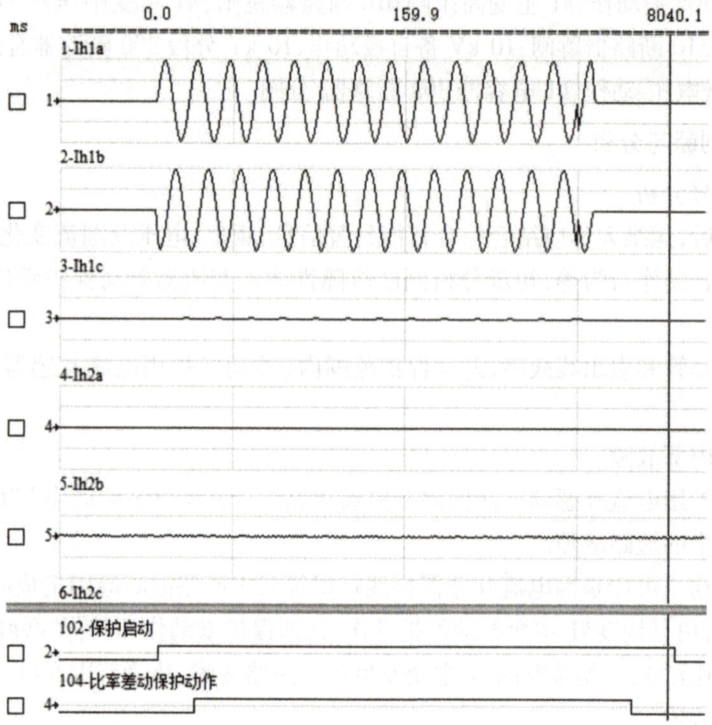

图 4.7　故障录波图

④结论

变压器发生油箱外的引出线 AB 相间短路故障，保护及断路器均动作正确。

(3)**具体处理流程**

1)故障情况、时间记录及第一次汇报

2019 年 4 月 15 日 15:17 白马垅变#1 主变差动保护动作，610，510，310 断路器断开，10 kV 备自投动作、10 kV 分段 300 断路器合闸。#1 电容器 302 断路器低电压动作断开。天气晴。现场设备及保护装置情况待检查。

2)现场检查

#1 主变高压侧 610 断路器、中压侧 510 断路器及低压侧 310 断路器机械位置和储能指示检查均在断开位置；10 kV 母联 300 断路器位置检查在合闸位置。#1 主变低压侧出口处有小动物短路。#1 主变外观无异常。#1 主变保护装置屏显示差动保护跳闸。

3)第二次汇报

4 月 15 日 15:35 现场检查#1 主变差动保护动作，#1 主变高压侧 610 断路器、中压侧 510 断路器及低压侧 310 断路器位置检查均在断开位置，10 kV 母联 300 断路器位置检查在合闸位置，电流表指示正常。#1 主变低压侧出口处有小动物短路。#1 主变外观无异常。

4)加强监控并在当值调度员指令下进行事故处理

根据调度命令,将#1 主变改变状态。做好操作准备。加强 2#主变运行监视,做好事故预想。

【任务工单】

变压器相间短路故障处理任务工单见表4.2。

表4.2　变压器相间短路故障处理任务工单

工作任务	变压器相间短路故障信号分析及处理		学　时		成　绩	
姓　名		学　号	班　级		日　期	

任务描述:白马垅变 220 kV 变电站#1 主变引出线相间短路故障时,请对出现的保护信号进行识读与初步分析判断,并进行简单处理。

一、咨询

1. 保护装置认识

(1)了解保护装置基本操作,查询并记录变压器保护装置型号、版本号。

(2)阅读保护装置说明书,了解变压器差动保护逻辑图。

(3)记录装置保护配置及变压器差动保护相关定值。

2. 故障前运行方式

二、决策

岗位划分如下:

人　员	岗　位		
	变电值班员正值	变电值班员副值	电力调度员

续表

三、计划
1. 资料准备与咨询
(1)变电站运行规程。
(2)GB/T 14285—2006 继电保护和安全自动装置技术规程。
(3)电力安全工作规程(变电部分)。
(4)电力调度规程。
2. 仿真运行准备
工况保存:#1 主变 A 相和 B 相引出线相间短路故障。
3. 故障信号分析及处理

4. 总结评价

四、实施
(故障工况发布)
1. 事故现象记录与打印
(1)保护及告警信号记录。

(2)断路器动作情况检查。

(3)测量表计及其他运行情况检查。

(4)打印报文及录波图。

2. 保护信号分析及判断:(不考虑保护误动情况)

续表

3. 处理

(1)汇报调度。

(2)根据调度命令,做进一步处理。

五、检查及评价(记录处理过程中存在的问题、思考解决的办法,对任务完成情况进行评价)

考评项目		自我评估 20%	组长评估 20%	教师评估 60%	小计 100%
素质考评(20 分)	劳动纪律(5 分)				
	积极主动(5 分)				
	协作精神(5 分)				
	贡献大小(5 分)				
总结分析(20 分)					
工单考评(60 分)					
总　分					

【拓展任务】

任务描述:

白马垅变 220 kV 变电站#1 主变检修完毕投入运行时差动保护动作,三侧断路器跳闸,无瓦斯保护等其他保护信号发出。请对出现的信号进行识读与初步分析判断。

任务 4.2　变压器后备保护信号识别与分析

【任务目标】

知识目标

1. 掌握变压器相间后备保护及接地后备保护的作用及原理。
2. 理解变压器后备保护的原理接线图及构成。

3. 理解变压器后备保护整定计算原则。

能力目标

1. 能识读变压器相间及接地后备保护的原理图。

2. 能进行变压器后备保护动作的信号分析。

【任务描述】

白马垅变电站10 kV线路发生AB相间短路故障且对应断路器拒动。试对主控台信号进行分析,初步判断故障原因,并进行简单处理。

【任务准备】

(1)规程准备

《电力安全工作规程　发电厂和变电站电气部分》(GB 26860—2011)、《白马垅变运行规程》、《继电保护和安全自动装置技术规程》(GB/T 14285—2006)。

(2)设备、资料准备

阅读主变保护装置说明书后备保护相关部分。

(3)知识准备

预习本节相关知识内容,并回答以下问题:

①变压器相间短路后备保护及接地短路后备保护各反映哪些故障?

②变压器相间短路后备保护的保护范围是什么?

【相关知识】

4.2.1　变压器相间短路后备保护

变压器除了以性能完善的差动保护作为其主保护外,通常会设置相间短路和接地短路的后备保护,作为变压器主保护的近后备和相邻元件的远后备。变压器常见的相间短路后备保护有过电流保护、低电压启动的过电流保护、复合电压启动的过电流保护、负序过电流保护及阻抗保护等。

(1)过电流保护

当变压器外部发生故障时可能引起变压器绕组过电流,故应设置过电流保护。变压器过电流保护与线路定时限过电流保护原理相同,一般按躲过最大负荷电流来整定。降压变压器的低压侧通常会装设过电流保护,延时跳开本侧断路器。过电流保护原理接线图如图4.8所示。

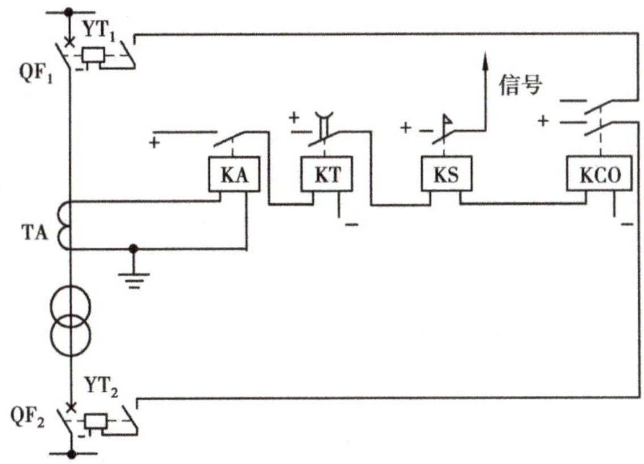

图 4.8　过电流保护原理接线图

与线路定时限过电流保护不同的是:考虑变压器过电流保护的最大负荷电流时,应注意有两台及以上变压器并列运行的情况下,当一台切除时,另外的变压器因承担被切除变压器的负荷而可能出现的过负荷。若以此条件来整定动作电流,其值会较大,导致灵敏度降低,因此,需采用低电压启动的过电流保护或复合电压启动的过电流保护。规程规定:35 ~66 kV 及以下中小容量的降压变压器,宜采用过电流保护,保护的整定值要考虑变压器可能出现的过负荷;110 ~500 kV 降压变压器、升压变压器和系统联络变压器,相间短路后备保护用过电流保护不能满足灵敏性要求时,宜采用复合电压启动的过电流保护或复合电流保护。

(2)低电压启动的过电流保护

1)低电压启动的过电流保护的原理

对容量较大的变压器或并列运行的变压器,因其负荷电流较大,使过电流保护的动作电流值也较大,往往导致灵敏性不能满足要求。考虑过负荷时电压保持正常,因此,加入低电压作为启动条件,以区别过负荷与故障。只有当过电流继电器和低电压继电器同时动作时才能启动保护。这种情况下,动作电流可按变压器的额定电流来进行整定,大大提高了保护的灵敏性。低电压启动的过电流保护原理接线如图 4.9 所示。其中,中间继电器 KM 能防止电压互感器二次回路断线而导致的误动作发生。

2)低电压启动的过电流保护的整定计算

①过电流元件

过电流元件的动作电流按躲过变压器运行时的最大负荷电流来整定,即

$$I_{act}=\frac{K_{rel}}{K_r}I_N \tag{4.8}$$

式中　I_{act}——动作电流;

K_{rel}——可靠系数,取 1.15 ~1.25;

K_r——返回系数,取 0.85 ~0.95;

I_N——变压器额定电流(TA 二次值)。

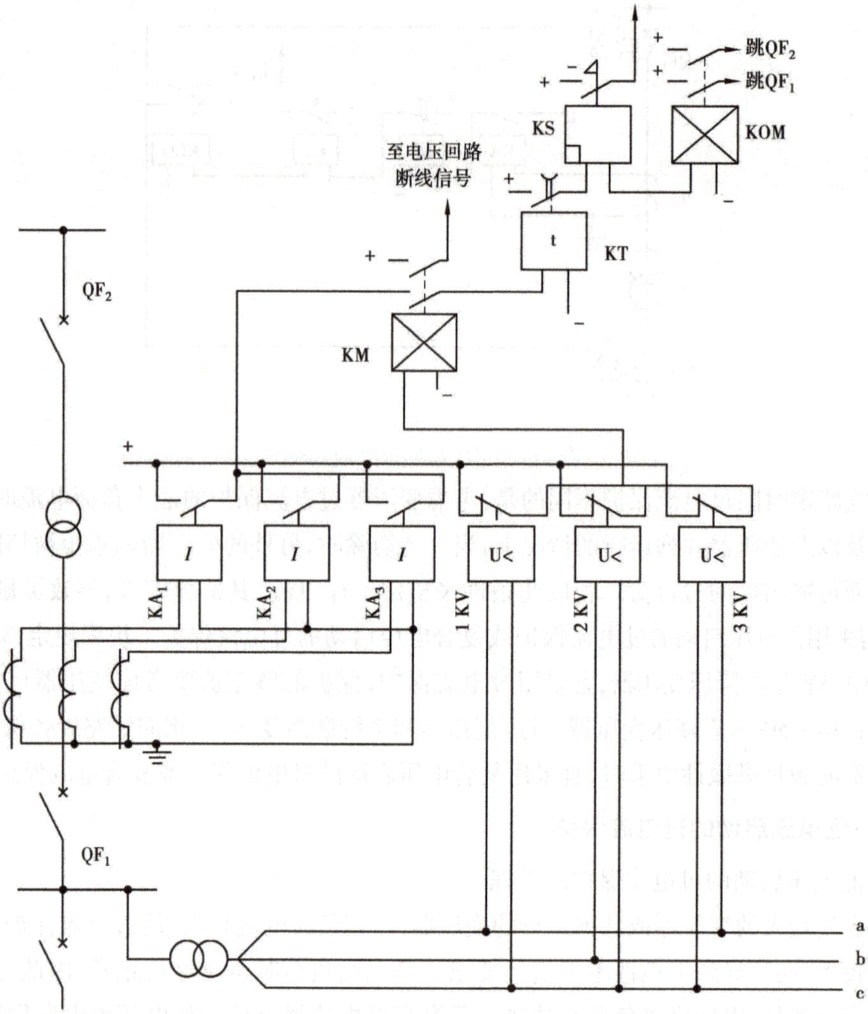

图 4.9　低电压启动的过电流保护原理接线图

②低电压元件

低电压继电器的动作值取正常运行时的最低工作电压整定(见式(4.9))和躲过电动机自启动电压整定(见式(4.10))中的较小者,即

$$U_{\text{set}} = \frac{U_{\text{L.min}}}{K_{\text{rel}} K_{\text{re}}} \tag{4.9}$$

式中　$U_{\text{L.min}}$——最低工作电压,取 $0.9U_N$;

K_{rel}——可靠系数,取 1.1～1.2;

K_{re}——低电压继电器的返回系数,取 1.15～1.25;

$$U_{\text{set}} = KU_N \tag{4.10}$$

式(4.10)中,K 为常数,当低电压继电器在高压侧时,取 0.7;当在低压侧时,取 0.5～0.6。灵敏度的校验分电流继电器和低电压继电器两个方面,即

$$K_{KA.set}=\frac{I_{set}}{I_{K.min}},K_{KV.sen}=\frac{U_{set}}{U_{K.min}} \tag{4.11}$$

式中　$I_{K.min}$,$U_{K.min}$——保护区末端金属性短路时,在保护安装处感受到的最小电流和最大残压。

(3)**复合电压启动的过电流保护**

1)复合电压启动的过电流保护的原理

复合电压启动的过电流保护是在低电压启动的过电流基础上发展而来的。由于低电压启动的过电流保护在系统较远处发生两相短路时,母线电压有可能降低不多,低电压元件无法启动,因此,将3个低电压继电器换成一个负序过电压继电器kVN和一个低电压继电器kV的组合。负序电压继电器的作用为不对称故障时的电压启动,低电压继电器则用作三相对称故障时的电压启动,两者构成"或"的逻辑关系,这样可提高整个保护的灵敏度。复合电压启动的过电流保护原理接线如图4.10所示。

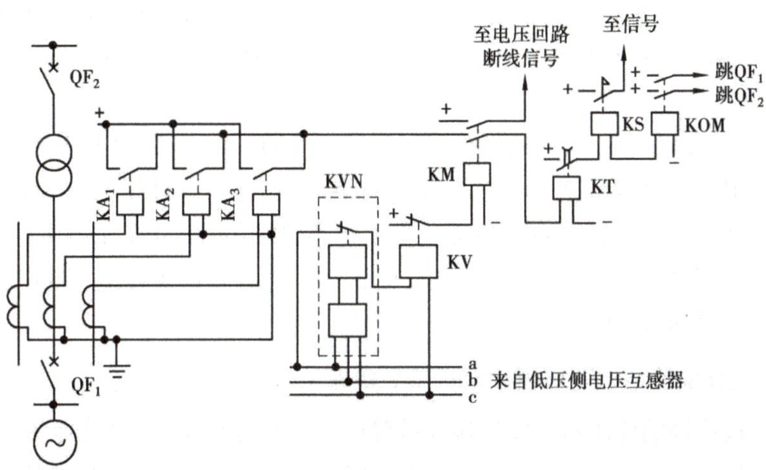

图4.10　复合电压启动的过电流保护原理接线图

当发生不对称短路时,故障相电流继电器动作,同时不对称短路产生负序电压,负序电压继电器动作。其常闭触点断开,致使低电压继电器kV失压;常闭触点闭合,启动闭锁中间继电器KM。相电流继电器通过KM常开触点来启动时间继电器KT,经整定延时启动信号和出口继电器,将变压器两侧断路器断开。

当发生对称短路时,由于短路初始瞬间也会出现短时的负序电压,KVN也会动作,使kV失去电压。当负序电压消失后,KVN返回,常闭触点闭合。此时,加于KV线圈上的电压已是对称短路时的低电压,只要该电压小于低电压继电器的返回电压,启动闭锁中间继电器KM。复合电压启动的过流保护在对称短路和不对称短路时都有较高的灵敏度。

2)复合电压启动的过流保护的整定原则

复合电压启动的过电流元件与低电压元件的整定原则同低电压启动过电流保护。负序电压元件按躲过正常运行时系统中出现的最大负序电压来整定,即

$$U_{2op}=10\% U_N \tag{4.12}$$

式中　U_N——额定电压(TV 二次值)。

动作延时应按与相邻线路相间短路后备保护相配合来整定。变压器复合电压启动的过流保护动作时限通常为3段:一时限跳母联,二时限跳本侧,三时限跳变压器各侧断路器。

复合电压启动的过流保护较低电压闭启动过电流保护具有下列优点:

①负序过电压继电器在不对称短路时,有较高灵敏度,且对对称短路,电压元件的灵敏度也可提高1.15~1.2倍。

②在变压器的另一侧发生不对称短路时,电压启动元件的灵敏度与变压器的接线方式无关。

③由于电压启动元件只取变压器一侧的电压,因此,接线较简单,并得到了广泛的应用。

4.2.2　变压器接地短路后备保护

电压等级为110 kV及以上的电力系统中的变压器为了防御外部单相接地短路引起的过电流,应装设接地短路故障的后备保护,作为变压器主保护的近后备和相邻元件接地故障的远后备。

从限制单相短路电流以及继电保护整定配置方面的要求考虑,110 kV及以上电网中只将部分变压器中性点直接接地。通常在变电站中,若只有一台升压变或一台220 kV变压器,则其中性点应接地;若有多台并列运行的变压器,则采取部分变压器中性点接地方式。500 kV变压器通常为自耦变,且中性点绝缘水平较低,中性点必须接地。变压器中性点接地方式不同,接地保护的选择也不同。

(1)中性点直接接地的变压器接地短路后备保护

中性点直接接地的变压器在发生接地故障时将出现零序电流,其接地短路的后备保护可采用零序电流保护。零序电流保护可作为变压器内部接地及引出线接地故障的近后备和相邻母线或线路接地的远后备。

普通三卷变压器低压侧为三角形,若其零序等值电抗为零,则在高(中)压侧发生接地时,零序电流不会传递至中(高)压侧,即中(高)压侧不会有零序电流流过,因此,两侧零序电流保护无配合问题,无须增设零序方向元件。但变压器低压侧零序等值电抗若不为零或自耦变,高中压侧会有零序电流流过,需增设零序方向元件。

零序电流由变压器中性点的电流互感器取得。正常时,无零序电流流过,保护不动作;发生接地故障时,变压器中性点流过零序电流,保护动作。

零序电流保护设两段。零序电流Ⅰ段与被保护侧母线引出线的零序电流Ⅰ段相配合,1时限动作于母线解列,2时限跳各侧断路器;零序电流Ⅱ段与被保护侧母线引出线的零序电流保护的后备段相配合,1时限动作于母线解列,2时限跳各侧断路器。在实际应用中,220 kV变压器的零序电流保护Ⅰ段通常带方向,1时限动作于母线解列,Ⅱ时限跳本侧断路器;零序电流Ⅱ段通常不带方向,延时跳开主变各侧断路器。零序电流保护原理图如图4.11所示。

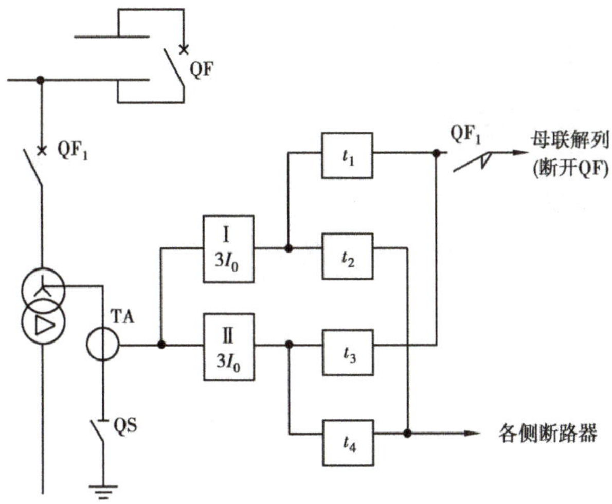

图4.11　零序电流保护原理图

(2)**中性点不直接接地的变压器接地短路后备保护**

220 kV及以上的大型变压器，高压绕组均为分级绝缘，其中性点绝缘水平有两种类型：一类绝缘水平很低，如500 kV系统的中性点绝缘水平为38 kV的变压器，中性点必须直接接地运行；另一类绝缘水平较高，如220 kV变压器的中性点绝缘水平为110 kV，其中性点可直接接地，也可在系统中不失去接地点的情况下不接地运行。为了限制系统接地故障的短路容量和零序电流水平，也为了接地保护本身的需要，有必要将220 kV变压器的部分中性点不接地运行。

1)全绝缘变压器的接地短路后备保护

全绝缘变压器是指变压器高压绕组的线端与中性点端具有相同的绝缘水平，可承受相同的耐受电压。当系统发生接地短路时，变压器中性点就将承受中性点对地电压。全绝缘变压器除装设零序电流保护外，在中性点不接地时采用零序过电压保护。

零序过电压保护的动作电压按中性点部分接地电网中发生单相接地故障时保护安装处可能出现的最大零序电压来整定，一般取180 V。它的动作时间一般可取0.5 s短时限，以避开接地故障暂态过程的影响。零序过电压保护只在有关的中性点接地变压器已切断后才可能动作。零序电压保护原理图如图4.12所示。

2)分级绝缘变压器的接地短路后备保护

全绝缘变压器是指变压器中性点端的绝缘水平端低于高压绕组的线端绝缘水平，如220 kV变压器的中性点绝缘水平为110 kV。220 kV及以上的变压器造价高，基于经济及简化变压器制造方面的考虑，高压绕组均为分级绝缘。分级绝缘变压器由于中性点绝缘较弱，无法承受接地时中性点升高的电压。因此，其零序保护由零序电流保护、零序电压保护及间隙零序电流保护共同构成，如图4.13所示。

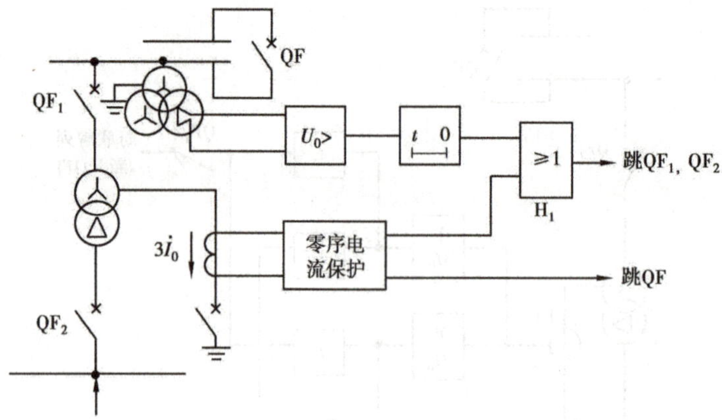

图 4.12　零序电压保护原理图

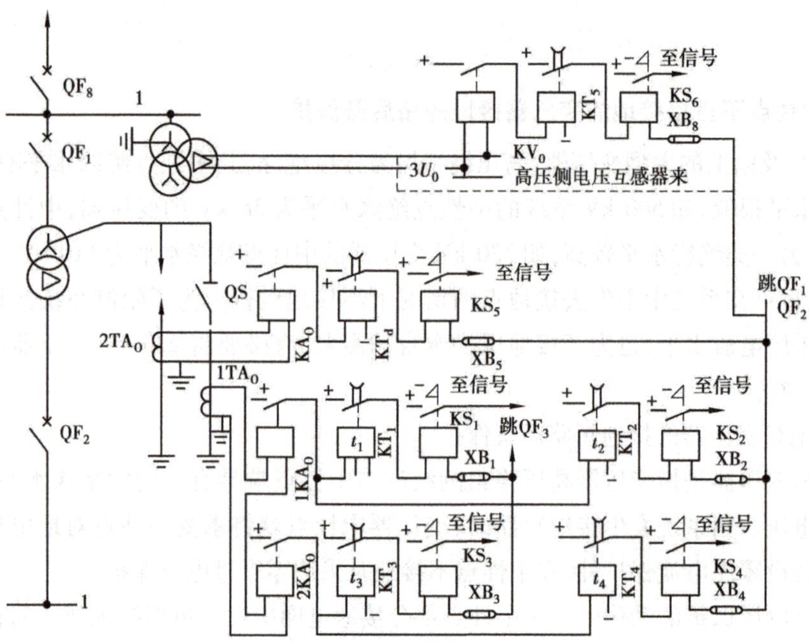

图 4.13　零序电流保护、零序电压保护及间隙零序电流保护原理图

间隙零序电流保护是指中性点不接地的分级绝缘变压器在系统接地点切除后，中性点电压升高，当过电压超过间隙击穿电压间隙被击穿时，变压器经间隙接地形成零序电流通路，间隙零序电流保护动作，瞬时跳开变压器各侧断路器。放电间隙一般采用较简单的棒-棒间隙。在变压器中性点装设放电间隙作为过电压保护，并要求当出现危及变压器中性点绝缘的冲击电压或工频过电压时，间隙应可靠动作。但运行中放电间隙受天气、调整精度及连续放电次数的影响，可能会出现拒动的情况，此时需由零序电压保护来断开中性点不接地变压器的各侧断路器，以切除故障。

间隙放电电流与变压器零序阻抗和放电电弧电阻等有关，难以计算。因此，间隙零序电流保护的一次动作电流一般根据经验取100 A。零序电压保护的动作电压应低于变压器中性点绝缘耐压水平，一般取180 V，并带有0.3 s的短延时以避开接地故障暂态过程的影响。

变压器中性点接地运行，当发生接地故障时，零序电流保护第Ⅰ段以t_1延时跳开QF_3，以t_2延时跳开变压器两侧QF_1和QF_2，第Ⅱ段以t_3和t_4的延时分别跳开QF_3和QF_1，QF_2。

变压器中性点不接地运行，当发生接地故障时，间隙被击穿后由间隙放电电流使零序电流元件KA_0启动，跳开变压器，切除故障。若放电间隙拒动，变压器中性点出现工频过电压使KV_0启动将变压器切除。

(3)过负荷保护

变压器通常具有一定的过负荷能力，但长期过负荷运行会使绝缘老化，缩短使用寿命，因此，需加装过负荷保护。变压器的过负荷保护延时动作于发信号，以躲过外部故障和短时过负荷情况，动作时间应比变压器后备保护的最大时限大1～2个级差。

变压器过负荷保护动作电流的整定一般应躲过变压器的额定电流

$$I_{op}=\frac{K_{rel}}{K_{re}}I_N \tag{4.13}$$

式中　K_{rel}——可靠系数，取1.05；

K_{re}——电流继电器的返回系数，取0.85。

【任务实施】

(1)保护信息识别

1)事故详细描述

①主要象征

在变电站中，突发警铃响。主控台显示以下信号：

17:35:33:964-10kV　白宝Ⅰ回318保护CSL-216E　过流Ⅰ段-动作
17:35:33:964-10kV　白宝Ⅰ回318保护CSL-216E　过流Ⅰ段保护出口-动作
17:35:33:984-事故总-动作
17:35:34:014-10kV　白宝Ⅰ回318断路器总出口跳闸-动作
17:35:34:414-10kV　白宝Ⅰ回318保护CSL-216E　过流Ⅱ段-动作
17:35:34:414-10kV　白宝Ⅰ回318保护CSL-216E　过流Ⅱ段保护出口-动作
17:35:34:914-10kV　白宝Ⅰ回318保护CSL-216E　过流Ⅲ段-动作
17:35:34:914-10kV　白宝Ⅰ回318保护CSL-216E　过流Ⅲ段保护出口-动作
17:35:35:214-#1　主变第一套保护PST-1201B保护动作-动作
17:35:35:214-#1　主变第一套保护PST-1201B低后备保护动作-动作
17:35:35:214-#1　主变第一套保护PST-1201B低后备保护出口-动作
17:35:35:214-#1　主变第一套保护PST-1201B低压复闭过流Ⅰ段1时限-动作

17:35:35:214-#1　主变第一套保护　PST-1201B 低压复闭过流Ⅰ段 1 时限保护出口-动作
17:35:35:214-#1　主变第二套保护　PST-1201B 保护动作-动作
17:35:35:214-#1　主变第二套保护　PST-1201B 低后备保护动作-动作
17:35:35:214-#1　主变第二套保护　PST-1201B 低后备保护出口-动作
17:35:35:214-#1　主变第二套保护　PST-1201B 低压复闭过流Ⅰ段 1 时限-动作
17:35:35:214-#1　主变第二套保护　PST-1201B 低压复闭过流Ⅰ段 1 时限保护出口-动作
17:35:35:514-#1　主变第一套保护　PST-1201B 低压复闭过流Ⅰ段 2 时限-动作
17:35:35:514-#1　主变第一套保护　PST-1201B 低压复闭过流Ⅰ段 2 时限保护出口-动作
17:35:35:514-#1　主变第二套保护　PST-1201B 低压复闭过流Ⅰ段 2 时限-动作
17:35:35:514-#1　主变第二套保护　PST-1201B 低压复闭过流Ⅰ段 2 时限保护出口-动作
17:35:35:564-#1　主变低压侧 310　断路器出口跳闸-动作
17:35:35:574-#1　主变低压侧 310　断路器-分闸
17:35:36:073-#1　电容器　保护 CSP-215E 低电压-动作
17:35:36:073-#1　电容器　保护 CSP-215E 低电压保护出口-动作
17:35:36:123-10kV#1　电容器 302　断路器总出口跳闸-动作
17:35:36:133-10kV#1　电容器 302　断路器-分闸

②事故前运行方式

仿真变一次接线图及保护配置见附录。#1 主变故障前处运行状态，主变配置两套保护（双主双后备）。主保护由差动保护和瓦斯保护构成，高压侧后备保护由两段式复合电压启动过流、两段式零序电流和间隙保护构成，中压侧后备保护由复合电压启动过流、两段式零序电流、零序电压保护和间隙零序电流保护构成，低压侧后备保护由低电压过流和复合电压闭锁过流构成。10kV 线路均配置两段式过流保护。

2）变压器后备保护信息识别

变压器后备保护动作、断路器跳闸时主要的信号有：

①音响

告警声，并报语音“××变事故告警”。

②告警信息窗

“××变全站事故总”“××变××主变事故跳闸”“××变××主变第一套××后备保护出口”“××变××主变第二套××后备保护出口”“××变××断路器××出口跳闸”等变压器后备保护动作故障信息的分类与释义见表 4.3。

表 4.3　变压器故障信息的释义及产生原因（二）

序号	信号名称	释　义	产生原因	分类
1	××变全站事故总	全站事故总信号	全站有任何事故信号发出时	事故
2	××变××主变事故跳闸	××主变事故时发出该信号	××主变有任何事故信号发出时	事故

续表

序号	信号名称	释　义	产生原因	分类
3	××变××主变第一套（第二套）××后备保护出口	主变后备保护装置动作时发出该信号	1. 出线故障，断路器或保护拒动，造成越级跳闸 2. 主变故障主保护未动 3. 整定错误或二次回路故障造成保护误动	事故
4	××变××断路器××出口跳闸	××断路器动作跳闸	任何保护动作或机构故障造成的开关跳闸均发此信号	事故

③准确识别关键信息

在本例中关键信息为：10 kV 白宝Ⅰ回318保护CSL-216E过流Ⅰ段、Ⅱ段和Ⅲ段动作、#1主变第一套保护PST-1201B低后备保护动作、#1主变第二套保护PST-1201B低后备保护动作、#1主变第一套保护PST-1201B低压复闭过流保护动作、#1主变第二套保护PST-1201B低压复闭过流保护动作、#1主变低压侧310断路器跳闸、#1主变中压侧510断路器跳闸、#1主变低压侧310断路器跳闸。

（2）**故障判断与分析**

1）监控信号分析

事故发生后，运维人员应结合综合智能告警信息、频率、电压及潮流变化情况、继电保护及安全自动装置动作行为等，初步分析判断故障性质。变压器后备保护动作的原因有以下两种：

①保护正确动作时的分析判断

根据变压器相间后备和接地后备保护的原理及保护范围可进行初步判断："主变低压侧复闭后备保护动作"为10 kV某条线路发生相间短路故障，而对应线路保护拒动或断路器拒动引起；"主变中压侧复闭后备保护动作"为110 kV某条线路发生相间短路故障，而对应线路保护拒动或断路器拒动引起；"主变中压侧零序后备保护动作"为110 kV某条线路发生接地短路故障，而对应线路保护拒动或断路器拒动引起。

②保护误动

可能是因装置故障、整定错误、二次回路故障等原因造成的。

若为保护装置故障，误发"主变低（中或高）压侧后备保护动作"信号，可能无线路保护信号及出线断路器跳闸。若为整定错误，与出线的保护定值配合不正确，造成保护越级跳闸，此时可能无出线保护信号及断路器跳闸。若为二次回路故障引起的保护误动，可能无出线断路器跳闸信号。

在本例中，白马垅变10kV白宝Ⅰ回318过流动作，同时关联断路器318无跳闸信号；主变低压侧复闭后备保护动作，同时关联断路器310跳闸信号，可初步判断318线路发生相间短路故障，318断路器拒动，故障范围在318线路处。

2)现场检查及保护报文分析

①保护屏信号检查及报文打印

检查现场保护屏信号是否与监控后台信号一致,并打印保护动作报文,如图4.14所示。

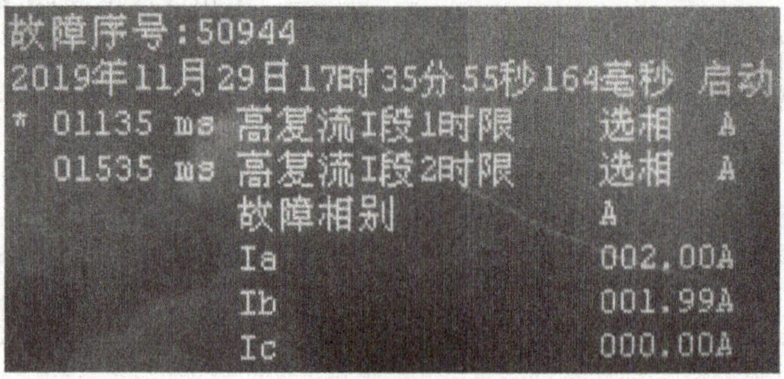

图4.14　高复流保护动作报文

报文分析:164 ms 低压复合电流后备保护动作,A相电流为2 A,B相电流为1.99 A,C相电流为0,故障应为10 kV线路AB相间短路故障。

②打印故障录波图及录波报告

故障录波图分析:主变保护A相和B相电流突然增大,且方向相反,C相电流为0,保护延时启动跳闸,因此,可判断为主变相邻10 kV线路AB相永久性相间短路故障,如图4.15所示。

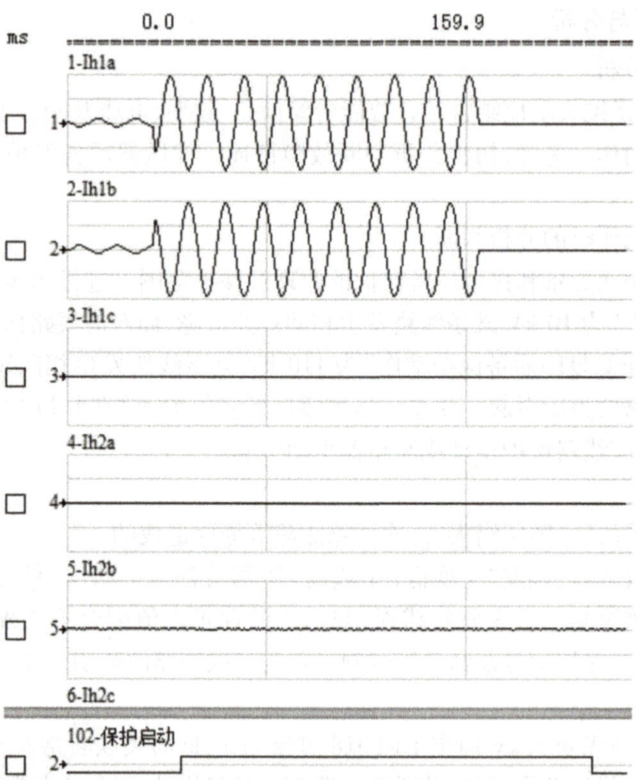

图4.15　故障录波图

③结论

主变相邻 10kV 线路 AB 相间永久性短路故障，10kV 线路对应断路器拒动，保护动作正确。

(3)**具体处理流程**

1)故障情况、时间记录及第一次汇报

17:35 白马垅变 10kV 白宝Ⅰ回 318 过流Ⅰ段、Ⅱ段和Ⅱ段动作，#1 主变低后备保护动作，#1 主变低压复闭过流动作，#1 主变低压侧 310 断路器分闸。天气晴。现场设备及保护装置情况待检查。

2)现场检查

#1 主变低压侧 310 断路器检查机械位置和储能指示在断开位置。有功表、无功表、电流表均指示为零。#1 主变其他设备无异常。#1 主变保护装置屏显示低压侧复闭过流跳闸。10 kV 白宝Ⅰ回 318 保护装置屏显示过流Ⅰ段、Ⅱ段和Ⅱ段动作。打印保护报文及故障录波图。

3)第二次汇报

现场检查#1 主变低压侧 310 断路器确在断开位置，10 kV 白宝Ⅰ回 318 保护装置信号为过流Ⅰ段、Ⅱ段和Ⅱ段动作，10 kV 其他设备无异常、1#主变无异常。#1 主变保护装置信号为低压侧复闭过流保护动作。

4)加强监控并在当值调度员指令下进行事故处理

根据调度命令，将 10 kV 白宝Ⅰ回 318 线路改变状态，#1 主变检查无异常后恢复送电。做好操作准备。预想可能发生的事故，做好事故预想。

【任务工单】

变压器后备保护动作故障处理任务工单见表 4.4。

表 4.4　变压器后备保护动作故障处理任务工单

<table>
<tr><td>工作任务</td><td colspan="2">变压器后备保护动作信号分析及处理</td><td>学　时</td><td></td><td>成　绩</td><td></td></tr>
<tr><td>姓　名</td><td></td><td>学　号</td><td></td><td>班　级</td><td></td><td>日　期</td><td></td></tr>
<tr><td colspan="8">任务描述：白马垅变 220 kV 变电站 10 kV 线路发生相间短路故障时，由于对应断路器失灵引起后备保护动作，请对出现的保护信号进行识读与初步分析判断，并进行简单处理。
一、咨询
1. 保护装置认识
(1)了解保护装置基本操作，查询并记录变压器后备保护装置型号、版本号。</td></tr>
</table>

续表

(2)阅读保护装置说明书,了解变压器后备保护逻辑图。

(3)记录装置保护配置及变压器后备保护相关定值。

2. 故障前运行方式

二、决策

岗位划分如下:

人　员	岗　位		
	变电值班员正值	变电值班员副值	电力调度员

三、计划

1. 资料准备与咨询

(1)变电站运行规程。

(2)GB/T 14285—2006　继电保护和安全自动装置技术规程。

(3)电力安全工作规程(变电部分)。

(4)电力调度规程。

2. 仿真运行准备

工况保存:10 kV 线路 AB 相间短路故障且对应断路器压力过低闭锁。

3. 故障信号分析及处理

4. 总结评价

四、实施

(故障工况发布)

1. 事故现象记录与打印

(1)保护及告警信号记录。

续表

(2)断路器动作情况检查。

(3)测量表计及其他运行情况检查。

(4)打印报文及录波图。

2. 保护信号分析及判断(不考虑保护误动情况)

3. 处理

(1)汇报调度。

(2)根据调度命令,做进一步处理。

五、检查及评价(记录处理过程中存在的问题、思考解决的办法,对任务完成情况进行评价)

考评项目		自我评估20%	组长评估20%	教师评估60%	小计100%
素质考评(20分)	劳动纪律(5分)				
	积极主动(5分)				
	协作精神(5分)				
	贡献大小(5分)				
总结分析(20分)					
工单考评(60分)					
总　分					

【拓展任务】

任务描述：

白马垅变220 kV变电站110 kV ××线路发生相间短路故障时，同时此断路器拒动，试分析可能出现的信号。

任务4.3 变压器非电量保护信号识别与分析

【任务目标】

知识目标

1. 掌握变压器瓦斯保护、压力保护、温度与油位保护及冷却器全停保护的作用及原理。
2. 理解变压器瓦斯保护的原理接线图及构成。

能力目标

1. 能识读变压器瓦斯保护的原理图。
2. 能进行变压器内部匝间短路故障的瓦斯保护动作信号分析。

【任务描述】

白马垅变#1主变内部发生匝间短路故障。试对主控台信号进行分析，初步判断故障原因，并进行简单处理。

【任务准备】

(1)规程准备

《电力安全工作规程　发电厂和变电站电气部分》(GB 26860—2011)、《白马垅变运行规程》、《继电保护和安全自动装置技术规程》(GB/T 14285—2006)。

(2)设备、资料准备

熟悉变电站主变一次接线及设备。收集主变非电量保护装置说明书，阅读非电量保护原理部分。

(3)知识准备

预习本节相关知识内容，并回答以下问题：

①变压器瓦斯保护的定义是什么？

②变压器瓦斯保护的保护范围是什么？

【相关知识】

4.3.1　变压器瓦斯保护

油浸式变压器油箱内充满变压器油，用以绝缘和散热。变压器内部故障或异常时，局部发热并可能伴有电弧，使变压器油和绝缘材料分解，产生气体。反映变压器中的气体特点而构成的保护，称为瓦斯保护，也称气体保护。

瓦斯保护可反映变压器油箱内的各种故障及异常，如短路和油位异常等，特别是在变压器发生轻微匝间短路时，短路的线匝内将产生很大的环流，使局部严重发热。但变压器外部差流不大，可能不足以使差动保护动作，此时只有瓦斯保护能灵敏反应并切除故障。因此，瓦斯保护是不能被取代的变压器的主保护。

(1)瓦斯保护的构成

瓦斯保护主要构成元件为气体继电器，安装在油箱和油枕的连接管道上，如图4.16所示。为了使故障时产生的气流能顺利地通过气体继电器，连接管道有2%~4%的升高坡度。同时，为了防止气体在油箱顶端累积，变压器油箱顶盖与水平面也设有1%~1.5%的升高坡度。

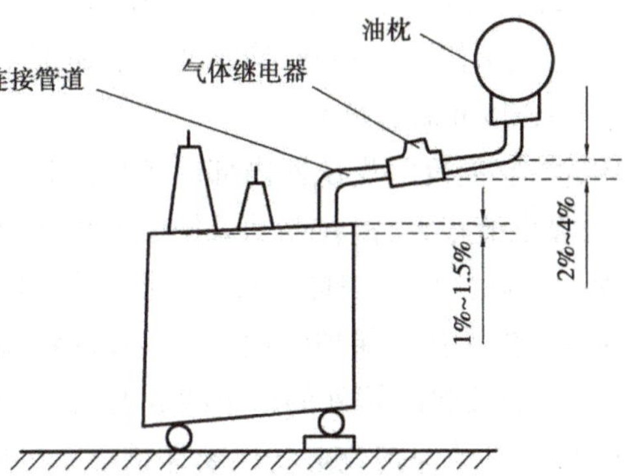

图4.16　气体继电器安装位置示意图

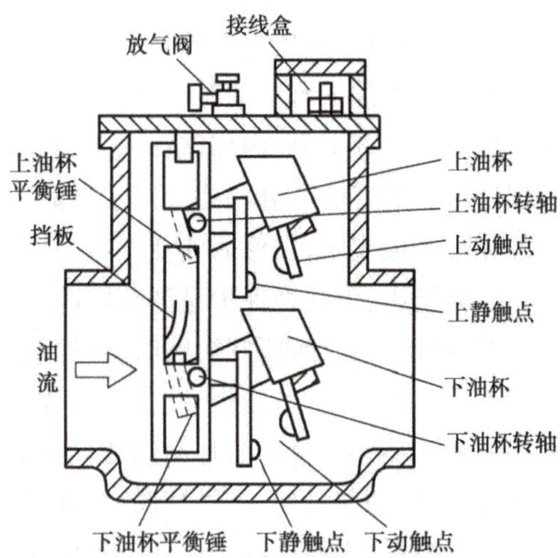

图4.17　气体继电器内部结构图

气体继电器内部结构如图4.17所示。它包括轻瓦斯保护和重瓦斯保护两部分。轻瓦斯保护反映气体容积来整定，作用于信号；重瓦斯保护按油流速度来整定，作用于跳闸。正常运行时，气体继电器内充满变压器油，气体继电器的上下油杯在油的浮力作用下，动、静触点打开。

(2)气体继电器的工作原理

其工作原理如图4.18所示。

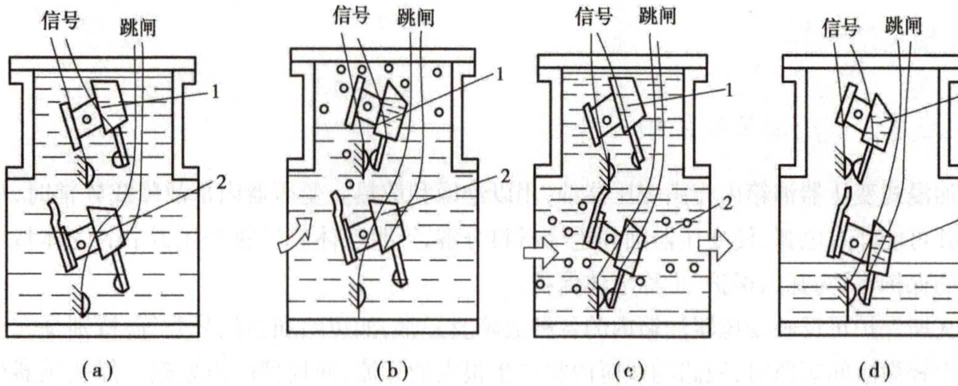

图 4.18 气体继电器的工作原理

1)变压器正常运行时(见图 4.18(a))

上下两对触点都断开,不发出信号。

2)变压器油箱内部发生轻微故障时(见图 4.18(b))

上触点接通信号回路,发出音响和灯光信号,则称为“轻瓦斯动作”。

3)变压器油箱内部发生严重故障(见图 4.18(c))

下触点接通跳闸回路,使断路器跳闸,同时发出音响和灯光信号,则称为“重瓦斯动作”。

4)变压器油箱漏油(见图 4.18(d))

上触点接通,发出报警信号。

变压器在加油和滤油时,有可能将空气带入变压器内部,若没能及时排出,则当变压器运行后油温逐渐上升,内部储存的空气将逐渐排出,使瓦斯保护动作。遇到上述情况时,应根据变压器的音响、温度、油面以及加油、滤油工作情况来作综合判断,确定变压器内部是否有故障。一般规定,大修后的变压器,其气体继电器在 48 h 后投跳闸。

应当指出,重瓦斯保护是油箱内部故障的主保护,它能反映变压器内部的各种故障。当变压器少数绕组发生匝间短路时,虽然故障点的故障电流很大,但在差动保护中产生的差流可能不大,差动保护可能拒动。此时,靠重瓦斯保护切除故障。因此,目前瓦斯保护仍然是大小型变压器必不可少的邮箱内部故障最有效的主保护。瓦斯保护的优点是能反映油箱内各种故障,且动作迅速、灵敏性高、接线简单。但其不能反映邮箱外的引出线和套管上的任何故障。因此,不能单独作为变压器的主保护,须与纵差动保护或电流速断保护配合,共同作为变压器的主保护。

(3)提高可靠性措施

瓦斯继电器装在变压器本体上,为露天放置,受外界环境条件影响大。运行实践表明,由下雨及漏水造成的瓦斯保护误动次数很多。

为提高瓦斯保护的正确动作率,瓦斯保护继电器应密封性能好,做到防止漏水漏气。另外,还应加装防雨盖。

4.3.2　压力保护

压力保护反映变压器油的压力。当压力增大到整定值时，触点闭合，切除变压器。压力保护也是变压器油箱内部故障的主保护。压力继电器又称压力开关，由弹簧和触点构成，置于变压器本体油箱上部。

压力保护使用压力释放装置，当变压器内部出项严重故障时，压力释放装置使油膨胀并分解产生的不正常压力得到及时释放，以免损坏油箱，造成更大的损失。压力若不能及时释放将使变压器爆炸，因此，需设置压力释放保护。

压力释放装置分为两种：安全气道（防爆筒）和压力释放阀。安全气道为释放膜结构，当变压器内部压力升高时冲破释放膜释放压力；压力释放阀是安全气道的替代品，被广泛应用，结构为弹簧压紧一个膜盘，压力克服弹簧压力冲开膜盘释放，其最大优点是能自动恢复。

压力释放阀一般要求开启压力与关闭压力相对应，且故障开启时间小于 2 ms，因此，在校核压力释放阀时，开启压力、关闭压力和开启时间均需校核。对 110 ~ 220 kV 变压器常用的压力释放阀，其喷油的有效直径为 130 ms，开启压力为 55 ± 5 kPa，对应的关闭压力为 29.5 kPa。压力释放阀带有与释放阀动作时联动的触点，作用于信号报警。

4.3.3　温度及油位保护

当变压器温度升高时，温度保护动作发出告警信号。110 kV 及以上的变压器顶层油温报警值设定为 80，均比运行规程略低，留有一定裕度；温度指示一般使用压力式温度计，表计安装在变压器本体易于观测的部位，可配置温度变送器将温度信号传送至远方；有极少数的变压器同时安装了酒精温度计，读取数值时需爬上变压器，不太方便，单精度较高。

油位是反映油箱内油位异常的保护。运行时，因变压器漏油或其他原因使油位降低时动作，发出告警信号。

4.3.4　冷却器全停保护

为提高传输能力，对大型变压器均配置有各种的冷却系统。在运行中，若冷却系统全停，变压器的温度将升高。若不及时处理，可能导致变压器绕组绝缘损坏。

冷却器全停保护是在变压器运行中冷却器全停时动作。其动作后应立即发出告警信号，并经长延时切除变压器。

冷却器全停保护的逻辑框图如图 4.19 所示。

在图 4.19 中，K_1 为冷却器全停接点，冷却器全停后闭合；LP 为保护投入压板，当变压器带负荷运行时投入；K_2 为变压器温度接点。

变压器带负荷运行时，压板由运行人员投入。若冷却器全停，K_1 接点闭合，发出告警信号，同时启动 t_1 延时元件开始计时，经长延时 t_1 后去切除变压器。

若冷却器全停之后，伴随有变压器温度超温，图中的 K_2 接点闭合，经短延时 t_2 去切除变压器。

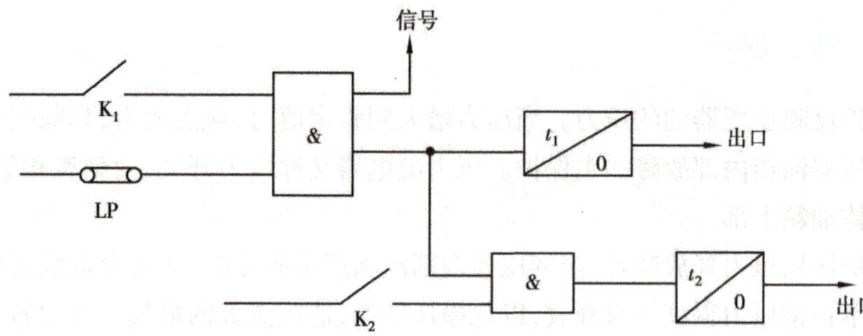

图 4.19　冷却器全停保护

在某些保护装置中，冷却器全停保护中的投入压板 LP，用变压器各侧隔离刀闸的辅助接点串联起来代替。这种保护构成方式的缺点是：回路复杂，动作可靠性降低。其原因是：当某一对辅助接点接触不良时，该保护将被解除。

【任务实施】

（1）变压器瓦斯保护信息识别

1）事故详细描述

①主要象征

在白马垅变电站中，突发警铃响。主控台显示以下信号：

00:32:55:653-#1　主变非电量保护 PST-1210B 装置动作-动作
00:32:55:653-#1　主变非电量保护 PST-1210B 本体重瓦斯跳闸-动作
00:32:55:653-#1　主变非电量保护 PST-1210B 本体重瓦斯出口-动作
00:32:55:673-事故总-动作
00:32:55:703-#1　主变高压侧 610 断路器第一组出口跳闸-动作
00:32:55:703-#1　主变高压侧 610 断路器第二组出口跳闸-动作
00:32:55:703-#1　主变中压侧 510 断路器出口跳闸-动作
00:32:55:703-#1　主变低压侧 310 断路器出口跳闸-动作
00:32:55:713-#1　主变高压侧 610 断路器 ABC 相-分闸
00:32:55:713-#1　主变中压侧 510 断路器-分闸
00:32:55:713-#1　主变低压侧 310 断路器-分闸
00:32:55:833-0.4 kV　Ⅰ段进线 41B 断路器-分闸
00:32:56:153-#1　电容器保护 CSP-215E 低电压-动作
00:32:56:153-#1　电容器保护 CSP-215E 低电压保护出口-动作
00:32:56:203-10 kV#1　电容器 302 断路器总出口跳闸-动作
00:32:56:213-10 kV#1　电容器 302 断路器-分闸
00:33:00:653-10 kV　备自投 CSB-21A 备自投动作-动作
00:33:00:653-10 kV　备自投 CSB-21A 出口-动作

00:33:00:703-10 kV	备自投 CSB-21A 跳进线Ⅰ-动作
00:33:00:803-10 kV	备自投 CSB-21A 合分段-动作
00:33:00:863-10 kV	分段 300 断路器-合闸

②事故前运行方式

仿真变一次接线图见附录。故障前#1 主变、2#主变处运行状态,220 kV 母联 600 断路器、110 kV 母联 500 断路器在合位,10 kV 母联 300 断路器在断开位置。主变配置两套保护(双主双后备)。主保护由差动保护和瓦斯保护构成;高压侧后备保护由两段式复合电压启动过流、两段式零序电流和间隙保护构成,中压侧后备保护由复合电压启动过流、两段式零序电流、零序电压保护和间隙零序电流保护构成;低压侧后备保护由过电流和复合电压闭锁过流构成,主保护出口启动高压侧失灵保护。

2)变压器瓦斯保护信息识别

监控屏可观测的信号主要有音响、告警信息窗及光字牌等。信息根据性质不同,可分为异常、告知、事故及变位 4 种。事故发生后,运维人员立即查看监控后台机及保护相应信号,应认真核实信号,防止信号过多,造成信息漏识。在变压器内部发生匝间短路故障保护动作、断路器跳闸时主要的音响及告警信号有:

①音响

告警声,并报语音"××变事故告警"。

②告警信息窗

"××变全站事故总""××变××主变事故跳闸""××变××主变××保护出口""××变××主变高压侧断路器第一组出口跳闸""××变××主变高压侧断路器第二组出口跳闸""××变××主变高压侧断路器 X 相分闸"等。变压器故障信息的释义及产生原因见表 4.1。

③准确识别关键信息

关键信息为#1 主变重瓦斯动作、#1 主变高压侧 610 断路器跳闸、#1 主变中压侧 510 断路器跳闸、#1 主变低压侧 310 断路器跳闸、10 kV 备自投动作、10 kV 分段 300 断路器合闸。

(2)故障判断与分析

1)保护信号分析

事故发生后,运维人员应结合综合智能告警信息、频率、电压及潮流变化情况,以及继电保护和安全自动装置动作行为等,初步分析判断故障性质。变压器瓦斯保护动作的原因有以下两种:

①保护正确动作

根据瓦斯保护的原理及保护范围可进行初步判断:"主变瓦斯保护动作"为变压器油箱内部的短路故障以及油面降低。

②保护误动

可能是因装置故障、二次回路故障等原因造成。

若为保护装置故障,误发"瓦斯保护动作"信号,可能无"变压器保护出口"信号及断路器跳闸;若为二次回路故障引起的保护误动,可能无断路器跳闸信号。

2)故障判断

白马垅变#1 主变重瓦斯保护动作,同时关联#1 主变 610,510,310 断路器跳闸信号,而对应差动保护没有启动,现场检查变压器油箱没有漏油的痕迹,可初步判断#1 主变短路故障,故障范围在#1 主变油箱内的匝间短路故障。

(3)具体处理流程

1)故障情况、时间记录及第一次汇报

2019 年 4 月 15 日 00:32 白马垅变#1 主变重瓦斯保护动作,610,510,310 断路器断开,10 kV 备自投动作、10 kV 分段 300 断路器合闸。#1 电容器 302 断路器低电压动作断开。天气晴。现场设备及保护装置情况待检查。

2)现场检查

#1 主变高压侧 610 断路器、中压侧 510 断路器及低压侧 310 断路器机械位置和储能指示均在断开位置;10 kV 母联 300 断路器检查在合闸位置。#1 主变间隔其他设备无异常。#1主变保护装置屏显示重瓦斯保护跳闸。检查#1 主变外观无异常。

3)第二次汇报

4 月 15 日 00:35 现场检查#1 主变重瓦斯保护动作,#1 主变高压侧 610 断路器、中压侧 510 断路器及低压侧 310 断路器位置检查均在断开位置,10 kV 母联 300 断路器位置检查在合闸位置。#1 主变外观无异常。

4)加强监控并在当值调度员指令下进行事故处理

根据调度命令,将#1 主变改变状态,进行检修。做好操作准备。加强 2#主变运行监视,做好事故预想。

【任务工单】

变压器匝间短路故障处理任务工单见表 4.5。

表 4.5 变压器匝间短路故障处理任务工单

<table>
<tr><td>工作任务</td><td colspan="2">变压器匝间短路故障信号分析及处理</td><td>学 时</td><td></td><td>成 绩</td><td></td></tr>
<tr><td>姓 名</td><td></td><td>学 号</td><td></td><td>班 级</td><td></td><td>日 期</td></tr>
<tr><td colspan="7">任务描述:白马垅变 220 kV 变电站#1 主变匝间短路故障时,请对出现的保护信号进行识读与初步分析判断,并进行简单处理。
一、咨询
1. 保护装置认识
(1)了解保护装置基本操作,查询并记录变压器保护装置型号、版本号。</td></tr>
</table>

续表

(2)阅读保护装置说明书,了解变压器瓦斯保护逻辑图。

(3)记录装置保护配置及变压器瓦斯保护相关定值。

2. 故障前运行方式

二、决策

岗位划分如下:

人 员	岗 位		
	变电值班员正值	变电值班员副值	电力调度员

三、计划

1. 资料准备与咨询

(1)变电站运行规程。

(2)GB/T 14285—2006 继电保护和安全自动装置技术规程。

(3)电力安全工作规程(变电部分)。

(4)电力调度规程。

2. 仿真运行准备

工况保存:#1 主变匝间短路故障。

3. 故障信号分析及处理

4. 总结评价

四、实施

(故障工况发布)

1. 事故现象记录与打印

(1)保护及告警信号记录。

续表

(2)断路器动作情况检查。

(3)测量表计及其他运行情况检查。

(4)打印报文。

2. 保护信号分析及判断(不考虑保护误动情况)

3. 处理

(1)汇报调度。

(2)根据调度命令,做进一步处理。

五、检查及评价(记录处理过程中存在的问题、思考解决的办法,对任务完成情况进行评价)

考评项目		自我评估 20%	组长评估 20%	教师评估 60%	小计 100%
素质考评(20 分)	劳动纪律(5 分)				
	积极主动(5 分)				
	协作精神(5 分)				
	贡献大小(5 分)				
总结分析(20 分)					
工单考评(60 分)					
总　分					

【拓展任务】

任务描述：

白马垅变 220 kV 变电站#1 主变重瓦斯保护动作，差动保护动作，1#主变三侧断路器跳闸，请对出现的信号进行识读与初步分析判断，并进行处理。

项目5　发电机保护信号识别与分析

【项目描述】

主要培养学生对发电机保护装置运行维护基本操作及故障保护信号分析判断及信息处理能力。熟悉发电机保护功能配置，掌握发电机定子绕组保护原理及转子绕组保护及其他保护等发电机常用保护原理；能进行保护装置的日常维护，进行定值检查操作，对发电机保护信号进行判断及分析，对故障保护信息进行正确处理。

【项目目标】

知识目标：

了解发电机的故障及异常工作状态的类型；掌握发电机保护的基本配置；掌握发电机定子绕组纵差保护、匝间短路保护、单相接地短路保护、转子绕组一点接地和两点接地保护等各类保护的工作原理。

能力目标：

能分析发电机纵差保护和匝间短路、转子绕组一点接地等各种保护的工作过程。

【教学环境】

电气仿真运行室、多媒体课件。

任务5.1　定子绕组故障保护信息分析

【任务目标】

知识目标

1. 了解发电机的故障及异常工作状态的类型。

2. 掌握发电机保护的基本配置。

3. 掌握发电机定子绕组相间短路的纵差动保护原理。

4. 掌握发电机横差保护、纵向零序电压匝间短路保护、反映转子回路二次谐波电流的匝间短路保护原理。

5. 掌握定子绕组定子绕组单相接地短路保护原理。

能力目标

1. 能进行发电机定子绕组故障保护信号判断。

2. 会识读发电机定子绕组故障保护动作报文及故障录波图。

【任务描述】

2019 年 2 月 12 日 14:12:56,仿真电厂 2 号发变组 A_1 柜、B_1 柜 P343 装置发“发电机定子接地保护动作信号”。2 号发变组高压侧#5022 和#5023 开关、发电机灭磁开关、6 kV ⅡA 段工作电源进线开关 2203、6 kV ⅡB 段工作电源进线开关 2204 跳闸、脱硫 6 kV Ⅱ段工作电源进线开关 2282 跳闸,2 号发电机与系统解列。试对故障信号进行分析,初步判断故障原因。

【任务准备】

(1)**规程准备**

《电力安全工作规程　发电厂和变电站电气部分》(GB 26860—2011)、《仿真电厂运行规程》、《继电保护和安全自动装置技术规程》(GB/T 14285—2006)。

(2)**设备、资料准备**

熟悉发电厂一次主接线图及设备。收集发电机保护装置说明书,阅读定子绕组差动及接地保护相关部分。

(3)**知识准备**

预习本节相关知识内容,并回答以下问题:

①发电机的常见故障有哪些?

②防御发电机定子绕组相间短路故障的保护有哪些?

③防御发电机定子绕组匝间短路的保护有哪些?

④防御发电机定子绕组单相接地故障的保护有哪些?

【相关知识】

发电机是电力系统发、输、变、配、用环节中的一个重要组成部分。它是将其他形式的能源转换成电能的一种机械设备。根据被转换能源形态的不同,可分为水轮发电机、汽轮发电机和风力发电机等不同类型。

与其他电机一样,发电机也是由定子和转子两个基本部分组成。定子部分由定子铁芯和定子绕组组成;转子部分由转子铁芯、励磁绕组、集电环及转轴等组成。作为发电机运行时,在转子励磁绕组中通入直流电流,电机内部产生磁场,由原动机拖动电机的转子旋转,磁场与定子之间有了相对运动,在定子绕组中就会产生感应交流电动势。

5.1.1 发电机常见故障

近年来,虽然随着设备制造工艺、保护配置及运维管理水平的不断提高,发电机故障率已大幅降低,但相比于变压器等其他电力设备,因其内部结构复杂,加之运行过程中受到诸多因素的影响,故发电机故障率仍较高。

发电机产生故障的原因很多。根据统计,主要有设备制造工艺不良、绝缘老化、机组受潮、维护不到位、误操作、电网及原动机故障等多方面原因。

发电机的内部故障,可分为定子绕组故障和转子绕组故障两大类。其中,定子绕组故障根据故障形式的不同,又可细分为:

①定子绕组相间短路故障,即定子绕组某两相之间发生了短路。这是对发电机危害最大的一种故障形式。

②定子绕组匝间短路故障,即发电机某一绕组相邻的两匝或多匝线圈因绝缘能力降低或损坏导致直接接触。匝间短路将导致电机三相电势不再对称,造成电机振动增大和电流不平衡等危害。

③定子绕组单相接地故障,即发电机定子的某一相因绝缘能力降低导致接地,这是发电机较为常见的一种故障。通常发电机的中性点不接地或经高阻接地,因此不会产生较大的单相故障电流。单相绕组接地故障的主要危害是故障点的电弧将灼伤铁芯。另外,单相接地故障也存在进一步发展为匝间短路或相间短路的风险。

转子绕组故障根据故障形式的不同,可细分为:

①转子绕组一点接地故障和两点接地故障。通常转子绕组对大轴是绝缘的,发生一点接地时,由于形成不了回路,对发电机是没有直接危害的。但此时若不做处理,进一步发展为两点接地故障时,将导致转子的磁势被破坏,可能引起发电机强烈振动及转子绕组烧损。

②失磁故障,即发电机励磁异常下降或完全消失。可控硅整流元件部分损坏、自动调节系统失控或者励磁回路开路等均是失磁故障产生的原因。失磁故障发生后,发电机将由同步运行逐渐转入异步运行。在一定条件下,异步运行将破坏电力系统的稳定,并威胁发电机本身的安全。

除了发电机内部故障将对发电机产生较大危害外,外部原因也会使发电机处于不正常运行状态,影响发电机的安全稳定运行。外部故障主要的类型有:发电机因过负荷或外部短路引起的定子绕组过电流、发电机的不对称过负荷和非全相运行;外部不对称故障引起的负序过电流;突然甩负荷而引起的定子绕组过电压;励磁回路故障或强励时间过长而引起的转子绕组过负荷;汽轮机主汽门突然关闭而引起的发电机逆功率运行、低频、失步和过励磁,等等。

5.1.2 发电机保护配置

为了防止因各类故障和不正常运行状态引起发电机甚至电力系统的破坏,根据有关技术规程的规定,需要有针对性地配置各种保护。发电机配置的主要保护包括:

①抵御定子绕组相间短路故障的纵联差动保护。

②抵御定子绕组匝间短路故障的纵向零序过电压保护。

③抵御定子绕组单相接地故障的基波零序过电压保护和三次谐波电压单相接地保护。

④抵御转子绕组一点接地故障和两点接地故障的励磁回路接地保护。

⑤抵御发电机失磁故障的发电机低励失磁保护。

⑥抵御因外部原因造成发电机处于不正常运行状态的发电机复合电压过流保护、定子绕组对称过负荷保护、励磁绕组过负荷保护、转子表层负序过负荷保护、失步保护、逆功率保护、定子铁芯过励磁保护、发电机频率异常保护、定子过电压保护，以及与断路器异常相关的非全相合闸、断口闪络、误上电和断路器失灵的保护等。

按照故障和异常运行方式性质的不同以及发电机热力系统和调节系统的条件，各类保护分别动作于：

①停机。断开发电机或者发电机变压器组（简称发变组）的断路器，灭磁，关闭原动机主汽门，断开厂用分支断路器。

②解列灭磁。断开发电机或者发变组断路器和厂用分支断路器，灭磁，原动机甩负荷。

③解列。断开发电机或者发变组断路器，原动机甩负荷。

④降低励磁。

⑤减出力。将原动机出力减至给定值。

⑥缩小故障范围（如断开母联或分段断路器）。

⑦程序跳闸。先关主汽门，待逆功率继电器动作后再断开发电机或发变组断路器并灭磁。

⑧切换厂用电源。由厂用工作电源供电切换到备用电源供电。

⑨发信号。发出声光信号。

5.1.3　发电机定子绕组保护

发电机定子绕组相关保护主要用于在发电机定子绕组发生故障时有效保护机组。根据定子绕组故障类型的不同，可分为：抵御定子绕组相间短路故障的纵联差动保护；抵御定子绕组匝间短路故障的纵向零序过电压保护；抵御定子绕组单相接地故障的基波零序过电压保护；三次谐波电压单相接地保护，等等。

（1）发电机定子绕组相间短路保护

发电机纵联差动保护也称发电机完全纵差保护，主要用于反映发电机定子绕组及其引出线的相间短路故障这类对发电机危害极大的严重故障，是发电机的主保护之一，所有发电机都安装有此类保护。

发电机纵联差动保护主要是比较发电机两侧（机端和中性点）电流的大小和相位，以判断故障发生在发电机保护范围内还是范围外，从而决定是否切除发电机。其原理是在发电机两侧装有两组变比相同的电流互感器，按环流法将该相的差流回路接入电流继电器。在正常或保护范围外发生短路故障时，两侧电流数值和相位都相同，差流回路没有电流或极小,继电器不会动作;而当保护范围内发生故障时,将产生一个回路差流,当其超过电流继电器整定值时即启动发电机纵差保护动作。因此,理论上这种纵差保护具有绝对的选择性。

1)比率制动式纵联差动保护基本原理

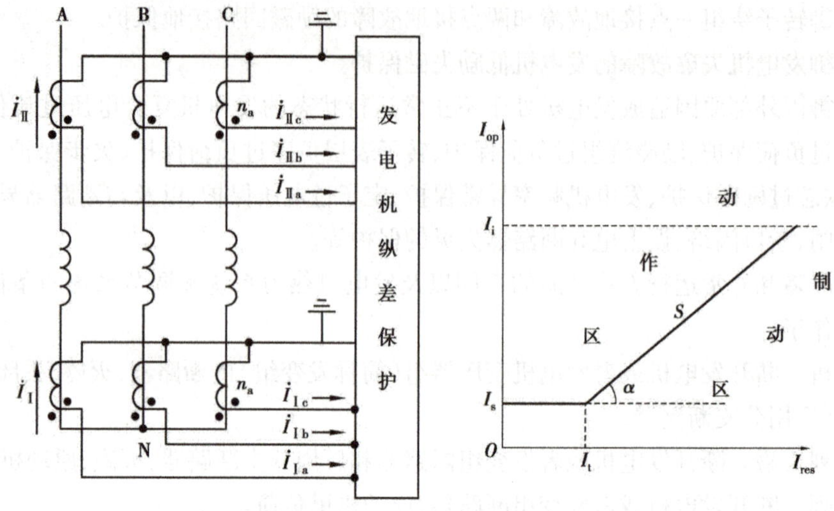

(a)纵差保护接线　　(b)比率制动特性

图 5.1　发电机纵差保护接线及其比例制动特性

比率制动式纵联差动保护通过比较发电机机端与中性点侧同相电流的大小和相位来检测保护区内相间短路故障。其典型接线如图 5.1(a)所示。通常,两个电流互感器具有相同的变比 n_a,它们分别装设在发电机机端和中性点侧的同一相上,两个电流互感器之间的区域为发电机纵联差动保护的保护区域。假设 $\dot{I}_{\mathrm{II}}$ 为流出发电机的机端电流(相应的 TA 二次侧三相电流分别为 $\dot{I}_{\mathrm{II}a}$, $\dot{I}_{\mathrm{II}b}$, $\dot{I}_{\mathrm{II}c}$),$\dot{I}_{\mathrm{I}}$ 为从中性点 N 流入发电机的中性点电流(相应的 TA 二次侧三相电流分别为 $\dot{I}_{\mathrm{I}a}$, $\dot{I}_{\mathrm{I}b}$, $\dot{I}_{\mathrm{I}c}$),则流入纵联差动保护差回路的动作电流 I_{op}、纵差保护的制动电流 I_{res} 分别为

$$\begin{cases} I_{op} = \dfrac{1}{n_a}\left|\dot{I}_{\mathrm{I}} - \dot{I}_{\mathrm{II}}\right| \\ I_{res} = \dfrac{1}{n_a}\dfrac{\left|\dot{I}_{\mathrm{I}} - \dot{I}_{\mathrm{II}}\right|}{2} \end{cases} \tag{5.1}$$

如图 5.1(b)所示为发电机纵差保护的比率制动特性。其中,I_s 为最小动作电流。设置最小动作电流的目的主要是考虑机端和中性点侧 TA 暂态特性不可能完全一致,以及继电保护装置采样通道调整误差的存在,使发电机正常运行和外部故障时总有一定量值的不平衡电流存在,从而引起纵差保护误动作。I_t 为拐点电流,S 为比率制动特性斜率。设置比率制动特性斜率的主要目的也是防止区外电路发生故障时,可能有较大的穿越性短路电流导致的继电器误动。

制动特性上方为动作区,下方为不动作区(也称制动区)。若在保护区内部发生短路故

障时，$\dot{I}_{\mathrm{I}}$与$\dot{I}_{\mathrm{II}}$基本反向，由式(5.1)可知，流入纵联差动保护差回路的动作电流I_{op}为机端和中性点二次电流之和的绝对值，而纵差保护的制动电流I_{res}则基本为零，工作点落在比率制动特性的动作区，纵联差动保护动作；若在保护区外部发生短路故障时，$\dot{I}_{\mathrm{I}}$与$\dot{I}_{\mathrm{II}}$基本同向，由式(5.1)可知，流入纵联差动保护差回路的动作电流I_{op}基本为零，而纵差保护的制动电流I_{res}基本为机端和中性点二次电流之和的绝对值的1/2，工作点落在比率制动特性的非动作区，纵联差动保护不动作。

2)比率制动式纵联差动保护整定计算

以如图5.1(b)所示的最简单的折线式比率制动式纵联差动保护为例，其比率制动特性为

$$\begin{cases} I_{op} \geqslant I_s & I_{res} < I_t \text{ 时} \\ I_{op} \geqslant I_s + S(I_{res} - I_t) & I_{res} > I_t \text{ 时} \end{cases} \tag{5.2}$$

整定计算时，主要是确定I_s，I_t，S等几个关键参数的值。具体可分以下4个步骤：

①计算发电机二次额定电流

发电机的一次额定电流I_{GN}和二次额定电流I_{gn}的表达式为

$$\begin{cases} I_{GN} = \dfrac{P_N}{\sqrt{3}U_N\cos\varphi} \\ I_{gn} = \dfrac{I_{GN}}{n_a} \end{cases} \tag{5.3}$$

式中　P_N——发电机的额定功率，MW；

U_N——发电机的额定相间电压，kV；

$\cos\varphi$——发电机的额定功率因素。

②确定最小动作电流I_s

I_s通常按躲过正常发电机额定负荷时的最大不平衡电流来整定，即

$$I_s \geqslant K_{rel}(K_{er} + \Delta m)I_{gn} \tag{5.4}$$

式中　K_{rel}——可靠系数，取1.5～2.0；

K_{er}——TA综合误差，取0.1；

Δm——装置通道调整误差引起的不平衡电流系数，可取0.02；当取$K_{rel}=2$时，有$I_s \geqslant 0.24I_{gn}$。

在工程中，一般可取$I_s \geqslant (0.2-0.3)I_{gn}$。

③确定拐点电流I_t

通常拐点电流取$I_t=(0.7-1.0)I_{gn}$。

④确定制动特性斜率S

S按在区外短路故障最大穿越性短路电流作用下可靠不误动条件来整定。其计算步骤如下：

a.计算在机端保护区外发生三相短路时，通过发电机的最大三相短路电流$I_{K,\max}^{(3)}$为

$$I_{K,\max}^{(3)}=\frac{1}{X_d''}\frac{S_B}{\sqrt{3}U_N} \tag{5.5}$$

式中 X_d''——折算到 S_B 容量的发电机直轴饱和次暂态同步电抗，标幺值；

S_B——基准容量，通常取 $S_B=100$ MV·A 或 1 000 MV·A。

b. 计算差动回路最大不平衡电流 $I_{unb,\max}$ 为

$$I_{unb,\max}=(K_{ap}K_{cc}K_{er}+\Delta m)\frac{I_{K,\max}^{(3)}}{n_a} \tag{5.6}$$

式中 K_{ap}——非周期分量系数，取 1.5～2.0，TP 级取 1；

K_{cc}——TA 同型系数，取 0.5。

因最大制动电流 $I_{res,\max}=I_{K,\max}^{(3)}/n_a$，故制动特性斜率由式(5.2)可得

$$S\geqslant\frac{K_{rel}I_{unb,\max}-I_s}{I_{res,\max}-I_t} \tag{5.7}$$

式中 K_{rel}——可靠系数，取 2.0(一般取 $S=0.3$～0.5)。

(2)发电机定子绕组匝间短路保护

定子绕组匝间短路保护主要用于反映发电机定子绕组匝间短路和线棒开焊等故障。目前，用于大型发电机的匝间短路保护主要有零序横差电流保护、裂相横差电流保护、纵向零序电压保护及不完全纵差保护等。

大型发电机的定子绕组通常采用双层绕组，每相可能包含两个或以上的并联分支。匝间短路故障主要包括绕组端部匝间短路，同一分支、位于同槽的上下层导体间短路，或者同一相但不同分支、位于同槽上下层导体间短路，以及由两点接地引起的匝间短路等。因匝间短路发生在同一相绕组，而该相绕组机端和中性点侧的 TA 上测得的电流相同，故发电机完全纵差保护不能反映匝间短路。相关研究及运行经验表明，定子发生匝间短路时，产生的短路电流可能超过机端三相短路电流，会严重损伤发电机的定子铁芯和定子绕组。因此，有分支的大型发电机必须配置匝间短路保护来有效防范发电机的此类严重故障。

发电机定子绕组发生匝间短路故障时，三相绕组的对称性遭到破坏，在定子、转子绕组中将出现一些电气特征量。根据这些特征量，构成了不同原理的匝间短路保护：

①对定子绕组有并联分支且有两个以上中性点引出端子的发电机，当发生匝间短路故障时，在其中性点之间的连线上会产生以基波为主的不平衡零序电流，由此可构成零序电流型横差保护。

②当发电机同一相的任意两个分支非等电位点发生匝间短路故障时，各绕组的电动势平衡将被破坏，进而在各绕组间产生环流。利用这个环流，可构成裂相横差保护。

③发电机发生匝间短路故障时，发电机机端三相对发电机中性点电压将出现基波零序电压 $3U_0$，由此可构成纵向零序电压匝间保护。

④发电机定子绕组发生匝间短路故障时，因破坏了定子绕组的对称性，故将在定子绕组中产生与正向同步旋转磁场相反的反向同步旋转磁场。由于发电机定、转子间相对静止，它将相对于转子以 2 倍同速旋转并切割转子绕组，进而在转子绕组中感应出二次谐波电流。

因此，可构成反映转子二次谐波电流和机端负序功率方向的故障分量负序方向匝间短路保护。

此外，也可考虑将发电机某相的中性点部分分支电流与发电机机端电流来构成差动保护。通过选择适当的 TA 变比，可保证发电机在正常运行区以外故障时没有差流，而在发生发电机相间与匝间短路时产生较大差流。基于此，可构成发电机不完全纵差保护。

下面将分别介绍各类保护的基本原理。

1）零序电流型横差保护

发电机零序电流型横差保护可用来抵御定子绕组匝间短路、定子绕组开焊故障，也可兼顾定子绕组相间短路故障。

如图 5.2 所示，大型汽轮发电机大多为每相两个并联分支绕组。此类发电机在匝间短路时，中性点之间的连线上将会产生以基波为主的不平衡电流。如果在中性点连线上接入零序横差电流互感器 TA_0，则可反映中性点连线上的基波零序电流。当发电机正常运行时，流过 TA_0 的电流很小（仅为不平衡电流）；当定子绕组发生相间短路或匝间短路时，TA_0 上才会流过较大的基波零序短路电流。当电流越过动作阈值时，保护动作出口。

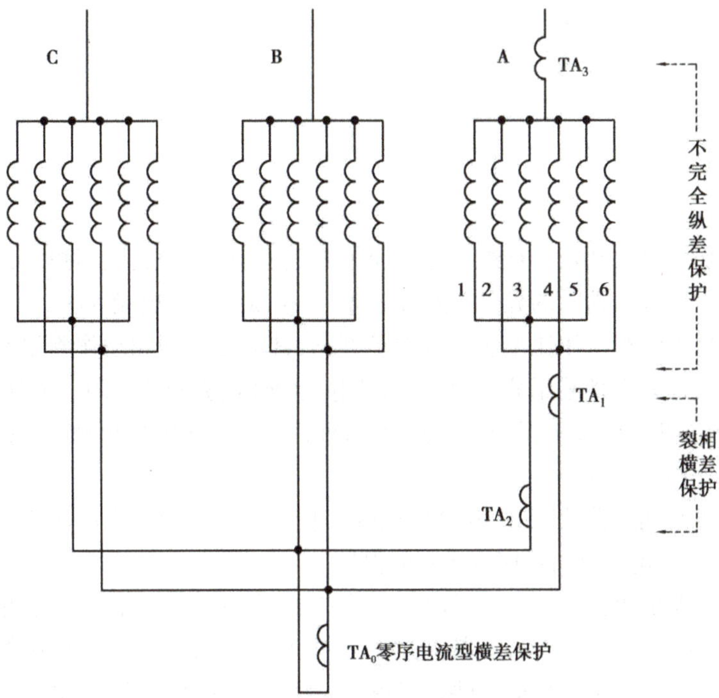

图 5.2　发电机匝间短路保护配置示意图

电流动作阈值通常按躲过发电机外部不对称短路故障或者发电机转子偏心产生的最大不平衡电流来整定。考虑发电机正常运行时，TA_0 也会流过不平衡电流，且三次谐波电流占比很大，为了减小动作电流值，提高匝间短路保护的灵敏性，通常要求保护装置具备优良的三次谐波分量过滤能力。

横差保护是发电机内部故障的主保护之一,动作应无延时。但考虑在发电机转子绕组两点接地故障时发电机气隙磁场畸变,在 TA_0 产生周期性不平衡电流时,可能导致保护误动作。因此,通常在转子一点接地故障后,使横差保护带一短延时动作。

2)裂相横差保护

裂相横差保护就是将一台发电机的每相并联分支分为两个分支绕组,再配以电流互感器。其原理接线图如图 5.2、图 5.3 所示。其中,1 分支的 TA_1 与 2 分支的 TA_2 构成了裂相横差保护。通过 TA_1 和 TA_2,将各组分支电流之和、反极性引入保护装置中去计算差流,当差流大于整定值时,保护动作。

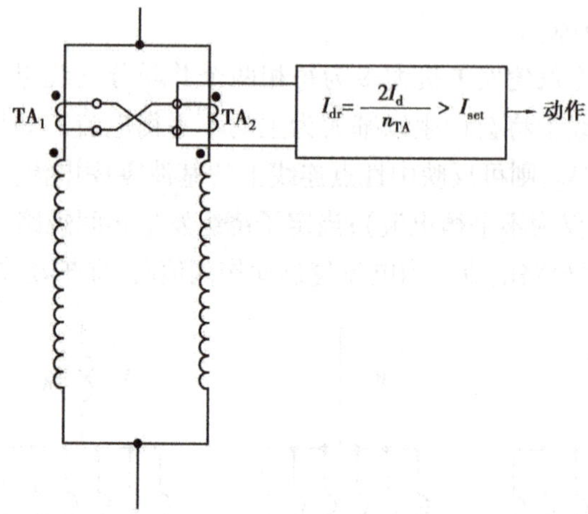

图 5.3 裂相横差保护原理接线示意图

裂相横差保护可反映定子绕组同分支匝间短路、同相异分支匝间短路以及异相异分支匝间短路故障。对大负荷时的异分支开焊故障,裂相横差保护也能反映。

裂相横差保护一般采用比率制动式保护判据,其动作特性和动作判据和纵联差动保护一样。由于裂相横差保护采用分相动作,当发电机中性点侧的某相的一个分支 TA 发生断线时,可能会导致裂相横差保护误动。因此,在这种情况下要闭锁裂相横差保护。

3)纵向零序电压匝间保护

发电机发生匝间短路故障时,发电机机端三相对发电机中性点电压将出现基波零序电压 $3U_0$。基于此,可构成纵向零序电压匝间保护。

反映匝间短路的纵向零序电压需取自机端专用电压互感器(专用 TV_0)的副方开口三角形绕组。TV_0 接线如图 5.4 所示。其一次侧中性点与发电机中性点直接相连,不能接地。利用零序电压原理的保护不仅能反映匝间短路故障,还可反映发电机相间短路故障。

理论上认为,当发电机正常运行和发生外部相间短路故障时,TV_0 的 $3U_0$ 绕组没有输出电压。当发电机内部或外部发生单相接地故障时,虽然一次系统出现了零序电压(即一次侧三相对地电压不再平衡),但机端三相对中性点的电压仍然完全对称,因为 TV_0 一次绕组中性点接于发电机中性点而并不接地,TV_0 的 $3U_0$ 绕组仍没有输出电压。只有当发电机内部发生匝间短路或者发生对中性点不对称的各种相间短路时,TV_0 的三相一次对中性点的电压不再平衡,TV_0 的 $3U_0$ 绕组才有输出电压。当输出电压大于动作阈值时,零序电压匝间短路保护动作出口跳闸。

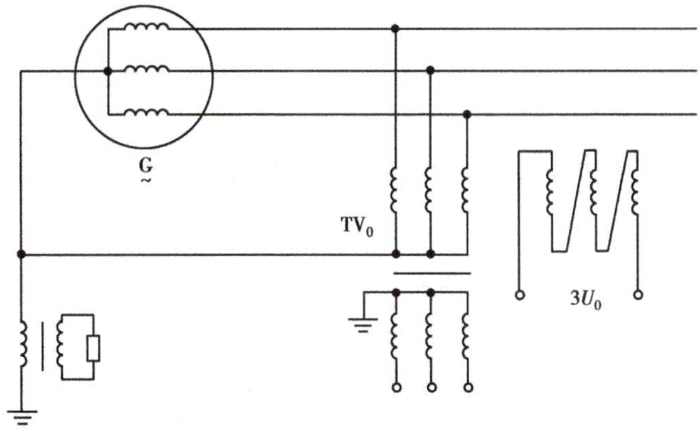

图5.4　纵向零序电压测量原理图

纵向零序电压动作值通常按躲过发电机正常运行时基本最大不平衡电压来整定。考虑发电机正常运行及外部故障时，TV_0 的开口三角形存在不平衡电压，且三次谐波电压占比很大，其二次电压值可为零点几伏到10 V（极端情况下可超过20 V）；而基波不平衡电压一般较小，为百分之几伏到十分之几伏。为了减小动作值，提高保护灵敏性，通常要求保护装置具备优良的三次谐波分量过滤能力。

4）故障分量负序方向保护

如前所述，因发电机定子绕组发生匝间短路故障时破坏了定子绕组的对称性，将产生故障分量负序电压和电流。基于此，可配置故障分量负序方向保护来反映发电机定转子绕组相间短路、匝间短路以及分支开焊故障。

利用故障分量负序电压和电流（$\Delta\dot{U}_2$ 和 $\Delta\dot{I}_2$），构成故障分量负序方向保护，其动作判据为

$$\Delta P_2 = Re(\Delta\dot{U}_2\Delta\dot{I}_2' e^{j\varphi_{sen,2}}) \geqslant \varepsilon_{p,2} \tag{5.8}$$

式中　$\Delta\dot{I}_2'$——$\Delta\dot{I}_2$ 的共轭相量；

$\varphi_{sen,2}$——负序方向灵敏角，一般取75°。

发电机发生匝间短路时，发电机内部出现横向负序电势。假设负序电流取发电机机端CT，CT极性是发电机指向系统，参考方向也取发电机指向系统，负序电压取机端PT。匝间短路故障时，负序电流 $\Delta\dot{I}_2$ 滞后负序电压 $\Delta\dot{U}_2$ 的角度为75°，所以负序功率方向元件的最大灵敏角应整定为75°。当系统发生不对称短路故障时，负序电压 $\Delta\dot{U}_2$ 超前负序电流 $\Delta\dot{I}_2$ 的角度为−105°（即滞后105°）。根据上面灵敏角的整定为75°，则负序功率方向继电器不动作，匝间保护被闭锁。

发电机内部相间短路时，出现纵向负序电势。此时，若假设负序电流取发电机机端CT，CT极性是发电机指向系统，参考方向也取发电机指向系统，负序电压取机端PT，则此时机端

负序电流 $\Delta\dot{I}_2$ 滞后负序电压 $\Delta\dot{U}_2$ 的角度为75°，保护也会动作。因此，其可作为内部相间短路的后备保护。

故障分量负序方向元件的阈值 $\varepsilon_{p,2}$ 很小，具体数值由保护制造厂家提供，一般不作整定计算。

故障分量负序方向保护无须装设 TV 或 TA 断线闭锁元件。但 TV 断线应发信号，保护较简单。当发电机未并网前，因 $\Delta\dot{I}_2=0$，保护无效，因此，应增设辅助判据。其原理和定值整定随各厂家而异，详见厂家技术说明书。

5）不完全纵差保护

发电机不完全纵差保护是大型多分支水轮发电机必备的保护之一。它能反映发电机相间短路故障和匝间短路故障。不完全差动保护和完全差动保护的区别在于引入保护装置的电流量不一样。完全差动保护中，发电机中性点电流的引入量为相电流；不完全差动保护中发电机中性点电流的引入量为单个分支或其组合的电流量。

本保护既可反映相间和匝间短路，又兼顾分支开焊故障。其基本原理是利用定子各分支绕组间的互感，使未装设互感器的分支短路时，不完全纵差保护仍可动作。

不完全纵差保护通过比较发电机机端相电流与中性点侧部分分支电流的大小和相位来检测保护区内相间短路故障和匝间短路故障。其工作接线方式如图5.2、图5.5所示。

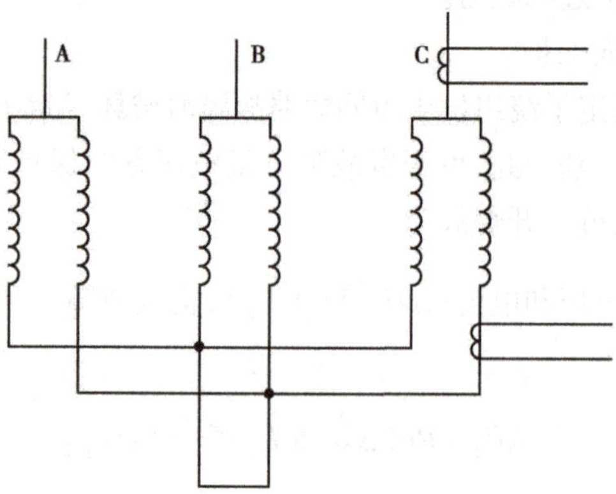

图5.5 不完全纵差保护原理接线图

不完全纵差保护的制动特性和动作方程与相应的完全纵差保护相同，但动作电流 I_{op} 与制动电流 I_{res} 有区别，即

$$\begin{cases} I_{op}=|K_{br}I_n-I_t| \\ I_{res}=\dfrac{|K_{br}I_n+I_t|}{2} \end{cases} \tag{5.9}$$

式中 I_n, I_t——不完全纵差保护中性点 TA 和机端 TA 的二次电流；

K_{br}——中性点电流平衡系数（也称分支系数），等于机端 TA 与中性点 TA 二次电流进入差动回路电流之比，即 $K_{br}=I_t/I_n$。

由于不完全纵差保护的不平衡电流较大，因此，保护的整定值根据实际情况应适当保守些。

(3)**发电机定子绕组单相接地短路保护**

定子绕组定子绕组单相接地短路保护主要用于反映发电机定子绕组单相接地故障。目前,所采用的大型发电机定子绕组单相接地保护可分为两类:一类是利用发电机自身电气量作为特征量的定子绕组单相接地保护,包括基波电压保护和零序三次谐波电压保护;另一类是利用外加低频电压源的定子绕组单相接地保护。

1)单相接地的特点及危害

定子绕组单相接地故障是发电机最常见的故障之一。通常它是因定子绕组与铁芯间的绝缘在某一点上遭到破坏而导致的。当发生定子绕组单相接地故障时,发电机中性点和机端均会产生基波零序电压,其大小与发电机电压、对地电容、中性点接地电阻以及接地位置有关。如图 5.6 所示,假定 A 相绕组距中性点 α 处的 K 点发生单相接地故障,此时,每相对地电压可表示为

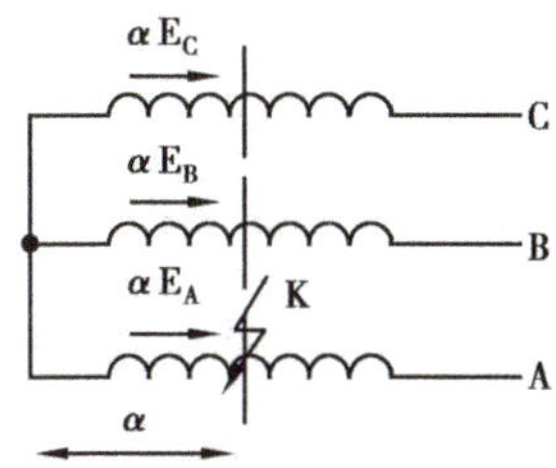

图 5.6　纵向零序电压测量原理图

$$\begin{cases}\dot{U}_{AG\alpha}=(1-\alpha)\dot{E}_A\\ \dot{U}_{BG\alpha}=\dot{E}_B-\alpha\dot{E}_A\\ \dot{U}_{CG\alpha}=\dot{E}_C-\alpha\dot{E}_A\end{cases} \tag{5.10}$$

由式(5.10)可得,故障点的零序电压$\dot{U}_0$

$$\dot{U}_0=\frac{1}{3}(\dot{U}_{AG\alpha}+\dot{U}_{BG\alpha}+\dot{U}_{CG\alpha})=-\alpha\dot{E}_A \tag{5.11}$$

由式(5.11)可知,故障点的零序电压与距中性点 α 的距离成正比。故障点距离中性点越远,零序电压越高。在中性点接地时,$\dot{U}_0=0$;在机端接地时,$\dot{U}_0=-\dot{E}_A$。因此,用基波零序电压来检测定子绕组接地故障时,在中性点附近一定存在着死区,故还必须寻求其他的特征电量来实现 100% 定子绕组接地保护。

实际测量表明,无论发电机容量大小如何,它们的相电压中总有少量的三次谐波,这是因转子绕组结构的特点所导致的,进而在定子三相绕组中产生了三次谐波电动势分量。考虑发电机所接的主变压器低压侧通常采用三角形接线,且发电机中性点通常采用高阻接地方式,因此,在正常运行时,定子三相绕组中的三次谐波电动势通过绕组对地分布电容和发电机所连设备对地电容,形成机端侧和中性点侧对地三次谐波电压$\dot{U}_{s3}$和$\dot{U}_{n3}$,两者相量和等于三次谐波电动势,两者大小则与机端和中性点对地等值导纳成反比。因机端所连设备对地电容使机端等值电容增大,故通常有$\dot{U}_{s3}\leqslant\dot{U}_{n3}$。

发电机发生定子绕组接地故障时,迫使绕组中的三次谐波电动势按故障接地点分为两部分,使相应的$\dot{U}_{s3}$和$\dot{U}_{n3}$发生变化,如图 5.7 所示。

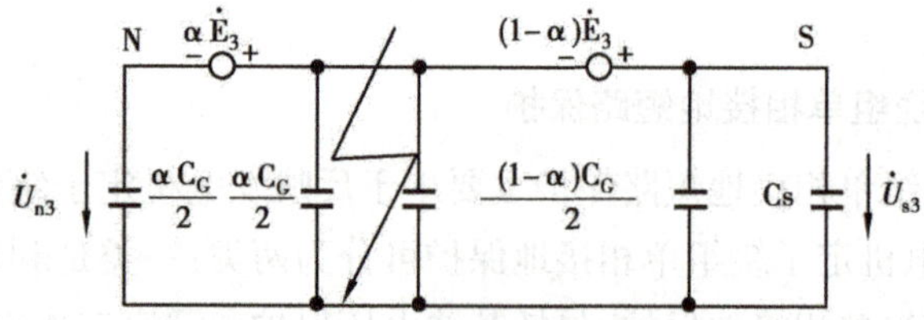

图 5.7　定子绕组单相接地故障时三次谐波电压分布图

由图 5.7 可得

$$\begin{cases}\dot{U}_{s3}=(1-\alpha)\dot{E}_3\\ \dot{U}_{n3}=\alpha\dot{E}_3\end{cases}\tag{5.12}$$

由式(5.12)可知，接地故障点越靠近中性点附近，$\dot{U}_{n3}$越小，$\dot{U}_{s3}$越大。极端情况下，当中性点直接接地时，$\dot{U}_{n3}=0$。因此，利用三次谐波电压$\dot{U}_{s3}$和$\dot{U}_{n3}$相对变化的特征可构成定子绕组接地保护，并有效地消除中性点附近的保护死区。

单相接地产生的故障电流的危害主要表现在以下两个方面：

①持续的接地故障电流会产生电弧烧损铁芯，使定子铁芯叠片烧结在一起，造成检修困难。

②接地故障电流将破坏绕组绝缘，扩大事故。如果一点接地而未及时发现并采取措施，有可能再发生第二点接地而造成匝间或相间短路故障，严重损坏发电机。

在发电机单相接地故障时，不同的中性点接地方式将有不同的接地电流和动态过电压以及不同的保护出口方式。我国发电机中性点接地方式主要有不接地（含经单相电压互感器接地）、经消弧线圈（欠补偿）接地和经配电变压器高阻接地 3 种方式。发电机单相接地电流允许值见表 5.1。

表 5.1　发电机定子绕组单相接地故障电流允许值

发电机额定电压/kV	发电机额定容量/MW		故障电流允许值/A
6.3	≤50		4
10.5	汽轮发电机	50～100	3
	水轮发电机	10～100	
13.8～15.75	汽轮发电机	125～200	2（氢冷发电机为 2.5）
	水轮发电机	40～225	
18 及以上	300 及以上		1

当机端单相金属性接地电容电流小于允许值时，发电机中性点可不接地，单相接地保护可带时限动作于信号；当机端单相金属性接地电容电流大于允许值时，宜以消弧线圈（欠补偿）接地，补偿后的残余电流（容性）小于允许值时，保护可带时限动作于信号；当消弧线圈

退出运行或由于其他原因使残余电流大于允许值时,保护应带时限动作于停机。发电机中性点经配电变压器高阻接地时,接地故障电流大于电容电流。当故障电流大于允许值时,保护应带时限动作于停机;当故障电流小于允许值时,保护可带时限动作于信号。

目前,所采用的大型发电机定子绕组单相接地保护可分为两类:一类是利用发电机自身电气量作为特征电量的定子绕组单相接地保护,包括基波电压保护和零序三次谐波电压保护;另一类是利用外加低频电压源的定子绕组单相接地保护。下面分别对这两类保护进行介绍。

2)基波零序过电压保护

如前所述,在发电机定子绕组某点发生单相接地故障时,其各相均有零序电压。因此,采用发电机基波零序电压越限判据就可构成基波电压原理的定子绕组接地保护,即

$$3U_0 \geqslant U_{0,\mathrm{set}} \tag{5.13}$$

保护接入的$3U_0$电压取自发电机机端TV开口三角绕组两端,或取自发电机中性点单相TV(或配电变压器、消弧线圈)的二次侧,如图5.8所示。

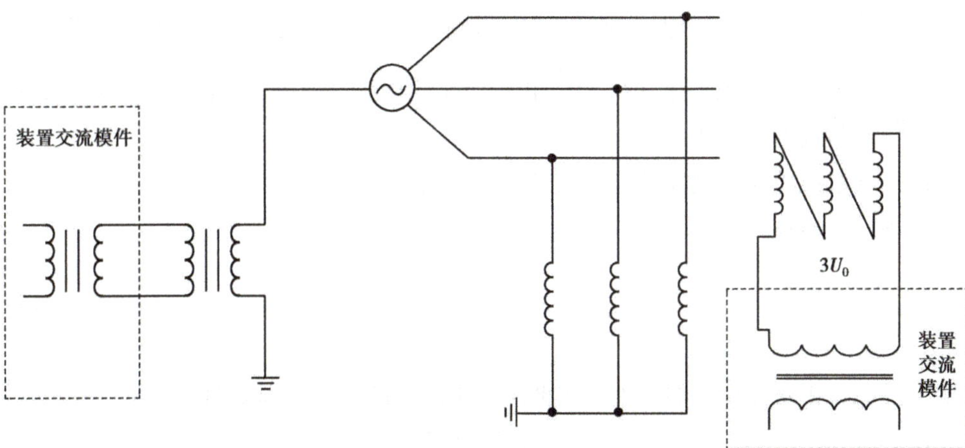

图5.8　基波零序过电压保护交流接入回路

为了防止正常情况下基波零序过电压保护误动作,应按躲过正常运行时的最大不平衡基波零序电压来整定。实测表明,发电机正常运行时不平衡零序电压可能超过10 V。有时因TV饱和,甚至可能超过20 V。若按此整定,保护死区超过10% ~20% ,因此,需要尽量减小正常运行时的不平衡电压。实际上不平衡零序电压主要是三次谐波成分,基波成分很小。为了减小接地保护的动作电压,有效而简便的方法是将输入电压先通过滤过比很高的三次谐波滤波器。实践证明,如果能将三次谐波滤过比提高到80~100,即能基本消除三次谐波成分。这样,可使保护动作电压减小为5~10 V(即动作区为90% ~95%)。

另外,因高压侧系统中性点为直接接地方式,当系统高压侧发生单相接地故障时,如果通过主变压器原、副方绕组间的耦合电容直接传递给发电机的零序电压超过定子绕组接地保护的动作电压,也会引起保护误动。因此整定时,应从动作电压整定值及延时两个方面与系统接地保护进行配合。

3）三次谐波电压单相接地保护

基于三次谐波电压原理的定子绕组接地保护可帮助消除基波零序过电压保护在中性点附近的保护死区。

现场实际测量结果表明，无论发电机容量大小如何，其相电压中总有少量的三次谐波，这是因转子绕组结构导致其总存在一定的三次谐波磁势。这种三次谐波电动势是零序性质的，因此不会出现在线电压中。正常运行时，三相绕组中的三次谐波零序电动势，通过绕组对地分布电容和发电机所连设备对地电容形成机端侧和中性点侧对地零序三次谐波零序电压$\dot{U}_{s3}$和$\dot{U}_{n3}$。两者大小与机端和中性点对地等值导纳成反比，两者之相量和正好与三次谐波零序等值电动势相等。因机端所连设备对地电容使机端等值电容增大，故通常有$\dot{U}_{s3}<\dot{U}_{n3}$。当发电机发生定子绕组接地故障时，迫使绕组中的三次谐波电动势按故障接地点分为两部分，使相应的$\dot{U}_{s3}$和$\dot{U}_{n3}$发生变化。当靠近中性点附近发生接地故障时，$\dot{U}_{n3}$减小，$\dot{U}_{s3}$增大。故障点越靠近中性点，$\dot{U}_{n3}$减小得越多，而$\dot{U}_{s3}$增大得越多。极端情况下，当中性点直接接地时，$\dot{U}_{n3}=0$。因此，利用三次谐波电压$\dot{U}_{s3}$和$\dot{U}_{n3}$相对变化的特征可构成定子绕组接地保护，并有效地消除中性点附近的保护死区。

三次谐波电压单相接地保护可采用以下两种原理：

①原理一的计算式为

$$\frac{|\dot{U}_{s3}|}{|\dot{U}_{n3}|}>\alpha \tag{5.14}$$

实测发电机正常运行时的最大三次谐波电压比值设为α_0，则取阈值

$$\alpha=(1.2\sim1.5)\alpha_0$$

②原理二的计算式为

$$\frac{|\dot{U}_{s3}-K_p\dot{U}_{n3}|}{\beta|\dot{U}_{n3}|}>1 \tag{5.15}$$

式中　$|\dot{U}_{s3}-K_p\dot{U}_{n3}|$——动作量，$K_p$为调整系数，使发电机正常运行时动作量很小；

$\beta|\dot{U}_{n3}|$——制动量，β为制动系数，其取值参见各厂家技术说明书。

式(5.14)的动作判据较简单，但灵敏度较低；式(5.15)的动作判据较复杂，但灵敏度高。三次谐波电压定子接地保护一般动作于信号。

4）外加交流电源式100%定子绕组单相接地保护

目前，发电机通常都采用中性点经高阻抗接地方式。正常情况下，整个三相定子绕组对地可认为是绝缘的。发生单相接地故障时，对地绝缘被破坏，对地绝缘电阻降低甚至接近于零，可直接利用这个特征来区分正常状态和接地故障。因此，可考虑在发电机定子绕组与大

地之间外加一个信号电源。正常运行时,这个信号源几乎不产生电流(或很小电流);当发生接地故障后,则产生相应频率的接地电流,使保护动作。这种采用外加电源注入信号的定子绕组单相接地保护(常简称外加电源式或注入式定子绕组接地保护)一般不从一次侧直接注入电源,而是通过 TV 的开口三角绕组接入,或由发电机中性点接地变压器副方注入,如图 5.9 所示。注入电源的外加信号频率也不能使用工频,以保证能正确区分正常运行的工频电流和接地故障的信号电流。同时,也要避开三次谐波频率和二分之一次谐波频率,因为要尽量避免发电机已有的信号频率以及易于在发电机定子绕组回路引起谐振过电压的频率。目前使用的外加电源式定子绕组接地保护主要有两种形式:一种是采用频率为 12.5 Hz 的方波电压源作为注入电源;另一种则采用频率为 20 Hz 的方波电压源作为注入电源,通称为低频方波注入式定子绕组接地保护。

图 5.9 中,R_E 为故障点的接地过渡电阻,C_g 为发电机定子绕组对地总电容,C_t 为发电机定子绕组外部连接设备对地总电容,R_n 为接地变压器负载电阻,U_0 为负载电阻两端电压,I_0 为电流互感器 TA 测量的电流值。保护装置通过测量 U_0 和 I_0 来计算接地过渡电阻 R_E,从而实现 100% 的定子接地保护。

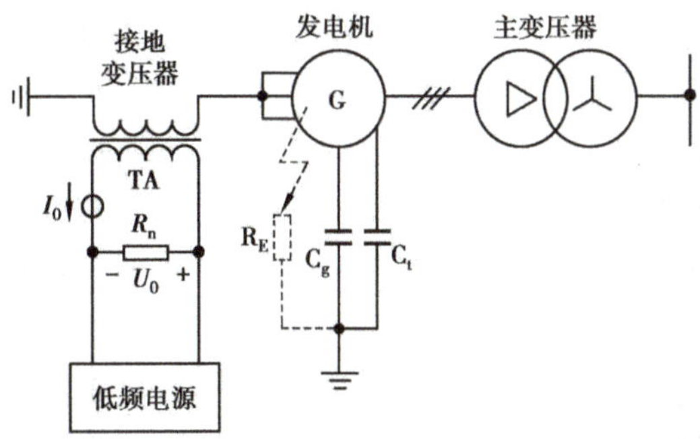

图 5.9 外加交流电源式 100% 定子绕组单相接地保护原理接线图

接地零序电流判据反映的是流过发电机中性点接地连线上的电流,作为电阻判据的后备,其动作值按保护距发电机机端 80% ~90% 的定子绕组接地故障的原则来整定。如图5.9 所示,动作电流为

$$I_{0,op} > I_{set} = \frac{\frac{\alpha U_{Rn}}{R_n}}{n_a} \tag{5.16}$$

式中 α——取 10% ~20%;

U_{Rn}——发电机额定电压时,机端发生金属性接地故障,负载电阻 R_n 上的电压;

R_n——发电机中性点接地变压器二次侧负载电阻。

【任务实施】

(1)现场动作报文

调取 2 号发变组 A_1 柜、B_1 柜装置动作报告如下(以下动作报文中,括号内为 B_1 柜的动作报告):

FAULT RECORD(故障记录)	Residual ON NVD(发电机 $3U_0$(基波)定子接地)动作
A 套保护 12 Feb 2019 14:12:34.920	Start UN>3(中性点基波零序启动)
(B 套保护 12 Feb 2019 14:12:38.791)	Trip UN>3(中性点基波零序跳闸)
Fault Duration(故障持续时间):	1.052 s(1.061 s)
CB Operate Time(断路器动作时间):	40.00 ms(50.00 ms)
Relay Trip Time[继电器(保护)动作延时]:	1.007 s(1.006 s)
IA-1(机端 A 相电流):	3.483 A(3.487 A)
IB-1(机端 B 相电流):	3.546 A(3.566 A)
IC-1(机端 C 相电流):	3.500 A(3.499 A)
VAB(机端 AB 相线电压):	101.6 V(101.6 V)
VBC(机端 BC 相线电压):	101.3 V(101.3 V)
VCA(机端 CA 相线电压):	101.8 V(101.7 V)
VAN(机端 A 相电压):	55.39 V(55.48 V)
VBN(机端 B 相电压):	60.51 V(60.69 V)
VCN(机端 C 相电压):	59.86 V(59.84 V)
IA-2(中性点 A 相电流):	3.468 A(3.464 A)
IB-2(中性点 B 相电流):	3.541 A(3.563 A)
IC-2(中性点 C 相电流):	3.485 A(3.498 A)
IA Diff(A 相差流):	27.63 mA(33.60 mA)
IB Diff(B 相差流):	18.02 mA(22.72 mA)
IC Diff(C 相差流):	27.69 mA(21.82 mA)
UN1 Measured[中性点(基波)零序电压(二次)测量值]:	7.320 V(7.060 V)
UN Derived[(基波)零序电压(二次)计算值]:	10.44 V(10.01 V)
IN Mesured[(基波)零序电流(二次)测量值]:	0.00 A
I2(负序电流):	39.53 mA(50.90 mA)
V2(负序电压):	185.6 mV(156.4 mV)

注:中性点电抗变压器变比:20 kV/220 V。

调取 2 号发变组故障录波如图 5.10 所示。

(2)保护动作情况分析

现场在未解开发电机中性点时摇绝缘均无法摇起,再结合发变组保护装置的动作报文及故障录波波形,机端三相电压出现不平衡。中性点(基波)零序电压(二次)测量值 A 套为 7.320V、B 套为 7.060 V。现场查阅定子接地保护定值:其由 $3U_0$ 定子接地保护及 3W(三次谐波)定子接地保护共同组成 100% 定子接地保护,其中,$3U_0$ 定子接地保护为 5V 1s 作用于全停，动作电压取自中性点零序电压。3W 定子接地保护为 0.5V 1s 作用于发信。

查阅保护装置说明书，其对定子接地保护描述如下：$3U_0$ 式定子接地保护保护取自机端或中性点零序电压，或从三相电压中自产得出，提供二段定值和时限。其中，第一段可选择定时限或反时限，反时限可带延时返回。

因中性点零序电压大于 $3U_0$ 定子接地保护动作定值，两套保护动作出口。

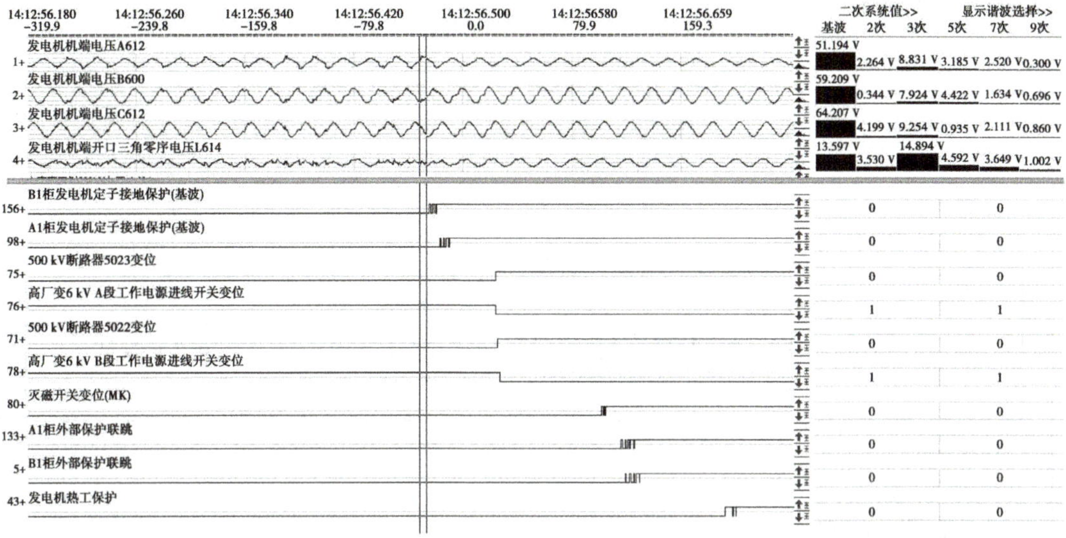

图 5.10　2 号发变组故障录波

(3) **结论**

某火力发电分公司 2 号发变组定子接地保护动作，出口于机组全停，保护正确动作。

【任务工单】

发电机定子绕组故障处理任务工单见表 5.2。

表 5.2　发电机定子绕组故障处理任务工单

工作任务	发电机定子绕组故障处理		学　时		成　绩	
姓　名		学　号		班　级		日　期	

任务描述：300 MW 火电仿真系统发电机定子绕组故障时，请对出现的信号进行识读与初步分析判断，并进行简单处理。

一、咨询

1. 保护装置认识

(1) 了解保护装置基本操作，查询并记录保护装置型号、版本号。

(2) 阅读保护装置说明书，了解定子绕组保护逻辑图。

续表

(3)记录装置保护配置及保护相关定值。

2. 故障前运行方式

二、决策

岗位划分如下：

人　员	岗　位		
	电气值班员正值	电气值班员副值	电力调度员

三、计划

1. 资料准备与咨询

(1)发电厂运行规程。

(2)GB/T 14285—2006　继电保护和安全自动装置技术规程。

(3)电力安全工作规程(变电部分)。

2. 仿真运行准备

工况保存：

(1)发电机定子绕组相间短路故障。

(2)发电机定子绕组匝间短路故障。

3. 故障信号分析及处理

4. 总结评价

四、实施

(故障工况发布)

1. 告警信号记录

(1)保护及告警信号记录。

(2)汇报。

续表

2. 现场情况检查

(1)一次设备及测量表计及其他运行情况检查。

(2)保护装置信号检查及报文打印。

(3)打印录波图。

(4)保护信号分析及判断。

3. 处理

(1)汇报调度。

(2)根据调度命令,做进一步处理。

五、检查及评价(记录处理过程中存在的问题、思考解决的办法,对任务完成情况进行评价)

考评项目		自我评估 20%	组长评估 20%	教师评估 60%	小计 100%
素质考评(20 分)	劳动纪律(5 分)				
	积极主动(5 分)				
	协作精神(5 分)				
	贡献大小(5 分)				
总结分析(20 分)					
工单考评(60 分)					
总　分					

任务 5.2　发电机转子绕组保护信息分析

【任务目标】

知识目标

掌握发电机转子绕组一点接地保护、两点接地保护原理。

能力目标

1. 能进行发电机转子绕组故障保护信号判断。
2. 会识读发电机转子绕组故障保护动作报文及故障录波图。

【任务描述】

2019 年 2 月 7 日 08:38:35,某换流站#2 机调变组保护后备保护(转子接地保护)正确动作跳闸,跳开 2#调变组高压侧 5602 断路器和灭磁开关,#2 调相机停机。现场检查发现,转子盘根冷却进水管根部断裂喷水,转子接地保护装置测量阻值在 15.5 ~ 19.7 kΩ(定值 20 kΩ)。试对故障信号进行分析,初步判断故障原因。

【任务准备】

(1)规程准备

《电力安全工作规程　发电厂和变电站电气部分》(GB 26860—2011)、《仿真电厂运行规程》、《继电保护和安全自动装置技术规程》(GB/T 14285—2006)。

(2)设备、资料准备

熟悉发电厂一次主接线图及设备。阅读发电机保护装置说明书转子一点接地保护、两点接地保护相关部分。

(3)知识准备

预习本节相关知识内容,并回答以下问题:

①发电机转子绕组发生接地有何危害?

②发电机转子绕组一点与两点接地保护有哪些?

【相关知识】

发电机转子接地保护是对发电机励磁回路一点接地故障的保护。当发电机励磁绕组及引线的绝缘严重下降或损坏时,会引起励磁回路的接地故障。最常见的是励磁回路一点接地故障。发生一点接地故障时,因没有形成电流回路,故对发电机运行没有直接影响;但一点接地以后,励磁回路对地电压升高,在某些条件下会诱发第二点接地。发生两点接地故障时，由于故障点流过相当大的故障电流而烧伤转子本体，并使励磁绕组电流增加，可能因过热而烧伤；由于部分绕组被短接，使气隙磁通失去平衡，从而引起振动甚至还可使轴系和汽机磁化。因此，两点接地故障的后果是严重的，故必须装设转子接地保护。

5.2.1　发电机转子绕组一点接地保护原理

转子绕组一点接地保护主要用于反映发电机转子对大轴绝缘电阻的下降。现在已投入使用的转子绕组一点接地保护有多种形式，使用较多的有两种：切换式转子绕组一点接地保护和低频注入式转子绕组一点接地保护。

(1)微机型切换式转子一点接地保护

常见的一种切换式转子绕组一点接地保护的原理如图5.11所示。其中，AB代表励磁绕组正负两端。考虑转子励磁回路流过的是直流电流，因此，忽略转子绕组电感；同时，因转子绕组电阻值较小，也予以忽略。设转子绕组的励磁电势为 E_f，转子绕组在距励磁绕组正极性端的k点(距离百分比为 α)发生一点接地故障，这样把励磁电势分为了 αE_f 和 $(1-\alpha)E_f$ 两部分。保护测量回路由4个等阻值的分压电阻R(高阻，如10～20 kΩ)、1个测量电阻 R_m(低阻，如200～400 Ω)，以及两个联动电子开关 S_1 和 S_2 构成。

工作时，电子开关 S_1 和 S_2 在微机控制下按某一固定周期不停地交替进行开合切换操作，即任何时候只有一个开关闭合，而另一个开关断开，交替轮换，故称乒乓切换。开关完成一次开合(含两种状态)动作，称为一个测量周期。在每一个测量周期中，对应于开关两种状态下分别测量两次转子电压 E_f 和测量电阻 R_m 两端的测量电压 U_m(它反映的实际上是流过 R_m 的接地电流 $I=I_1-I_2$)。当转子绕组没有接地故障时，测量电阻 R_m 上电压为零，表示转子回路绝缘良好；当转子绕组在k点发生一点接地故障时，按上述切换测量方法获得两次关于 E_f 和 I 的测量值，再根据如图5.11所示的网络计算故障点接地电阻 R_k 和位置 α。

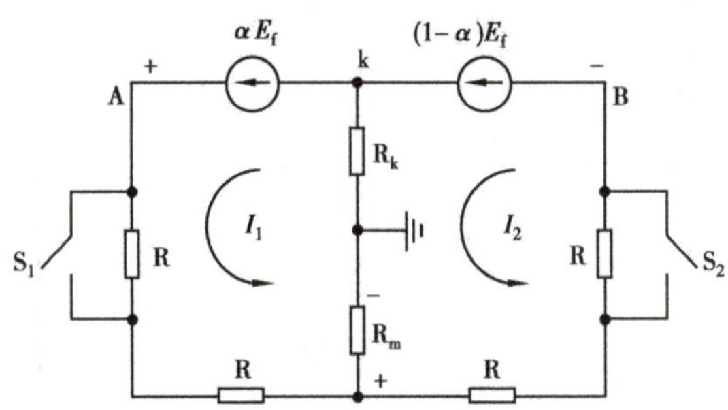

图5.11　切换式转子绕组一点接地保护简化原理图

当 S_1 导通、S_2 断开时，设当前转子绕组的测量电压为 E_f'，测量电阻 R_m 两端的测量电压为 U_m'，由基尔霍夫电流定律可得

$$\begin{cases}(R_k+R_m+R)I_1'-(R_k+R_m)I_2'=\alpha E_f'\\-(R_k+R_m)I_1'+(R_k+R_m+2R)I_2'=(1-\alpha)E_f'\\U_m'=R_m(I_1'-I_2')\end{cases}\tag{5.17}$$

当 S_1 断开、S_2 导通时，设当前转子绕组的测量电压为 E_f''，测量电阻 R_m 两端的测量电压

为 U_m'',同理有

$$\begin{aligned}&(R_k+R_m+2R)I_1''-(R_k+R_m)I_2''=\alpha E_f''\\&-(R_k+R_m)I_1''+(R_k+R_m+R)I_2''=(1-\alpha)E_f''\\&U_m''=R_m(I_1''-I_2'')\end{aligned}\tag{5.18}$$

联立式(5.17)和式(5.18),可得

$$\begin{aligned}R_k&=\frac{E_f'R_m}{3\left(U_m'-\dfrac{E_f'}{E_f''}U_m''\right)}-R_m-\frac{2R}{3}\\\alpha&=\frac{1}{3}+\frac{U_m'}{3\left(U_m'-\dfrac{E_f'}{E_f''}U_m''\right)}\end{aligned}\tag{5.19}$$

由此,这种切换式转子绕组一点接地保护的动作判据为

$$R_k\leqslant R_{set}\tag{5.20}$$

式中　R_{set}——动作阈值,一般 $R_{set}\geqslant 10\ \text{k}\Omega$。

(2)**注入式转子一点接地保护**

在转子绕组的正负两端或其中一端(通常选择负端)与转子大轴之间注入一个方波电源,保护采集正负半波的数据并实时求解转子对地绝缘电阻值。方波注入源的频率为0.5～3 Hz(可调),根据现场转子绕组不同的对地电容来选择合适的注入频率。注入式转子接地保护的注入电源配置在保护装置内,能在未加励磁电压的情况下监视转子绝缘,在转子绕组上任一点接地时,灵敏度高且一致。工作电路如图5.12和图5.13所示。其中,U_{sq}为方波注入源,R_y 为注入耦合电阻,R_x 为保护采样电阻,R_g 为转子绕组对地绝缘电阻。

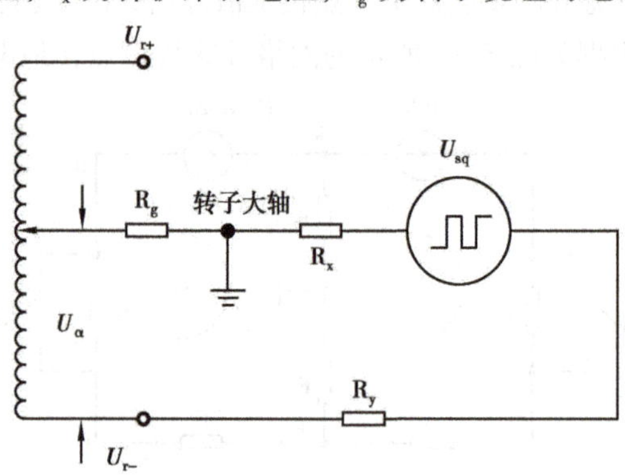

图5.12　单端注入式转子接地保护

与前述微机型切换式转子一点接地保护类似,通过建立对应的回路方程即可求解出转子绕组接地电阻 R_g 的数值。因此,可建立形式上与式(5.20)相同的这种注入式转子绕组一点接地保护的动作判据

$$R_k\leqslant R_{set}\tag{5.21}$$

转子一点接地设有两段动作值,灵敏段动作于报警,普通段可动作于信号,也可动作于跳闸。

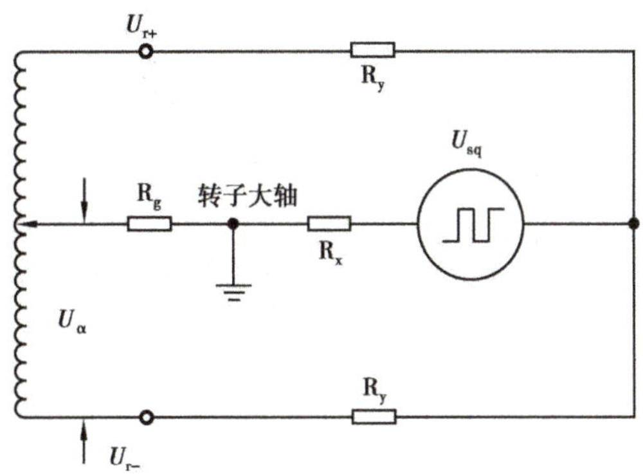

图5.13　双端注入式转子接地保护

5.2.2　发电机转子绕组两点接地保护

转子绕组两点接地保护主要用于抵御发电机转子绕组发生的两点接地故障。目前,使用较多的有两种:切换式转子绕组和机端二次谐波电压式转子两点接地保护。

两点接地故障的后果是严重的,必须采取有效措施。对大型发电机,主要有两种做法:一种是当发生励磁回路一点接地故障时,延时作用于跳闸,以避免发生两点接地,这样可不必装设励磁回路两点接地保护;另一种是装设有效的励磁回路两点接地保护,立即作用于跳闸。就目前而言,还没有一种很完善的励磁回路两点接地保护,故有些人倾向于第一种做法;但也有不少人建议,励磁回路一点接地保护仅动作于发信,在一点接地之后再手动投入两点接地保护,或者手动平稳停机以减少对机组的冲击。不过,这样做对一点接地后紧接着又发生两点接地故障时可能会加重机组损伤,对大型机组仍存有争议。

(1)切换式转子两点接地保护

这种两点接地保护与前述微机型切换式转子一点接地保护的构成类似,仅在动作判据上有所区别。如图5.14所示,假设在转子绕组 k_1 处(即离正极 α 处)发生一点接地故障后,相继在 k_2 处(即离 k_1 点距离 β 处)发生第二点接地,并设接地故障电阻分别为 R_{k1} 和 R_{k2},同时假设已在一点接地故障后解出了第一点接地电阻 R_{k1} 和距离 α。现在根据图5.14列写回路方程,求解两故障点间的距离 β 和第二点接地电阻 R_{k2}。

当 S_1 导通、S_2 断开时,设当前转子绕组的测量电压为 E'_f,测量电阻 R_m 两端的测量电压为 U'_m,由基尔霍夫电流定律可得

$$
\begin{aligned}
(R_{k1}+R_m+R)I'_1-R_mI'_2-R_{k1}I'_3&=\alpha E'_f\\
-R_mI'_1+(R_{k2}+R_m+2R)I'_2-R_{k2}I'_3&=(1-\alpha-\beta)E'_f\\
-R_{k1}I'_1-R_{k2}I'_2+(R_{k1}+R_{k2})I'_3&=\beta E'_f\\
U'_m&=R_m(I'_1-I'_2)
\end{aligned}
\tag{5.22}
$$

当 S_1 断开、S_2 导通时,设当前转子绕组的测量电压为 E''_f,测量电阻 R_m 两端的测量电压为 U''_m,同理有

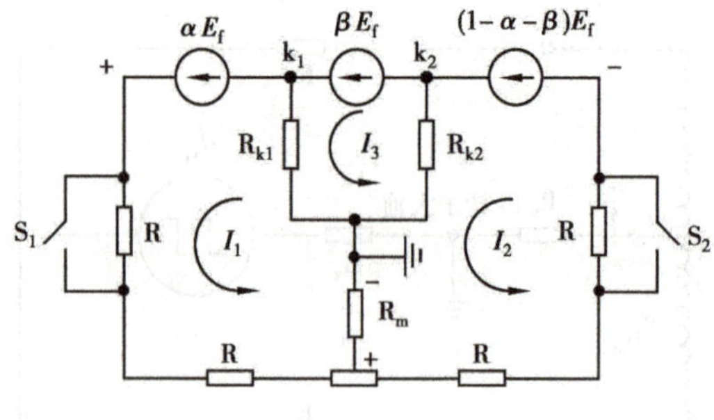

图 5.14　切换式转子两点接地保护原理图

$$
\begin{aligned}
&(R_{k1}+R_m+2R)I_1''-R_mI_2''-R_{k1}I_3''=\alpha E_f''\\
&-R_mI_1''+(R_{k2}+R_m+R)I_2''-R_{k2}I_3''=(1-\alpha-\beta)E_f''\\
&-R_{k1}I_1''-R_{k2}I_2''+(R_{k1}+R_{k2})I_3''=\beta E_f''\\
&U_m''=R_m(I_1''-I_2'')
\end{aligned}
\tag{5.23}
$$

联立式(5.22)和式(5.23),即可解出 β 和第二点接地电阻 R_{k2}。但是,采用联立方程组求解的计算相当烦琐,因此,通常采用另一种方法,即当发生一点接地故障后,由式(5.19)计算得到 R_{k1} 和 α 的数值。如果此后再发生两点接地故障,仍由式(5.19)计算 α,此时得到的 α 值将发生变化。当变化值 $\Delta\alpha$ 超过设定值 α_{set} 时,则判定发生了两点接地故障,发电机立即动作于停机。由此,励磁回路两点接地保护的动作判据为

$$|\Delta\alpha|>\alpha_{set}\tag{5.24}$$

(2)机端二次谐波电压式转子两点接地保护

利用机端二次谐波电压作为特征量的励磁回路两点接地保护一般仅用于两极汽轮发电机组。正常情况下,稳定运行的两极发电机,其气隙磁场的南北极是对称的,即气隙磁密的空间分布完全对称于横轴。根据傅立叶级数进行谐波分析,这一气隙磁密的空间波形中,应不存在偶次谐波。因此,由它产生的定子电动势中,也就不会包含有偶次谐波分量。当励磁回路发生两点接地故障后,将会有部分励磁绕组被短接,只要被短接的线匝不对称于横轴,则气隙磁密南北极的对称性就遭到了破坏。这样一个不对称于横轴的气隙磁密,根据傅立叶级数进行的谐波分析,就会包含有包括二次谐波在内的偶次谐波,从而在定子绕组中产生相应的偶次谐波电压。基于这一特点,可利用机端二次谐波电压作为判据来构成励磁回路两点接地保护。

动作方程为

$$
\begin{cases}
U_{2\omega2}>U_{2\omega g}\\
U_{2\omega2}>U_{2\omega1}
\end{cases}
\tag{5.25}
$$

式中　$U_{2\omega1}$,$U_{2\omega2}$——发电机定子电压二次谐波电压正序和负序分量;

$U_{2\omega g}$——二次谐波电压动作整定值。

【任务实施】

(1)故障前运行方式

如图 5.15 所示,故障前,#2 调变组挂#62M 第二大组滤波器运行。

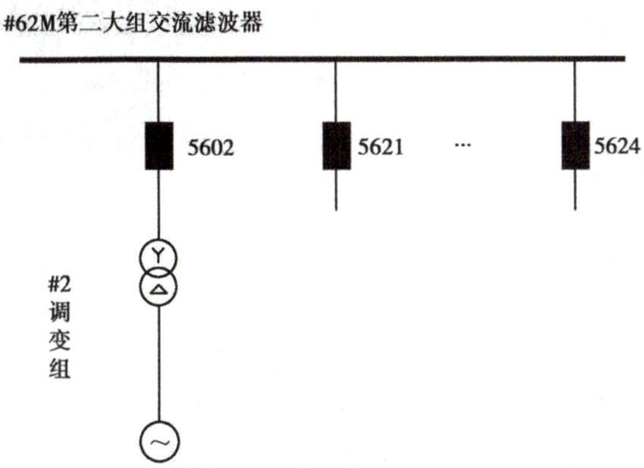

图 5.15　故障前运行方式

调变组保护 A 套为南瑞继保的 PCS-985Q-G,B 套为四方公司 CSC-300Q-G。转子接地保护两套均为南瑞继保 PCS-985RE,正常投入一套注入式转子接地保护。

(2)现场检查情况及保护动作情况分析

现场调取后台保护相关事件顺序记录如下:

2019-02-07　08:38:35.887　2#机调变组保护 A 柜调相机后备保护动作 1

2019-02-07　08:38:35.887　2#机调变组保护 B 柜调相机后备保护动作 1

2019-02-07　08:38:35.888　2#机调变组保护 A 柜调相机后备保护动作 2

2019-02-07　08:38:35.888　2#机调变组保护 B 柜调相机后备保护动作 2

2019-02-07　08:38:35.927　2#机灭磁开关分位 1

2019-02-07　08:38:35.928　2#机灭磁开关分位 2

2019-02-07　08:38:35.931　2#机 500 kV 断路器 5602 跳闸

保护动作情况分析:

2019 年 2 月 7 日 08:38:35.673,某换流站两套调变组保护接收到安装于就地灭磁电阻柜内的转子接地保护动作开入,延时 50 ms 后,动作出口,跳开 2#调变组高压侧 5602 断路器、灭磁开关并启动 5602 断路器失灵。因此时 SFC(隔离变高压侧 10 kV 进线开关)已在分位,后台未显示 SFC 变位信息。

另外,南瑞继保装置的保护启动时间实际为保护动作时刻,即其实际收到转子接地保护动作开入信号的时间为 08:38:35.674,两套保护装置基本一致。保护装置动作报文如图 5.16所示。

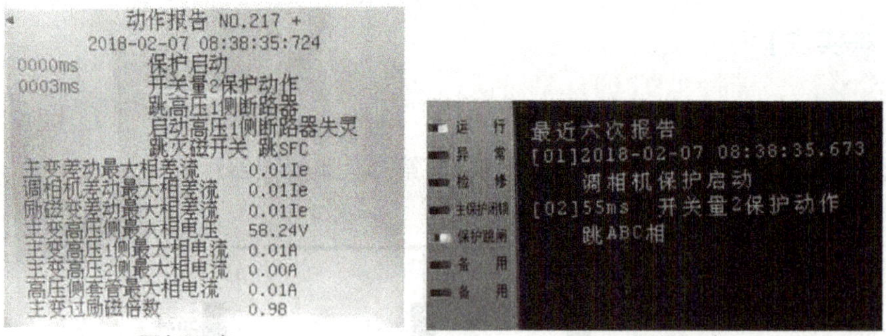

调变组A套　　调变组B套

图 5.16　保护装置动作报文

(3)**故障录波图**

现场调取了就地转子接地保护装置内部录波,如图 5.17 所示。由录波可知,08:38:30:634,转子一点接地保护启动,在随后的 5 s 内,转子接地电阻在 15.5 ~ 18.9 kΩ 波动,但均小于定值 20 kΩ。转子接地保护装置正确动作出口,其动作接点开至两套调变组保护开关量开入 2,延时 50 ms 后正确切机。

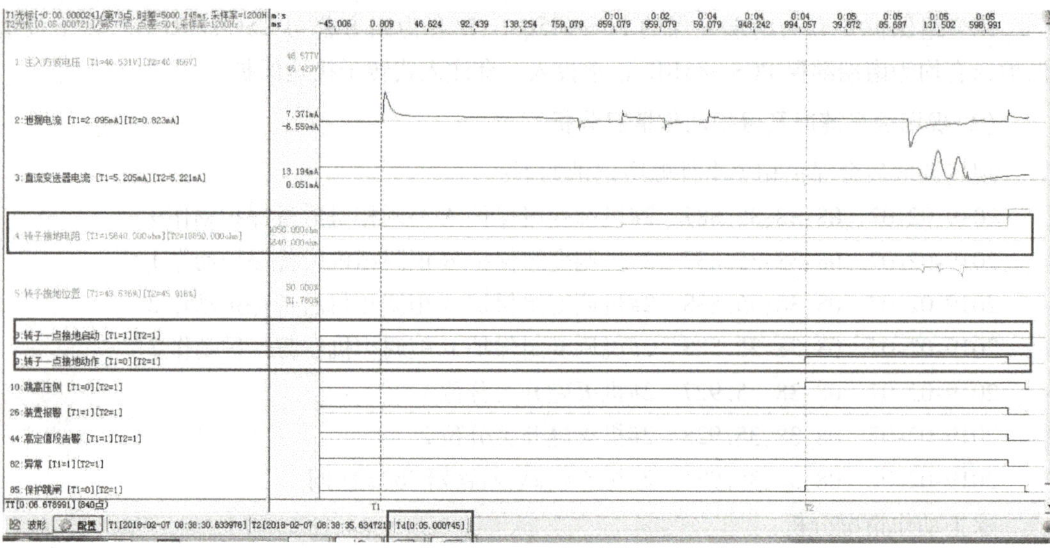

图 5.17　转子接地保护装置故障录波波形

转子接地保护定值见表 5.3。

(4)**结论**

2019 年 2 月 7 日 08:38:35,某换流站#2 调相机转子盘根冷却进水管根部断裂喷水,导致转子接地,转子接地保护装置测量阻值在 15.5 ~ 19.7 kΩ(定值 20 kΩ),转子一点接地保护正确动作出口,经两套调变组保护的后备保护出口跳闸,跳开 2#调变组高压侧 5602 断路器和灭磁开关,#2 调相机停机。保护动作行为正确。

表5.3　转子接地保护定值

描　述	:	实际值	序号	描　述
高定值段接地电阻	:	30.00 kΩ	05	切换周期
高定值段告警时间	:	10.00 s	06	注入原理功率电阻值
低定值段接地电阻	:	20.00 kΩ	07	20 mA 对应励磁电压
低定值段动作时间	:	5.00 s		

【任务工单】

发电机转子绕组接地故障处理任务工单见表5.4。

表5.4　发电机转子绕组接地故障处理任务工单

<table>
<tr><td>工作任务</td><td colspan="2">发电机转子绕组接地故障处理</td><td>学　时</td><td></td><td>成　绩</td><td></td></tr>
<tr><td>姓　名</td><td></td><td>学　号</td><td>班　级</td><td></td><td>日　期</td><td></td></tr>
<tr><td colspan="7">任务描述:300 MW 火电仿真系统发电机转子绕组接地故障时,请对出现的信号进行识读与初步分析判断,并进行简单处理。
一、咨询
1. 保护装置认识
(1)了解保护装置基本操作,查询并记录保护装置型号、版本号。

(2)阅读保护装置说明书,了解转子绕组保护逻辑图。

(3)记录装置保护配置及保护相关定值。

2. 故障前运行方式

</td></tr>
</table>

续表

二、决策

岗位划分如下：

人　员	岗　位		
	电气值班员正值	电气值班员副值	电力调度员

三、计划

1. 资料准备与咨询

(1)发电厂运行规程。

(2)GB/T 14285—2006　继电保护和安全自动装置技术规程。

(3)电力安全工作规程(变电部分)。

2. 仿真运行准备

工况保存：

(1)发电机转子绕组一点接地故障。

(2)发电机转子绕组两点接地故障。

3. 故障信号分析及处理

4. 总结评价

四、实施

(故障工况发布)

1. 告警信号记录

(1)保护及告警信号记录。

(2)汇报。

2. 现场情况检查

(1)一次设备及测量表计及其他运行情况检查。

(2)保护装置信号检查及报文打印。

续表

(3)打印录波图。

(4)保护信号分析及判断。

3. 处理

(1)汇报调度。

(2)根据调度命令,做进一步处理。

五、检查及评价(记录处理过程中存在的问题、思考解决的办法,对任务完成情况进行评价)

考评项目		自我评估20%	组长评估20%	教师评估60%	小计100%
素质考评(20分)	劳动纪律(5分)				
	积极主动(5分)				
	协作精神(5分)				
	贡献大小(5分)				
总结分析(20分)					
工单考评(60分)					
总　分					

任务5.3　发电机其他保护信息分析

【任务目标】

知识目标

掌握发电机负序电流保护、对称过负荷保护、失磁保护及逆功率保护原理。

能力目标

1. 能进行发电机机定子绕组故障保护信号判断。

2. 会识读发电机机定子绕组故障保护动作报文及故障录波图。

【任务描述】

2019 年 9 月 26 日 09:25，某发电厂装机容量为 2 * 300 MW，#2 发电机正常运行时，发变组保护（A 柜、B 柜）失磁保护动作，#2 机组跳闸，试分析保护动作情况。

【任务准备】

（1）规程准备

《电力安全工作规程　发电厂和变电站电气部分》（GB 26860—2011）、《仿真电厂运行规程》、《继电保护和安全自动装置技术规程》（GB/T 14285—2006）。

（2）设备、资料准备

熟悉发电厂一次主接线图及设备。阅读发电机保护装置说明书负序电流、过负荷保护、失磁保护及逆功率保护相关部分。

（3）知识准备

预习本节相关知识内容，并回答以下问题：

①发电机什么情况下会有负序电流？

②发电机失磁有何危害？

③什么是发电机的逆功率保护？

【相关知识】

发电机内部故障将对发电机产生较大危害外，外部原因也将使发电机处于不正常运行状态，影响发电机的安全稳定运行。主要的故障类型有：发电机因过负荷或外部短路引起的定子绕组过电流；发电机的不对称过负荷、非全相运行以及外部不对称故障引起的负序过电流；突然甩负荷而引起的定子绕组过电压；励磁回路故障或强励时间过长而引起的转子绕组过负荷；汽轮机主汽门突然关闭而引起的发电机逆功率运行，以及低频、失步和过励磁；等等。

5.3.1　负序电流保护

负序电流保护又称转子表层负序过负荷保护，主要抵御发电机的不对称过负荷、非全相运行以及外部不对称短路故障引起的负序过电流。

发电机在不对称负荷状态下运行，或发生内外部不对称故障时，定子绕组将流过负序电流，它所产生的旋转磁场的方向与转子运动方向相反，以 2 倍同步转速切割转子，在转子本体、槽楔及励磁绕组中感生倍频电流，引起额外的损耗和发热。另外，由负序磁场产生的 2 倍频交变电磁转矩，使机组产生 100 Hz 振动，引起金属疲劳和机械损伤。

转子表层负序过负荷保护通常由定时限过负荷和反时限过电流两部分组成。定时限过负荷主要和大型发电机的长期承受负序电流的能力相适应；反时限过电流则主要与发电机短时承受负序电流的能力相配合。

(1)**发电机长期承受负序电流的能力**

考虑实际电力系统不可能完全三相对称,因此,在发电机正常运行时,其定子绕组中总存在数值较小的负序电流分量 I_2。虽然该负序分量将导致转子发热,但因其幅值较小且转子本身具有一定的散热能力,转子绕组温度升高不会超过允许值,即发电机可承受一定数值的负序电流长期持续运行。

发电机长期承受负序电流的能力与发电机结构有关,应根据具体发电机来确定。通常汽轮发电机允许长期承受的负序电流(记为 $I_{2\infty}$)为5% ~8%的额定电流。

(2)**负序定时限过负荷保护**

负序定时限过负荷保护通常依据发电机长期允许承受的负序电流值来确定启动阈值。当负序电流超过长期允许承受的负序电流值后,保护延时发出报警信号,即动作方程为

$$I_2 > I_{2,\mathrm{op}} \tag{5.26}$$

保护的动作电流 $I_{2,\mathrm{op}}$ 按发电机长期允许的负序电流 $I_{2\infty}$ 下能可靠返回的条件来整定,即

$$I_{2,\mathrm{op}} = \frac{K_{\mathrm{rel}} I_{2\infty} \mathrm{I_{GN}}}{K_{\mathrm{r}} n_{\mathrm{a}}} \tag{5.27}$$

式中　K_{rel}——可靠系数,通常取1.2;

K_{r}——返回系数,取0.9 ~0.95,条件允许应取较大值;

$I_{2\infty}$——发电机长期允许的负序电流,标幺值。

(3)**发电机短时承受负序电流的能力**

在发电机运行异常或系统发生不对称故障时,I_2 将大大超过发电机长期允许的负序电流值。这段时间虽然通常不会太长,但因 I_2 较大,必须考虑防止可能对发电机造成的损伤。通常发电机短时间内允许负序电流值 I_2 的大小与电流持续时间有关,一般由发电机制造厂家提供的转子表层允许的负序过负荷能力来确定。发电机短时承受负序过电流倍数与允许持续时间的关系为

$$t = \frac{A}{I_{2*}^2 - I_{2\infty}^2} \tag{5.28}$$

式中　I_{2*}——发电机负序电流标幺值;

A——转子表层承受负序电流能力的常数,与发电机形式及冷却方式有关。

A 值反映发电机承受负序电流的能力,A 越大,说明发电机承受负序电流的能力越强。一般发电机容量越大,相对裕度越小,A 值也越小。

发电机允许的负序电流特性曲线如图5.18所示。其中,$I_{2,\mathrm{op},\min *}$ 为负序反时限动作特性的下限电流标幺值,$I_{2,\mathrm{op},\max *}$ 为负序反时限动作特性的上限电流标幺值。

(4)**反时限过电流保护**

由式(5.28)可得负序电流保护中常用的反时限动作判据为

$$t \leqslant \frac{A}{I_{2*}^2 - I_{2\infty}^2} \tag{5.29}$$

这种负序电流反时限特性使保护的动作时间与负序电流的大小成反比关系,即负序电

流越大,保护的动作时间越短;反之亦然。这样可使保护特性与发电机发热特性配合恰当,发生严重故障时保护能以较快速度动作,以保证发电机安全;而在发生较轻微异常时,则充分利用发电机裕度,减少停机冲击。

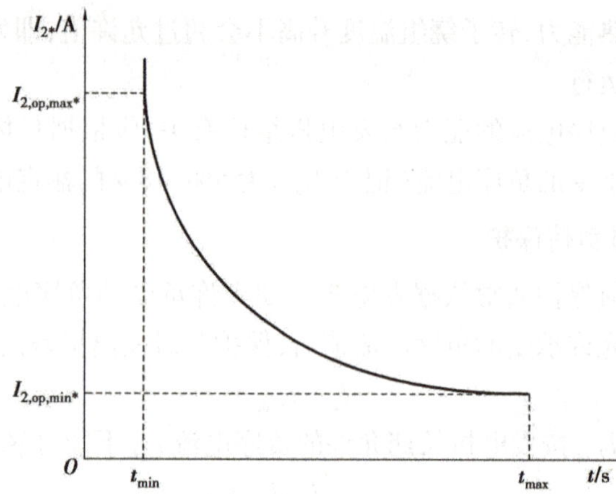

图 5.18　发电机允许的负序电流特性

5.3.2　对称过负荷保护

对称过负荷保护主要用于反映发电机定、转子绕组因过负荷或外部工作引起的定、转子绕组过电流。通常它可分为定子绕组过负荷保护和转子绕组过负荷保护两大类。

(1)定子绕组对称过负荷保护原理

发电机对称过负荷通常是由电力系统振荡、系统切除某机组、短时冲击性负荷、大型电动机自启动,以及发电机强励、失磁等因素导致。为了避免绕组温升过高损伤绕组绝缘,必须装设较完善的定子绕组对称过负荷保护,防止过热。

限制定子绕组温升,实际上就是限制定子绕组电流,故定子绕组对称过负荷保护就是通过定子绕组对称过电流保护来实现的。定子绕组过负荷保护的设计取决于发电机在一定过负荷倍数下允许的过负荷时间,而这一点是与具体发电机的结构和冷却方式有关的。

与转子表层负序过负荷保护原理类似,大型发电机定子绕组对称过负荷保护也通常由定时限过负荷元件和反时限过负荷元件两部分构成。

定时限过负荷保护通常依据发电机长期允许承受的负荷电流值来确定启动阈值,当负荷电流值超过长期允许承受的负荷电流值后,保护延时发出报警信号或作用于机组减出力,即动作方程为

$$I > I_{op} \tag{5.30}$$

保护的动作电流 I_{op} 按发电机长期允许的负荷电流下能可靠返回的条件来整定,即

$$I_{op} = \frac{K_{rel} I_{GN}}{K_r n_a} \tag{5.31}$$

式中　K_{rel}——可靠系数,通常取 1.05;

K_r——返回系数,取 0.9 ~ 0.95,条件允许应取较大值;

I_{GN}——发电机一次额定电流,A;

n_a——电流互感器变比。

反时限过电流保护的动作特性,即过电流倍数与相应的允许持续时间的关系,由发电机制造厂家提供的定子绕组允许的过负荷能力来确定。发电机定子绕组承受的端子过电流倍数与允许持续时间的关系为

$$t=\frac{K_{tc}}{I_*^2-K_{sr}^2} \tag{5.32}$$

式中　K_{tc}——定子绕组热容量常数,机组(空冷发电机除外)容量 $S_n \leqslant 1200$ MVA 时,$K_{tc}=37.5$;

I_*——以定子额定电流为基准的标幺值;

t——允许的持续时间,s;

K_{sr}——散热系数,一般可取 1.02~1.05。

发电机允许的负序电流特性曲线如图 5.19 所示。其中,$I_{op,min*}$ 为反时限动作特性的下限电流标幺值,$I_{op,max*}$ 为反时限动作特性的上限电流标幺值。

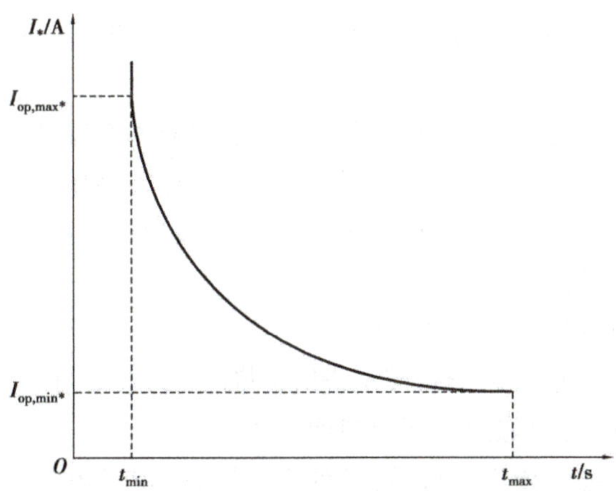

图 5.19　发电机定子绕组允许的过电流曲线

由式(5.32)可得负序电流保护中常用的反时限动作判据为

$$t \leqslant \frac{K_{tc}}{I_*^2-K_{sr}^2} \tag{5.33}$$

(2)转子绕组对称过负荷保护原理

转子绕组(励磁绕组)过负荷就是指发电机励磁绕组过电流。当励磁机或者整流装置发生故障,或励磁绕组内部发生部分绕组短路故障,或在强励过程中,都会发生励磁绕组过负荷(过电流)。励磁绕组过负荷同样会引起过热,损伤励磁绕组。

发电机励磁绕组过负荷保护可以配置在直流侧,也可配置在交流侧,取决于传感器的安装位置。励磁绕组过负荷的发热过程与定子绕组类似,故励磁回路过负荷保护的构成原理与定子绕组过负荷保护也类似。大型发电机的励磁绕组过负荷保护也由定时限元件和反时限元件构成。定时限部分,其动作电流按正常励磁电流(或按长期允许持续励磁电流)下能

可靠返回的条件来整定;反时限部分则由式(5.32)来确定,只不过在发热系数数值上是有区别的,此处不再赘述。

5.3.3 失磁保护

失磁保护反映因发电机励磁回路故障所引起的发电机异常运行。

如前所述,发电机低励和失磁通常是指发电机励磁异常下降或励磁完全消失的故障,一般将前者称为部分失磁或低励故障,后者则称为完全失磁故障。习惯上,将发电机低励和失磁故障简称失磁故障,是一种常见的故障。特别地,对大型机组,因其励磁系统环节多,故更易发生这种故障。

(1)失磁保护的危害

失磁后,发电机将由同步运行逐渐转入异步运行。在一定条件下,异步运行将破坏电力系统的稳定,并威胁到发电机本身的安全。

1)失磁对电力系统的危害主要表现

①发电机失磁后,将由失磁前向系统送出无功功率转为从系统吸收无功功率,尤其是满负荷运行的大型机组,会引起系统无功功率的大量缺额。若系统无功功率容量储备不足,会引起系统电压严重下降,甚至导致系统电压崩溃。

②失磁引起的系统电压下降会使相邻的发电机励磁调节器动作,增加其无功输出,引起有关发电机、变压器或线路过流,甚至使后备保护因过流而动作,扩大故障范围。

③失磁引起有功功率摆动和励磁电压下降,可能导致电力系统某些部分之间失步,使系统发生振荡,甩掉大量负荷。

2)失磁对发电机本身的危害主要表现

①失磁后发电机转为异步运行,转子绕组中将出现转差;进而在转子绕组中感应相关频差的电流,产生附加损耗,可能使转子过热而损坏。

②发电机因失磁进入异步运行后,等效电抗降低,定子电流增大,可能导致定子绕组过热。

③发电机因失磁出现的有功功率剧烈的周期摆动,将对应产生变化的电磁转矩,其周期性地作用到轴系上,将引起发电机的剧烈振动,威胁机组安全。

④失磁运行时,发电机定子端部漏磁增加,使端部的部件和边段铁芯过热。

规程规定,大型发电机必须装设完善的低励和失磁保护(简称失磁保护),以便及时发现失磁故障并采取必要的措施。

(2)失磁过程中主要电气量的变化特点

对转子,低励和失磁的直接表现是转子电压降低或消失,随之引起转子励磁电流的逐步减小。

对定子,由于发电机是一个定转子电磁强耦合系统,因此,发电机失磁后定子侧电气量也将发生一系列的变化。失磁后,随着励磁电流的减小,发电机的电动势将随之按指数规律减小,电磁功率曲线逐渐变低。这期间,调速器来不及动作,机械功率维持不变。为了维持与电磁功率之间的功率平衡，发电机的功角将逐步增大，使发电机输出的有功功率基本保持不变。但一旦功角大于90°后，机械功率无法与同步电磁功率相平衡。随着发电机电动势的衰减及功角的增大，机械功率与同步电磁功率的差值将越来越大，导致转子加速，转差 s 不断增大，异步功率（转矩）也随之增大。特别是当功角大于180°后，随着励磁电流及电磁功率的完全衰减，异步功率及转差将增大得更快。在这一阶段，发电机调速系统通常也已开始反应，作用于减少机械输入功率，导致这一阶段机械功率，同步功率、异步功率和转差等都在变化，属于不稳定异步运行阶段。当转差 s 达到一定数值，使异步功率达到能与减少了的机械功率相平衡时，转子将停止加速，转差 s 不再增大，发电机便转入稳定异步运行阶段。

从发电机失磁到临界失步的阶段，虽然有功功率基本不变，但无功功率发生很大变化，由送出无功功率迅速改变为从系统吸收无功功率。失磁异步运行后，伴随着吸收无功功率的增大，定子电流也将逐渐增加，在达到稳态异步运行时才稳定下来。

失磁过程中也将导致机端测量阻抗发生变化，这里测量阻抗定义为从发电机端向系统方向所看到的阻抗。如图5.20所示，发电机失磁后至临界失步，测量阻抗将沿等有功阻抗圆的圆周，从第一象限进入第四象限。随着励磁电流及其感应电动势下降到一定值，功角将达到静稳极限角，发电机临界失步，阻抗触碰临界失步（或静稳极限）阻抗圆。发电机在异步运行阶段，机端测量阻抗先进入临界失步阻抗圆内，并最终落在异步运行阻抗圆中。

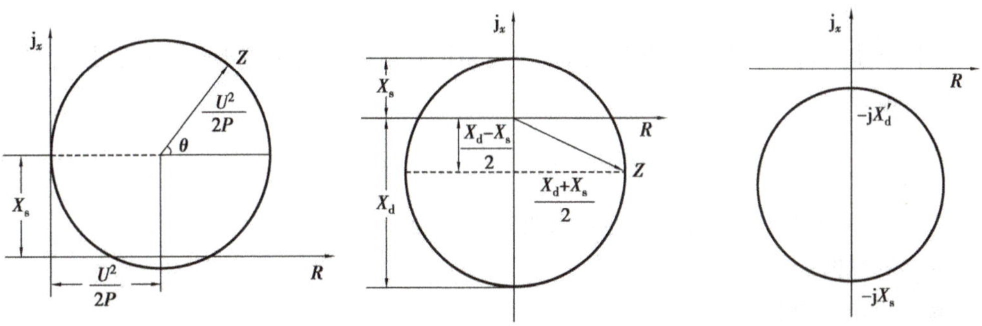

图5.20　发电机测量阻抗圆

（3）**发电机失磁保护**

根据发生失磁故障后机端各电量的变化规律和对系统及失磁发电机安全运行的要求，便可选择合适的原理及动作处理方式来构成失磁保护。

1）发电机低励失磁保护主判据

主要有3类判据：低电压判据（主要包括系统低电压或者机端低电压）、定子侧阻抗判据（主要包括异步边界阻抗圆及静稳极限阻抗圆）和转子侧判据（主要包括转子低电压判据和变励磁电压判据）。

①低电压判据

A. 系统低电压

主要用于防止由发电机励磁失磁故障引发的因无功储备不足导致的系统电压崩溃，造成大面积停电。

B. 机端低电压

主要用于确保厂用电安全和躲过强励启动电压。

C. 动作方程

动作方程为

$$U_{pp} < U_{lezd} \tag{5.34}$$

式中 U_{pp}——相间电压；

U_{lezd}——相间低电压定值。

②定子侧阻抗判据

A. 异步边界阻抗圆

失磁发电机的机端阻抗最终轨迹一定进入异步边界阻抗圆的圆内(见图5.21)。异步边界阻抗圆动作判据主要用于与系统联系紧密的发电机失磁故障检测，它能反映失磁发电机机端的最终阻抗，但动作可能较晚。

B. 静稳极限阻抗圆

如前所述，失磁发电机将首先穿过静稳极限阻抗圆后再进入异步边界阻抗圆，因此，也可将静稳极限阻抗圆作为动作判据。

C. 动作方程

可选择异步阻抗圆或静稳边界圆，阻抗电压量取发电机机端正序电压，电流量取发电机机端正序电流，动作方程为

$$90° \leqslant \text{Arg}\frac{Z + jX_B}{Z - jX_A} \leqslant 270° \tag{5.35}$$

式中 X_A, X_B——整定阻抗，相关整定可参见整定导则。

③转子侧判据

A. 转子低电压判据

$$U_r < U_{rlzd} \tag{5.36}$$

式中 U_r——发电机转子电压；

U_{rlzd}——转子低电压定值。

B. 发电机的变励磁电压判据

令 $X_{dz} = X_d + X_s$，X_d 为发电机同步电抗标幺值，X_s 为系统联系电抗标幺值，则

$$U_r < K_{rel}X_{dz}(P - P_t)U_{f0} \tag{5.37}$$

式中 P——发电机输出功率标幺值；

P_t——发电机凸极功率标幺值；

U_{f0}——发电机励磁空载额定电压有名值；

K_{rel}——可靠系数。

失磁故障时，如 U_r 突然下降到零或负值，励磁低电压判据迅速动作(在发电机实际抵达静稳极限之前)。失磁或低励故障时，U_r 逐渐下降到零或减至某一值，变励磁低电压判据动作。低励和失磁故障将导致发电机失步，失步后 U_r 和发电机输出功率作大幅度波动，通常

会使励磁电压判据和变励磁电压判据周期性地动作与返回。因此,低励、失磁故障的励磁电压组件在失步后(进入静稳边界圆)延时返回。

2)低励失磁保护的辅助判据

①负序电压元件(闭锁失磁保护)

动作电压为

$$U_{op} = (0.05 \sim 0.06)\frac{U_N}{n_v} \tag{5.38}$$

②负序电流元件(闭锁失磁保护)

动作电流为

$$I_{op} = (1.2 \sim 1.4)\frac{I_{2\infty} I_{GN}}{n_a} \tag{5.39}$$

由负序元件构成的闭锁元件,在出现负序电压或电流大于 U_{op} 或 I_{op} 时,瞬时启动闭锁失磁保护,经 8 ~ 10 s 自动返回,解除闭锁。

这些辅助判据元件与主判据元件"与门"输出,防止非失磁故障状态下主判据元件误出口。

5.3.4　逆功率保护

逆功率保护主要用于反映因各种原因导致的主汽门误关闭,从而使发电机转为电动机运行的故障。

并网运行的汽轮发电机,在主汽门关闭后,便作为同步电动机运行,从电网中吸收有功,拖着汽轮机旋转。由于汽缸中充满蒸汽,它与汽轮机叶片摩擦产生热量,使汽轮机叶片过热,长期运行将损坏汽轮机叶片。因此,大型汽轮发电机规定装设逆功率保护。

逆功率的大小通常为额定有功功率的1% ~10%。考虑发电机在发生逆功率时,通常无功功率很大,而有功功率较小,需要在无功功率很大的情况下检测出很小的有功功率方向及幅值,因此,需要配置专用的逆功率保护来满足上述要求。

逆功率保护的输入量为机端 TV 二次三相电压及发电机 TA 二次三相电流。逆功率保护动作判据为

$$P < -RP_{zd} \tag{5.40}$$

逆功率保护一般设有两段时限,Ⅰ段发信,Ⅱ段动作于停机出口。

逆功率保护定值范围为(0.5% ~50%)P_n,P_n 为发电机额定有功功率。逆功率保护逻辑图如图 5.21 所示。

发电机在过负荷、过励磁和失磁等各种异常运行的保护动作后,需要程序跳闸时,先关闭主汽门,由程序逆功率保护经主汽门接点闭锁和发电机(或发变组)断路器位置接点闭锁,延时动作于跳闸。

逆功率保护定值范围为(0.5% ~10%)P_n。程序逆功率保护逻辑图如图 5.22 所示。

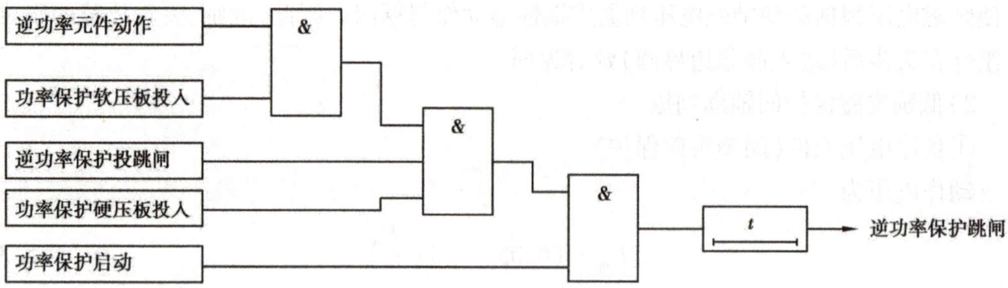

图 5.21　逆功率保护逻辑图

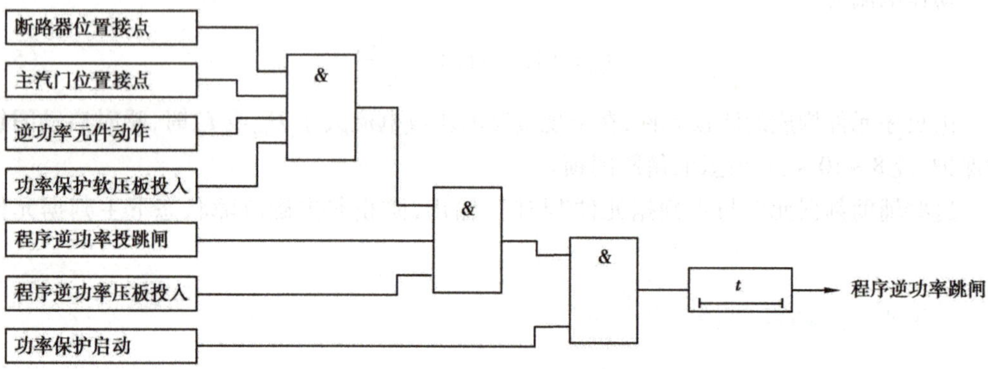

图 5.22　程序逆功率保护逻辑图

【任务实施】

(1)事故主要象征

2019 年 9 月 26 日 09:20 机组 DCS(Distributed Control System,分布式控制系统)“励磁系统异常报警”光字牌亮,励磁系统“综合报警”“限制动作”“欠励限制”“#1 功率柜故障”“#2 功率柜故障”“#3 功率柜故障”“异常报警”“#1、#2、#3 功率柜 CAN 异常”报警。

09:25 发电机跳闸,发变组保护 A 套“励磁保护动作”,发变组保护 B 套“失磁保护动作”灯亮。

(2)现场检查情况

#2 发电机在失磁保护动作后,电气检修人员立即到现场对失磁跳闸原因进行检查,发变组保护装置、励磁系统及其他电气设备无故障情况发生,发电机确实失磁,保护动作正确。

检查 DCS 后台记录,在励磁电压和电流降低时,发电机各项指标正常,发电机有功和无功功率也正常,并无异常波动,在发电机保护去断开发电机出口断路器的同时,灭磁开关也同时断开。

(3)故障录波图分析

故障录波图分析:如图 5.23 所示,在发电机失磁 t_2t_3 保护动作前 1.763 s,励磁电流突然下降,随之励磁电压也随之下降,在失磁保护动作后 2.5 s,发电机出口断路器断开。

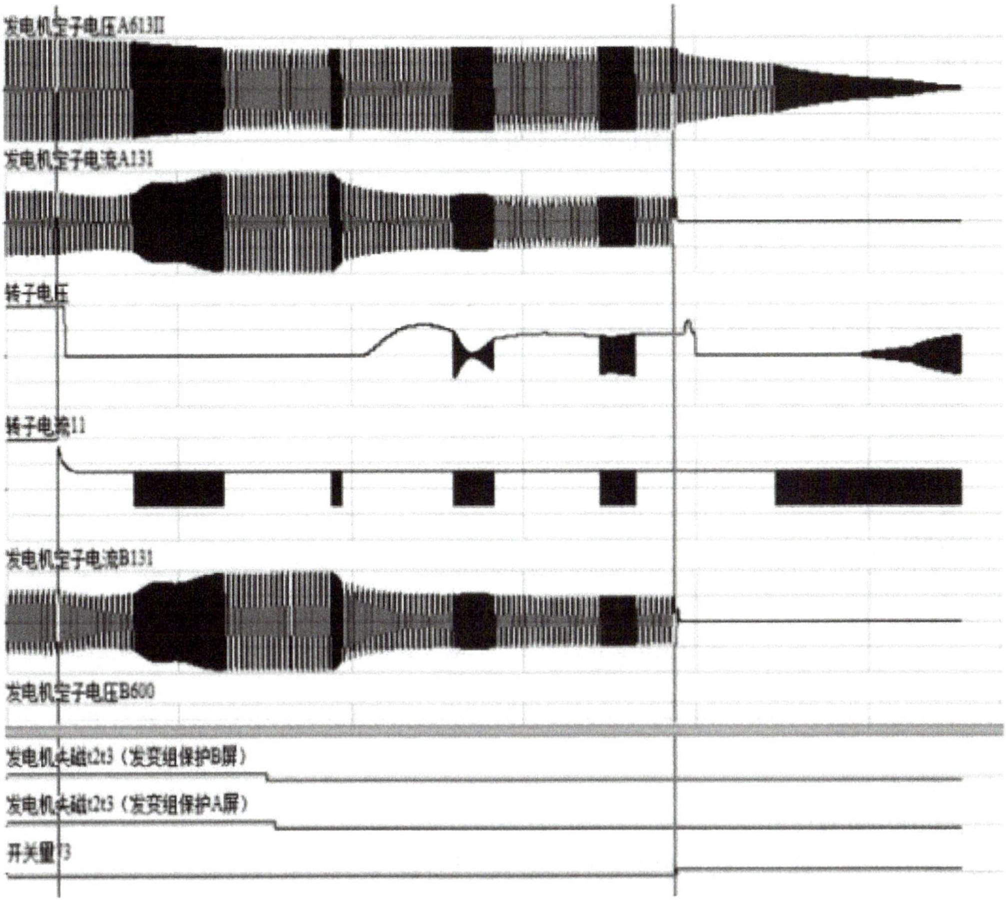

图5.23　故障录波图

(4)**结论**

综合上述故障录波器及DCS后台记录，发现发电机励磁电压、电流和励磁系统正常退励与逆变灭磁波形非常类似，励磁退出运行后，造成发电机组失磁，但励磁系统在并网运行期间会闭锁远方退励及其他退励命令。经全面排查，发现#2机直流系统存在串入交流回路的情况。

【任务工单】

故障处理任务工单见表5.5。

表5.5　发电机异常运行与故障处理任务工单

<table>
<tr><td>工作任务</td><td colspan="3">发电机异常运行与故障处理</td><td>学　时</td><td></td><td>成　绩</td><td></td></tr>
<tr><td>姓　名</td><td></td><td>学　号</td><td></td><td>班　级</td><td></td><td>日　期</td><td></td></tr>
<tr><td colspan="8">任务描述:300 MW 火电仿真系统发电机异常运行或故障时，请对出现的信号进行识读与初步分析判断，并进行简单处理。</td></tr>
</table>

续表

一、咨询

1. 保护装置认识

(1)了解保护装置基本操作,查询并记录保护装置型号、版本号。

(2)阅读保护装置说明书,了解发电机过负荷、失磁、逆功劳保护逻辑图。

(3)记录装置保护配置及保护相关定值。

2. 故障前运行方式

二、决策

岗位划分如下:

人　员	岗　位		
	电气值班员正值	电气值班员副值	电力调度员

三、计划

1. 资料准备与咨询

(1)发电厂运行规程。

(2)GB/T 14285—2006　继电保护和安全自动装置技术规程。

(3)电力安全工作规程(变电部分)。

2. 仿真运行准备

工况保存:

(1)发电机不对称过负荷。

(2)发电机对称过负荷。

(3)发电机励磁机故障。

(4)发电机主汽门关闭。

3. 故障信号分析及处理

4. 总结评价

四、实施

(故障工况发布)

续表

1. 告警信号记录

(1)保护及告警信号记录。

(2)汇报。

2. 现场情况检查

(1)一次设备、测量表计及其他运行情况检查。

(2)保护装置信号检查及报文打印。

(3)打印录波图。

(4)保护信号分析及判断。

3. 处理

(1)汇报调度。

(2)根据调度命令,做进一步处理。

五、检查及评价(记录处理过程中存在的问题,思考解决的办法,对任务完成情况进行评价)

考评项目		自我评估20%	组长评估20%	教师评估60%	小计100%
素质考评(20分)	劳动纪律(5分)				
	积极主动(5分)				
	协作精神(5分)				
	贡献大小(5分)				
总结分析(20分)					
工单考评(60分)					
总　分					

项目 6　母线保护信号识别与分析

【项目描述】

主要培养学生对母线保护装置运行维护基本操作及故障保护信号分析判断及信息处理能力。熟悉母线保护功能配置,掌握单母线差动保护、双母线差动保护以及断路器失灵保护原理,了解母线单相接地故障保护的特点与配置;能在变电站环境下进行母线故障的保护信号判断及分析,对故障保护信息进行正确处理。

【项目目标】

知识目标:

熟悉母线保护功能配置,掌握单母线差动保护、双母线差动保护以及断路器失灵保护原理。

能力目标:

能进行母线故障的保护信号识别,正确判断及分析母线故障,能正确对母线故障进行简单处理。

【教学环境】

变电仿真运行室、多媒体课件。

任务 6.1　母线差动保护信号识别与分析

【任务目标】

知识目标

1. 掌握母线保护的原理,能识读母线保护原理图。
2. 理解母差保护的配置原则,理解单母线差动保护整定计算原则。
3. 了解比率制动式单母线差动保护原理。
4. 理解元件固定连接的双母线差动保护原理,并能对其进行简单分析。

5. 了解母联电流相位相式比较式母线保护原理，并能对其进行简单分析。

能力目标

1. 看懂、绘制单母线保护原理图。
2. 进行单母线差动保护动作故障分析和比率制动式单母线差动保护分析。
3. 进行元件固定连接的双母线差动保护分析和母联电流相位比较式母线保护分析。
4. 正确判断母线故障，在变电站环境中进行多重故障分析。

【任务描述】

白马垅变 110 kV Ⅰ母发生 A 相接地短路故障。试对主控台信号进行分析，初步判断故障原因，并进行简单处理。

【任务准备】

(1)规程准备

《电力安全工作规程　发电厂和变电站电气部分》(GB 26860—2011)、《白马垅变运行规程》、《继电保护和安全自动装置技术规程》(GB/T 14285—2006)。

(2)设备、资料准备

熟悉白马垅变电站 10 kV,110 kV,220 kV 母线接线方式。收集母线保护装置说明书，了解保护配置，阅读差动保护相关部分。

(3)知识准备

预习本节相关知识内容，并回答以下问题：

①母线保护按保护方法分类有哪些？

②母线保护差动保护原理有哪些？

【相关知识】

6.1.1　母线故障的危害及母线保护的分类

(1)母线故障的危害

母线是电力系统中的一个重要元件。母线上连接着发电机、变压器、输电线路及配电线路等设备。母线工作的可靠性将直接影响发电厂和变电站的可靠性。与输电线路的故障相比，母线故障的概率很小，但却是电气设备中最严重的故障之一，所造成的后果也十分严重。当母线发生故障需要修复时，须将连接在故障母线上的所有元件转换到另一组无故障的母线上运行，而要完成这一转换必须停电，尤其是在电力系统中枢纽变电站的母线发生故障时，会引起事故的扩大，还可能破坏电力系统的稳定运行，甚至造成整个电力系统崩溃。因此，设置动作可靠、性能良好的母线保护，使之能迅速检测出母线上的故障，并及时有选择性地切除故障,是非常有必要的。

(2)**母线保护的分类**

母线故障主要包括各种类型的相间短路和单相接地短路。引起母线故障的原因包括断路器套管及母线绝缘子的闪络、母线电压互感器的故障、运行人员的误碰和误操作等。根据母线在电力系统中的位置、类型及作用,其保护方法主要分为两类:利用相邻元件的保护装置或装设专门的母线保护装置来切除母线故障。

1)利用相邻元件的保护装置来切除故障

①对单侧电源供电的降压变电所,当变电所B母线在K点处发生故障时,可利用线路AB上的电流保护的第Ⅱ段或第Ⅲ段来切除,如图6.1所示。

②如图6.2所示的独立运行的发电厂采用单母线接线。当母线上发生故障时,可利用发电机的过电流保护,使断路器QF_1,QF_2跳闸来切除故障。

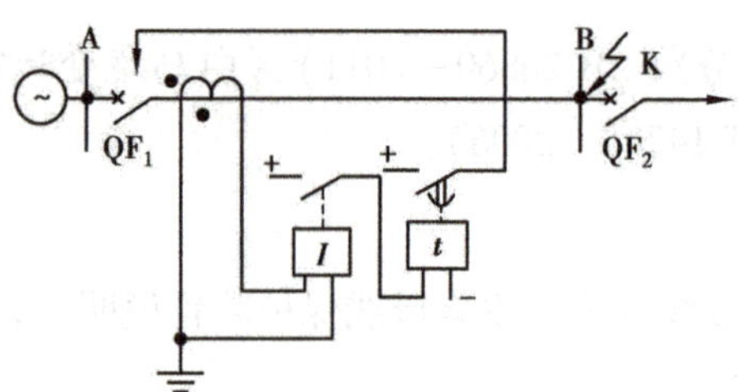

图6.1 利用线路电流保护切除母线故障

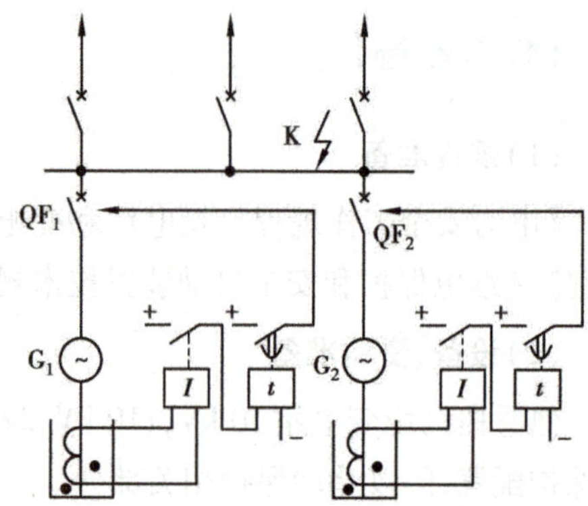

图6.2 利用发电机的过电流保护切除母线故障

③如图6.3所示,具有两台变压器的降压变电所,正常时变电所低压侧母线分裂运行。当低压侧母线发生故障时(如K点),可由相应变压器的过电流保护跳开变压器断路器QF_1和QF_2,将母线短路故障切除。

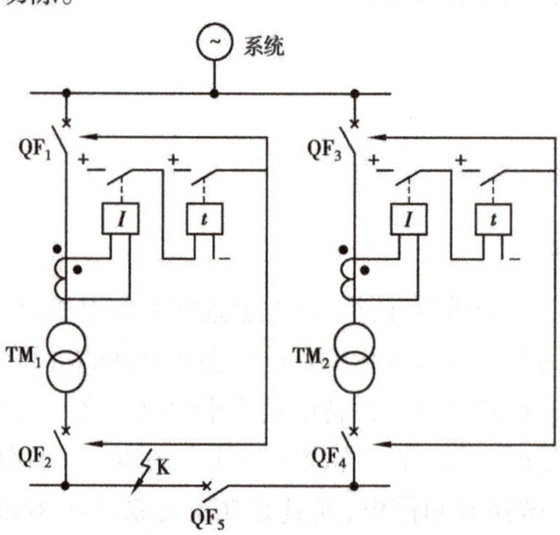

图6.3 利用变压器的过电流保护切除低压母线故障

④如图 6.4 所示的双侧电源网络(或环形网络),当变电站 B 母线上 K 点处短路时,可由保护 1 和保护 4 的第Ⅱ段动作来切除故障。

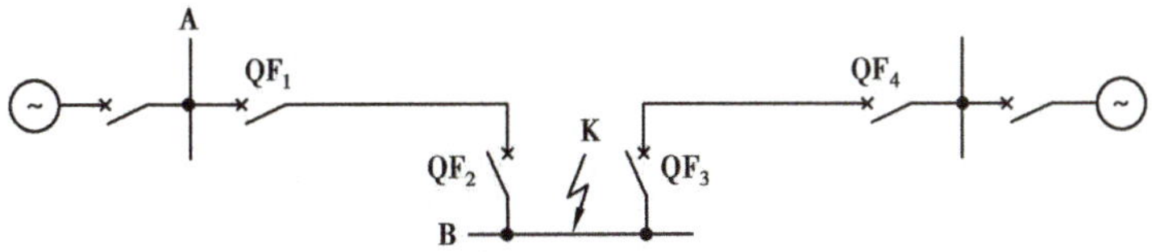

图 6.4　在双侧电源网络上利用电源侧的保护切除母线故障

2)采用专门的母线保护

一般下列情况需要装设专门的母线保护:

①在 110 kV 及以上的双母线和分段单母线上,为保证有选择性地切除任一组(或段)母线上发生的故障,而另一组(或段)无故障的母线仍能继续运行,应装设专用的母线保护。

②110 kV 及以上的单母线,重要发电厂的 35 kV 母线或高压侧为 110 kV 及以上的重要降压变电站的 35 kV 母线,按照装设全线速动保护必须快速切除故障的要求,应装设专用的母线保护。

母线保护包括母线差动保护、母联相关保护(母联失灵、母联死区、母联过流及母联充电等)、母联非全相保护及断路器失灵保护等。母线保护类型多样,不同装置的实现方法和整定也有一定差异。

母线差动保护按原理,可采用比较电流是否平衡、采用比较电流相位是否一致和采用比率制动配合 3 种。比较电流是否平衡的母线差动保护为母线完全、不完全电流差动保护、双母线固定分配式电流差动保护(元件固定连接的双母线电流差动保护)等;比较电流相位是否一致的保护为母联、全电流相位比较式母线差动保护等;采用比率制动配合原理的母线保护为比率制动式母线差动保护。

6.1.2　比较电流是否平衡的母线差动保护

(1)母线完全电流差动保护

母线完全差动保护是在母线的所有连接元件上装设具有相同变比和特性的电流互感器,按同名相、同极性连接到差动回路。其原理接线如图 6.5 所示。与其他元件的差动保护一样,也是按环流法的原理构成的。在母线的所有连接元件上必须装设专用的电流互感器,而且要求这些电流互感器的变比和特性完全相同,并将所有电流互感器的二次绕组在母线侧的端子互相连接,在外侧的端子也互相连接,然后差动继电器接于两连接线之间,差动电流继电器中流过的电流是所有电流互感器二次电流的相量和。这样,在一次侧电流总和为零时,理想情况下二次侧电流的总和也为零。图 6.5 为母线外部 K 点处短路的电流分布图(设电流流进母线的方向为正方向),线路Ⅰ,Ⅱ接系统电源,而线路Ⅲ则接负载。

①在正常或外部发生故障时(如在 K 点处),流入母线与流出母线的一次电流之和为零,即

$$\sum \dot{I} = \dot{I}_{\mathrm{I}} + \dot{I}_{\mathrm{II}} - \dot{I}_{\mathrm{III}} = 0 \tag{6.1}$$

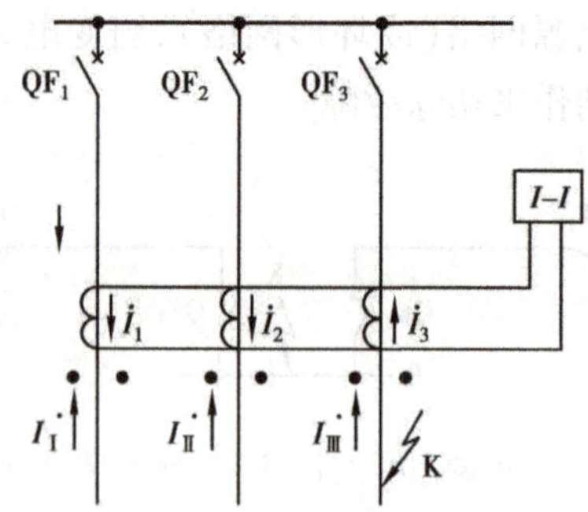

图 6.5　母线完全电流差动保护的原理接线图

流入继电器的电流为

$$\dot{I}_g = \dot{I}_1 + \dot{I}_2 - \dot{I}_3 = \frac{1}{n_{TA}}(\dot{I}_{I} + \dot{I}_{II} - \dot{I}_{III}) \tag{6.2}$$

因电流互感器变比 n_{TA} 相同，在理想情况下流入差动继电器的电流为零，即有 $I_g=0$。但实际上，由于电流互感器的励磁特性不完全一致和误差的存在，因此，在正常运行或外部故障时，流入差动继电器的电流为不平衡电流，即有

$$\dot{I}_g = \dot{I}_{unb} \tag{6.3}$$

式中　$\dot{I}_{unb}$——电流互感器特性不一致而产生的不平衡电流。

②母线故障时，所有电源的线路都向故障点供给故障电流，则

$$\dot{I}_g = \frac{1}{n_{TA}}(\dot{I}_{I} + \dot{I}_{II}) = \frac{1}{n_{TA}}\dot{I}_K \tag{6.4}$$

式中　$\dot{I}_K$——故障点的总短路电流。此电流数值很大，足以使差动继电器动作。

母线完全差动保护适用于大接地电流系统中的单母线，或双母线但经常只有一组母线运行的情况。

(2)母线不完全电流差动保护

母线完全差动保护要求连接于母线上的全部元件都装设电流互感器，这对出线很多的6～66 kV 母线，要实现完全差动保护就很困难，因为设备费用贵，且会使保护的接线变得复杂。为了解决上述问题，可根据母线的重要程度采用母线不完全差动保护。

1)母线不完全差动保护的工作原理

实现母线不完全差动保护，只需在有电源的元件上装设变比和特性完全相同的 D 级电流互感器。如图 6.6 所示，只需在发电机、变压器和分段断路器(母联断路器)上装设电流互感器，且电流互感器只装设在 A，C 两相上，按差动原理连接，在差动回路中接入 KD_1，KD_2 差动继电器。因为没有将所有连接元件都接入差动回路，故称不完全电流差动保护。正常运行时，差动继电器中流过的是各馈电线路负荷电流之和；馈电线路上发生短路故障时，差动继电器流过的是短路电流。

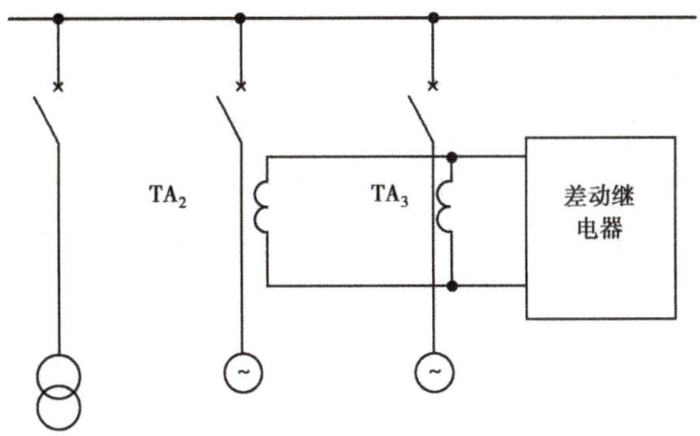

图 6.6 母线不完全电流差动保护原理接线图

2)母线不完全差动保护的整定原则

母线不完全差动保护由差动电流速断和差动过电流两段组成。差动电流速断的动作电流应躲过在出线线路发生短路故障时流过保护的最大电流。差动过电流保护为第Ⅱ段,作为电流速断的后备,动作电流应按躲过母线上的最大负荷电流来整定,动作时限应比馈电线路过电流保护最大动作时限长一个时限级差 Δt。

实质上,母线不完全差动保护是一个接于所有电源支路电流之和的电流速断保护,故它比简单的电流速断保护具有更高的灵敏度。由于它动作迅速,灵敏度高,而且接线也较简单和经济。因此,在 6 ~ 10 kV 发电厂及变电所的母线上得到了广泛的应用。

(3)双母线固定连接运行的母线完全差动保护

当发电厂和重要变电所的高压母线为双母线时,为了提高供电的可靠性,常采用双母线同时运行,母联断路器处于投入状态。按照一定的要求,每组母线上都固定连接约 1/2 的供电电源和输电线路,这种母线称为固定连接母线。当任一组母线故障时,只切除接于该母线上的元件,而另一组母线上的连接元件则照常运行,从而缩小了停电范围,提高了供电的可靠性。因此,双母线差动保护要具备能区别哪一组母线故障的选择元件,以及能区别区内故障和区外故障的启动元件。

1)双母线固定连接的母线完全差动保护的组成

双母线固定连接方式的差动保护单相原理接线如图 6.7 所示。它主要由 3 个部分组成:第一部分用于选择母线Ⅰ的故障,它包括电流互感器 1,2,6 和差动继电器 KD_1;第二部分用于选择母线Ⅱ的故障,它包括电流互感器 3,4,5 和差动继电器 KD_2;第三部分实际上是将母线Ⅰ,Ⅱ都包括在内的完全差动保护,它包括电流互感器 1—6 和差动继电器 KD_3。无论母线Ⅰ或母线Ⅱ故障,KD_3 都动作。当外部故障时,KD_3 则不动作。KD_3 作为整个保护的启动元件。

2)双母线固定连接的母线完全差动保护的工作原理

①如图 6.8 所示,正常运行或保护区外部(K 点处)发生故障时,由二次电流分布情况可见,流经差动电流继电器 KD_1,KD_2 和 KD_3 的电流均为不平衡电流。而保护装置是按躲过外部故障时最大不平衡电流来整定的,故差动保护不会误动作。

②任一组母线区内发生故障时(图 6.9 中母线Ⅰ上 K 点处),由二次电流分布情况可

知，流经差动电流继电器 KD_1，KD_2 的电流为全部故障二次电流，而差动继电器 KD_2 中仅有不平衡电流流过，故 KD_1 和 KD_3 动作，KD_2 不动作。由图 6.9 可知，KD_3 动作后启动中间继电器 KC_6，从而使母联断路器 QF_5 跳闸，并发出母联断路器跳闸信号。KD_1 动作后，启动中间继电器 KC_4，从而使断路器 QF_1 和 QF_2 跳闸并发出相应的跳闸信号。这样，既把故障的Ⅰ组母线切除，同时使没有故障的Ⅱ组母线仍继续保持运行，提高了电力系统供电的可靠性。类似地，可分析母线Ⅱ上发生故障时的保护动作情况。

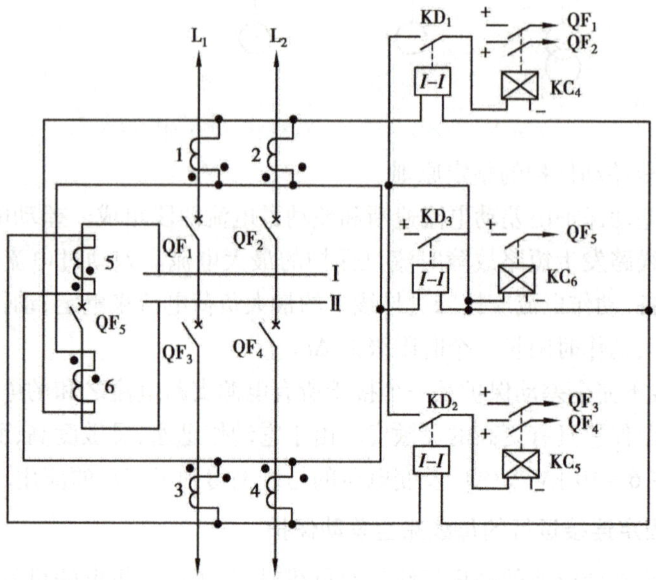

图 6.7　双母线固定连接的差动保护单相原理图

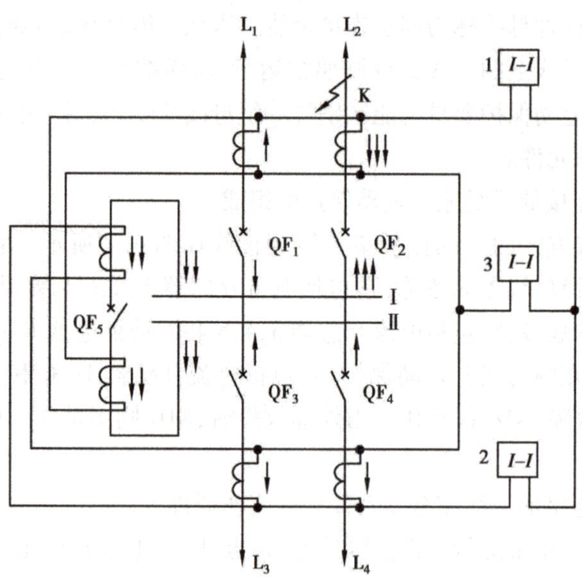

图 6.8　按固定连接的母线差动保护在区外故障时的电流分布

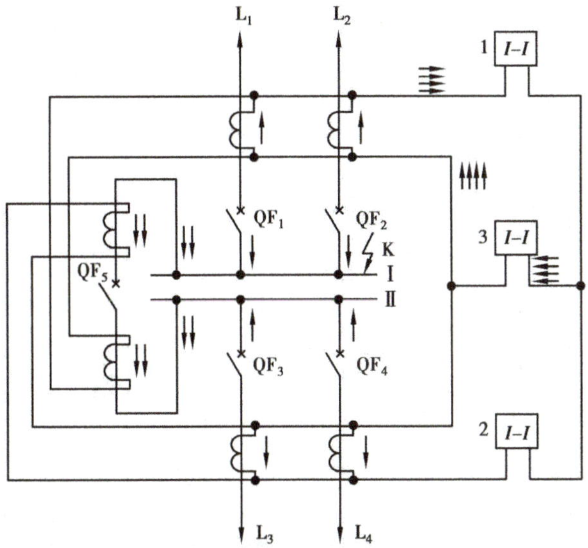

图 6.9　按固定连接的母线差动保护在区内故障时的电流分布

3)母线固定连接方式破坏时保护动作情况的分析

母线固定连接方式的优点是任一母线故障时,能有选择地、迅速地切除故障母线,没有故障的母线继续照常运行,从而提高了电力系统运行的可靠性。但在实际运行过程中,因设备的检修和元件故障等原因,母线固定连接常常被破坏。例如,将线路 L_2 从Ⅰ组母线切换至Ⅱ组母线时,如图 6.10 所示。由于母线差动保护的二次回路不随着母线切换而切换,而按固定连接方式工作的两组母线差动保护选择元件,不能反映这两组母线上确实有设备的电流值,因此,使母线失去构成差动保护的基本条件,不能正确动作。线路 L_2 上外部发生故障时(K 点处),差动电流继电器 KD_1 和 KD_2 都将流过较大的差电流而误动作。而 KD_3 仅流过不平衡电流,不会动作。由于 KD_1 和 KD_2 触点的正电源受 KD_3 触点所控制,而这时 KD_3 若不动作就保证了保护不会误跳闸。由此可知,启动元件 KD_3 当固定连接破坏时,能防止外部发生故障时差动保护的误动作。

当Ⅰ组母线故障时(见图 6.11),差动继电器 KD_1,KD_2,KD_3 都有故障电流流过,这样,启动元件 3 和选择元件 1,2 都动作,从而将两组母线上的引出线全部切除。事实上扩大了故障范围,这是不允许的。因此,为了保证保护的正确动作,希望母线固定连接的运行方式尽量不被破坏,但如此一来就会限制电力系统调度的灵活性,这是该保护的主要缺点。

双母线固定连接运行的完全差动保护的缺点是缺乏灵活性。为克服此缺点,目前在双母线同时运行的系统中,广泛采用另一种差动保护——母联电流相位比较式母线差动保护。它适用于双母线连接元件运行方式经常改变的母线上。

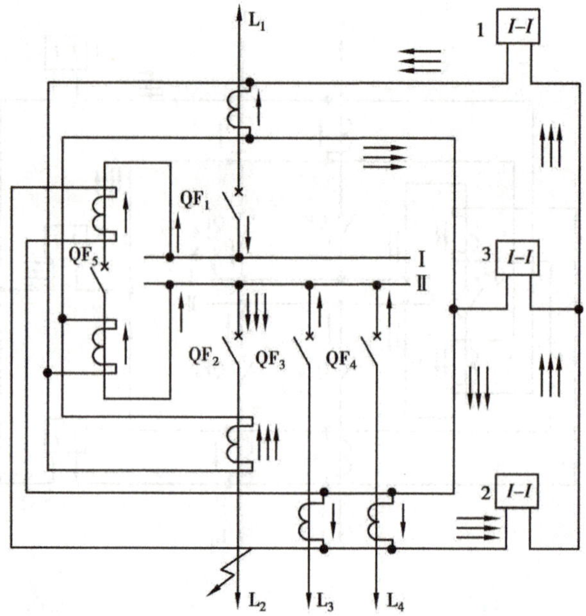

图 6.10　固定连接破坏后母线区外故障时的电流分布

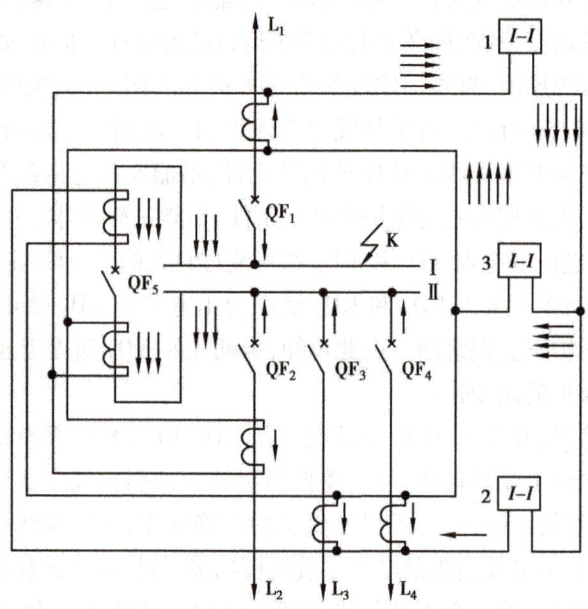

图 6.11　固定连接破坏后母线 I 上发生故障时的电流分布

6.1.3　比较电流相位的母线保护

(1)电流比相式母线保护构成原理

电流比相式母线保护是根据母线外部故障或内部故障发生时连接在该母线上各元件电流相位的变化来实现的。如图 6.12 所示,假设母线上只有两个元件,当母线上 K 点处发生故障时，电流$\dot{I}_1$和$\dot{I}_2$都流向母线，在理想的情况下两者相位相同，如图6.12(a)所示；而当线路正常运行或外部(如K_1点处)发生故障时(见图6.12(b))，电流$\dot{I}_1$流入母线，电流$\dot{I}_2$由母线流出，两者大小相等、相位相反。显然，利用比相元件比较各元件电流的相位，便可判断是内部故障还是外部故障，从而来确定保护的动作。

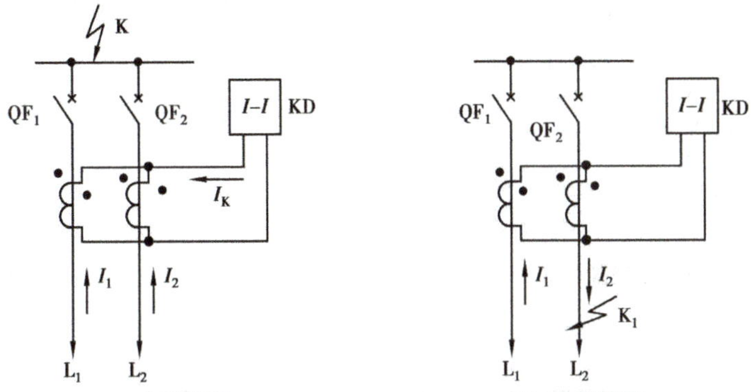

图6.12　外部与内部故障时的电流分布

电流比相式母线保护在母线充电时也能正确反映短路故障，故可兼作母线充电保护。但当区外发生短路故障时，若短路电流中含有较大的非周期分量电流，将导致电流互感器铁芯严重饱和，使二次无输出或引起波形畸变。如不采取特殊措施，电流比相式母线保护可能发生误动作。此外，母线经较大的过渡电阻发生短路故障时，因负荷电流的影响，故保护存在拒动的可能性。

(2)母联电流相位比较式母线差动保护

1)工作原理

母联电流相位比较式母线差动保护的原理是比较母线联络断路器回路的电流与总差动电流的相位关系。该保护的单相原理接线如图6.13所示。它的主要元件是启动元件KD和选择元件KW_1和KW_2。启动元件KD接于所有引出线(不包括母联断路器回路)的总差动电流，KW的两个绕组分别接入母联断路器回路的电流和总差动回路的电流，通过比较这两个回路中电流的相位来获得选择性。在如图6.13(a)所示的双母线接线中，假设Ⅰ，Ⅱ母线并列运行，Ⅰ母线和Ⅱ母线的连接元件中均有电源线路，规定母联电流$\dot{I}_5$的正方向为由Ⅱ母线流向Ⅰ母线，则当Ⅰ母线上的K_1点发生短路故障时，母联电流$\dot{I}_5$为

$$\dot{I}_5 = \dot{I}_3 + \dot{I}_4 \tag{6.5}$$

短路电流$\dot{I}_K$为

$$\dot{I}_K = \dot{I}_1 + \dot{I}_2 = \dot{I}_3 + \dot{I}_4 \tag{6.6}$$

显然，当不计各电源间的相角差和各元件阻抗角的不同时，$\dot{I}_5$和$\dot{I}_K$同相位，如图6.13(b)所示。

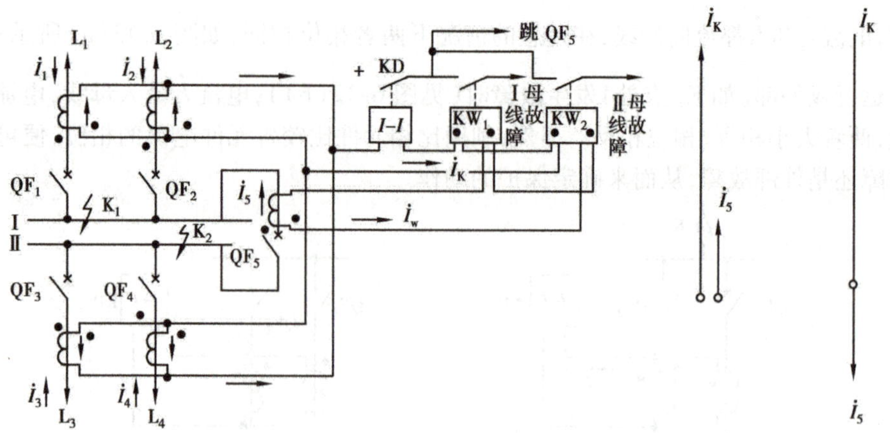

(a)原理接线图　　(b)相量关系

图 6.13　母联电流与短路电流相位比较

Ⅱ母线上的 K_2 点发生短路故障时,母联电流 $\dot{I}_5$ 为

$$\dot{I}_5 = -(\dot{I}_1 + \dot{I}_2) \tag{6.7}$$

短路电流 $\dot{I}_K$ 仍如式(6.17)所示。因此,$\dot{I}_5$ 与 $\dot{I}_K$ 反相位,如图 6.13(c)所示。

可见,图 6.13 中 $\dot{I}_5$ 为正方向时,若 $\dot{I}_5$ 与 $\dot{I}_K$ 同相位,则判别为Ⅰ母线上发生了短路故障;若 $\dot{I}_5$ 与 $\dot{I}_K$ 反相位,则判别为Ⅱ母线上发生了短路故障。

在图 6.13(a)接线中,差动继电器 KD 中的电流 $\dot{I}_k = \dfrac{\dot{I}_K}{n_{TA}}$,所以电流 $\dot{I}_k$ 的相位就是短路电流 $\dot{I}_K$ 的相位,并且 KD 动作时,即表示Ⅰ母线或Ⅱ母线发生了短路故障。KW_1,KW_2 是故障母线的选择元件,进行 $\dot{I}_5$ 与 $\dot{I}_K$ 的相位比较,即对 $\dot{I}_w = \dfrac{\dot{I}_5}{n_{TA}}$ 和 $\dot{I}_k = \dfrac{\dot{I}_K}{n_{TA}}$ 进行相位比较。当 $\dot{I}_k$ 与 $\dot{I}_w$ 同时从 KW_1 的两个绕组的同极性端流进时,KW_1 处于动作状态(对 KW_2 处,从同极性端流出,处于不动作状态);当 $\dot{I}_k$ 与 $-\dot{I}_w$ 同时从 KW_2 的两个绕组的同极性端流进时,KW_2 处于动作状态(对 KW_1,$-\dot{I}_w$ 从同极性端流出,处于不动作状态)。

由上述分析可知,KD,KW_1 动作时,判别为Ⅰ母线短路故障;KD,KW_2 动作时,判别为Ⅱ母线上发生了短路故障。

2)母线电流相位比较式母线差动保护工作情况分析

图 6.14(a)给出了母联相位比较式母线保护的交流电流回路。其中,KD_1,KD_2 和 KD_3 为接入电流差动回路 A 相、B 相 和 C 相的启动元件。母线上发生短路故障时,差动继电器动作,KW_1,KW_2,KW_3 为 A 相、B 相、C 相故障母线的选择元件(与图 6.13 中的 KW_1,KW_2 含义不同),每相选择元件中有两个选择继电器。KP_1(A 相)、KP_1(B 相)、KP_1(C 相)为 KW_1,

KW_2，KW_3 中Ⅰ母线 A 相、B 相、C 相故障的选择元件，KP_2（A 相）、KP_2（B 相）、KP_2（C 相）为 KW_1，KW_2，KW_3 中Ⅱ母线 A 相、B 相、C 相故障的选择元件。KA 用以检测电流互感器二次回路三相断线；KAZ 用以检测电流互感器二次回路单相和两相断线；KA_1，KA_2，KA_3 为母联断路器上供电流速断保护用的电流继电器，作母线充电时切除故障母线之用。图 6.14(b) 给出了保护的交流电压回路。其中，KVZ_1，KVZ_2 为反映Ⅰ，Ⅱ母线复合电压的闭锁元件。交流电压回路的引入提高了母线保护工作的可靠性。图 6.15 给出了母联电流相位比较式母线保护的直流回路。

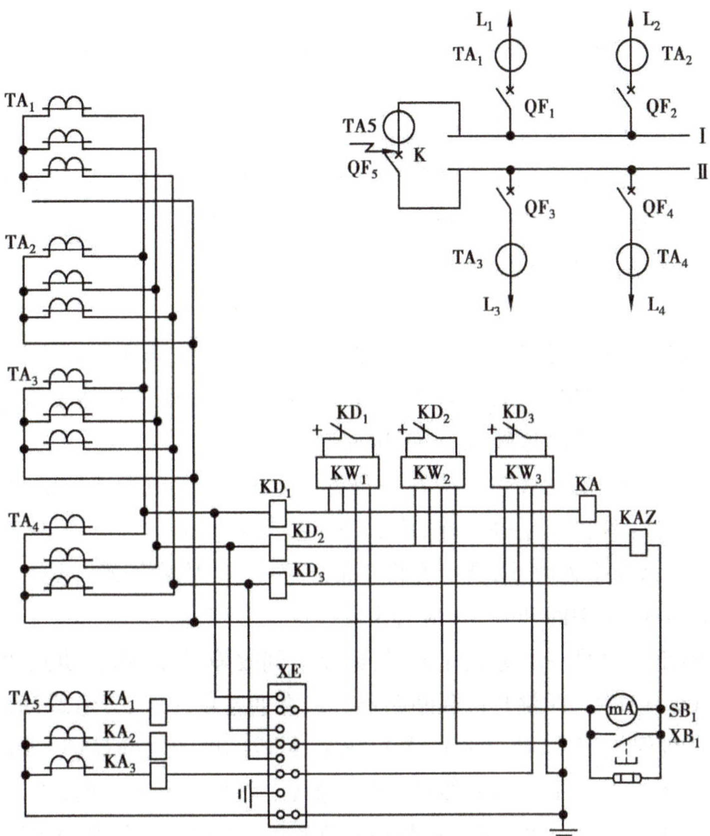

(a)交流电流回路

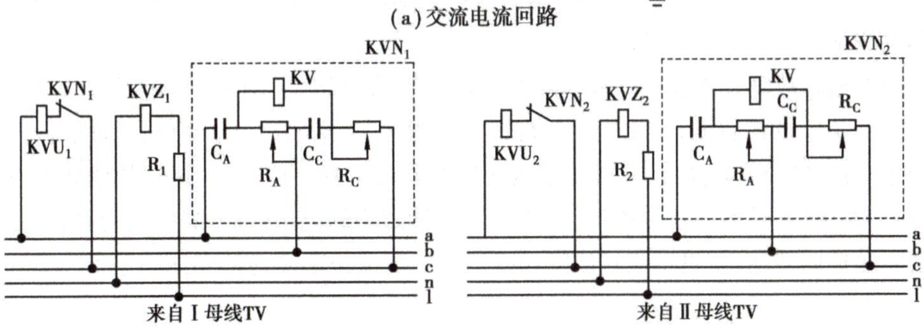

(b)交流电压回路

图 6.14　母联电流相位比较式母线差动保护的交流回路

①正常运行和区外短路故障时

启动元件 KD_1,KD_2,KD_3 不动作,选择元件 KW_1,KW_2,KW_3 不动作,故保护不动作。

②母线短路故障时

KD_1,KD_2,KD_3 中的故障相启动元件动作,KM_5 动作,将母联断路器跳闸。如果短路故障发生在Ⅰ母线上,则启动元件动作后,故障相的选择元件 KP_1 投入工作,于是 KC_1 动作。因短路故障发生在Ⅰ母线上,故电压闭锁继电器 KCB_1 处于动作状态。因此,Ⅰ母线连接元件的断路器被跳开。

为防止母联断路器跳开后,选择元件因母联电流切断而返回,造成故障母线不能切除,因此,在选择元件的动合触点上并接了出口继电器(KC_1 或 KC_2)的动合触点,可将动作状态记忆住,保证了可靠跳闸。

③连接元件切换到另一条母线上工作时

连接元件从一条母线切换到另一条母线运行是通过隔离开关倒闸操作实现的。此时,由隔离开关辅助触点或重动继电器触点自动切换其跳闸回路,使之与连接元件的运行方式相对应,如图 6.15 所示的 QS_1,QS_2 触点。

④其他

a. 母联断路器断开使双母线分裂运行或以单母线运行时,选择元件不用正确选择故障母线,此时应将选择元件退出工作,即合上图 6.15 中的开关 SA。母线上发生短路故障时,借助电压闭锁元件来选择故障母线,保证了选择性。

b. 双母线并列运行但电源线路集中在一条母线上时,若无电源线路的母线发生短路故障,则启动元件、选择元件仍能正确工作,将故障母线切除。但当有电源线路的母线发生短路故障时,因母联断路器中无电流,选择元件不能正常工作,故障不能切除。为此,应将选择元件退出工作,即图 6.15 中的开关 SA 应合上。

c. 利用母联断路器对另一条母线充电时,如充电到故障母线,则启动元件和选择元件能正确工作,将故障母线切除,即跳开母联断路器。但在通常情况下,合母联断路器的同时,已借助 KC 触点将母线保护解除,依靠 KA_1,KA_2,KA_3 组成的电流速断保护来切除故障母线。

d. 如果双母线上连接有平行双回线路,当在母线上发生短路故障时,为防止平行双回线路上的横联保护发生误动作,除加速母联断路器跳闸外,还宜将横联保护闭锁,图 6.15 中的闭锁继电器 KCB_4 即起此作用。

e. 如果短路故障发生在母联断路器和电流互感器之间(见图 6.14(a)中的 K 点),对于电流互感器 TA_5 的位置而言,相当于Ⅱ母线上发生了短路故障,于是启动元件、Ⅱ母线选择元件动作,母联断路器(QF_5)、Ⅱ母线连接元件断路器跳闸。但是,因短路故障仍然存在,故将导致 L_1,L_2 线路对侧后备保护动作,扩大了故障影响的范围。应当指出,母联断路器上的电流速断保护即使动作,也不能将故障切除。对母线保护来说,就是出现了死区。

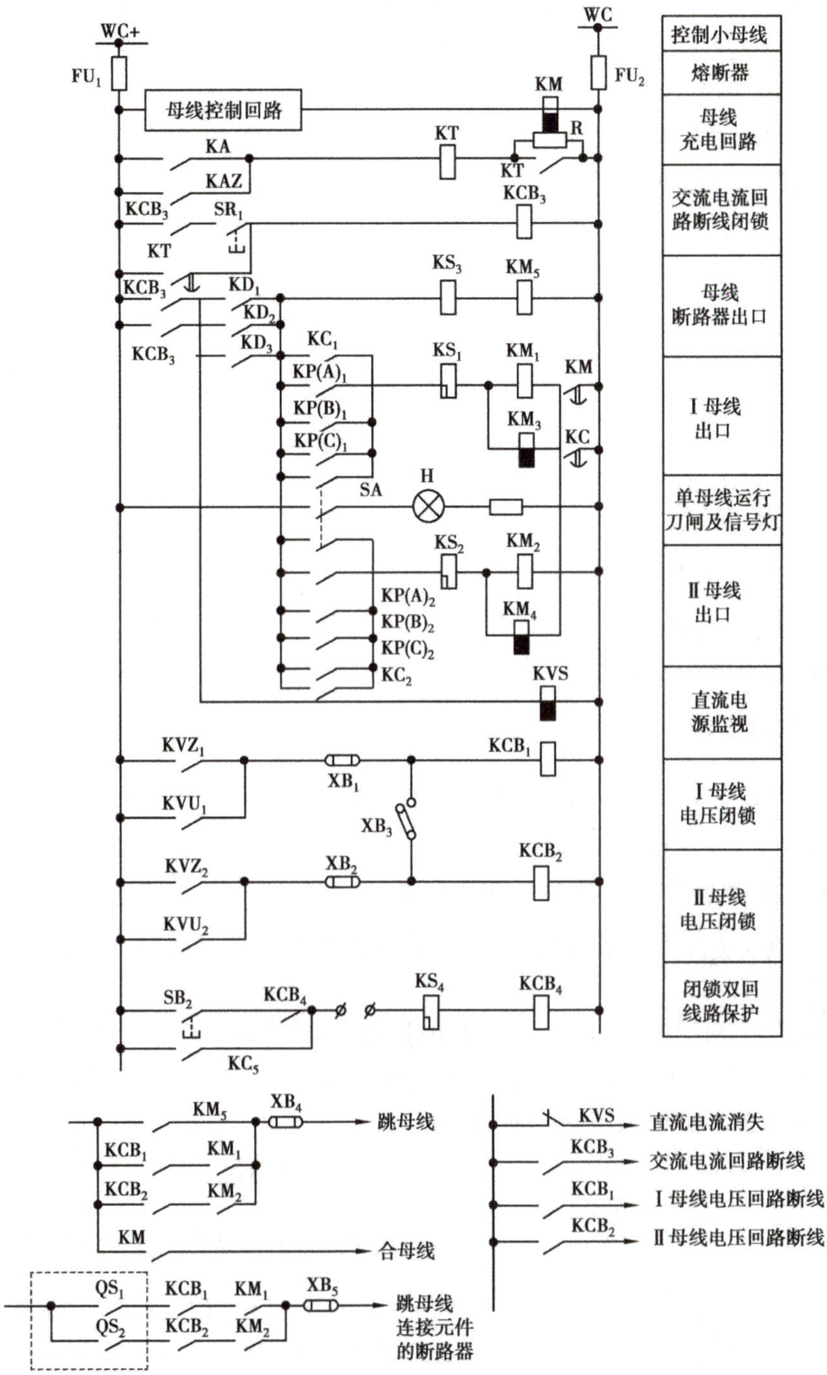

图 6.15　母联电流相位比较式母线差动保护的直流回路

6.1.4　采用比率制动配合的母线差动保护

随着系统容量的不断扩大和电压等级的升高，母线的接线方式也越来越复杂。当发生保护区外故障时,相应分支的短路电流很大,电流互感器严重饱和,差动回路出现很大的不平衡电流,导致母线保护误动作。而比率制动式母线差动保护能很好地解决外部短路时产生较大不平衡电流的问题。

母线差动保护为分相式比率制动差动保护。大差、小差均采用具有比率制动特性的分相电流差动算法。其动作方程为

$$I_{\mathrm{d}} > I_{\mathrm{s}} \tag{6.8}$$

$$I_{\mathrm{d}} > KI_{\mathrm{r}} \tag{6.9}$$

其中

$$I_{\mathrm{d}} = \left| \sum_{n=1}^{n} \dot{I}_n \right|, I_{\mathrm{r}} = \sum_{n=1}^{n} |\dot{I}_n|$$

式中 I_{d}——差动电流;

I_{r}——制动电流;

K——比率制动系数;

I_{s}——差动电流定值;

$\dot{I}_n$——各支路电流。

其保护的工作情况如下:

(1)正常运行时

差动电流 $\dot{I}_{\mathrm{d}} = \dot{I}_1 + \dot{I}_2 + \cdots + \dot{I}_n = 0$,而制动电流 $|\dot{I}_1| + |\dot{I}_2| + \cdots + |\dot{I}_n|$ 为电流之标量和,因此,差动电流小于制动电流,保护不动作。

(2)母线外部故障时(如线路 L_3 发生短路)

①当电流互感器尚未饱和时(在外部短路的几毫秒内),与前面正常运行时一样,差动保护不动作。

②若故障线路的短路电流很大,一侧电流互感器很可能严重饱和,虽然一次电流很大,互感器二次侧输出电流小,差动回路不平衡电流显著增大。因此,保护定值应考虑躲过外部短路因电流互感器饱和引起的不平衡电流。

(3)母线内部故障时

所有连接元件的短路电流流入母线,差动电流 $\dot{I}_{\mathrm{d}} = \dot{I}_1 + \dot{I}_2 + \cdots + \dot{I}_n$ 很大,$I_{\mathrm{d}} > KI_{\mathrm{r}}$,保护灵敏动作。

比率制动式母线差动保护接线简单、性能优良、动作迅速,得到广泛应用。差动保护比率特性图如图6.16所示。

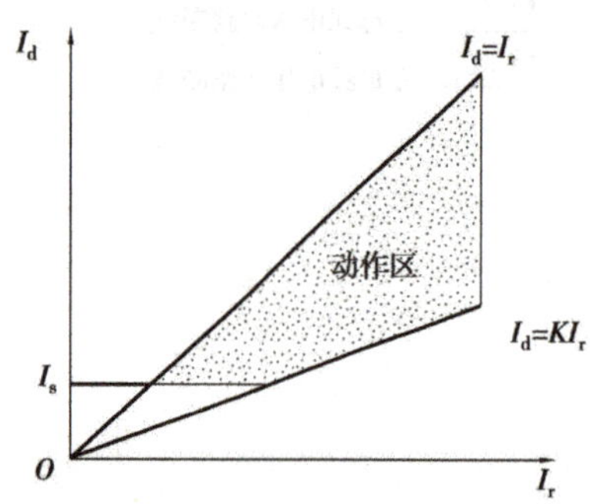

图 6.16 差动保护比率特性图

【任务实施】

(1)关键信息识别

1)事故详细描述

①主要象征

在白马垅变电站中,主控台显示以下信号:

SOE 事件 | 2018-08-22 14:56:10.250 | 110 kV 母差保护屏 WMH-800(A 相差动)大差动作 | 白马垅变
SOE 事件 | 2018-08-22 14:56:10.250 | 110 kV 母差保护屏 WMH-800(A 相差动) Ⅰ母差动动作 | 白马垅变
SOE 事件 | 2018-08-22 14:56:10.250 | 110 kV 母差保护屏 WMH-800(B 相差动)大差动作 | 白马垅变
SOE 事件 | 2018-08-22 14:56:10.250 | 110 kV 母差保护屏 WMH-800(B 相差动) Ⅰ母差动动作 | 白马垅变
SOE 事件 | 2018-08-22 14:56:10.250 | 110 kV 母差保护屏 WMH-800(C 相差动)大差动作 | 白马垅变
SOE 事件 | 2018-08-22 14:56:10.250 | 110 kV 母差保护屏 WMH-800(C 相差动) Ⅰ母差动动作 | 白马垅变
SOE 事件 | 2018-08-22 14:56:10.375 | 220 kV 母差Ⅱ屏 WMZ-41B 装置Ⅱ母失灵电压闭锁开放 | 白马垅变
SOE 事件 | 2018-08-22 14:56:10.375 | 220 kV 母差Ⅱ屏 WMZ-41B 装置Ⅱ母差动电压闭锁开放 | 白马垅变
SOE 事件 | 2018-08-22 14:56:10.375 | 220 kV 母差Ⅱ屏 WMZ-41B 装置Ⅰ母差动电压闭锁开放 | 白马垅变
SOE 事件 | 2018-08-22 14:56:10.500 | 2#主变保护 B 屏 WBH-800 中压侧复压方向过流动作 | 白马垅变
SOE 事件 | 2018-08-22 14:56:10.500 | 2#主变保护 A 屏 WBH-800 中压侧复压方向过流动作 | 白马垅变
SOE 事件 | 2018-08-22 14:56:10.500 | 1#主变保护 A 屏 WBH-800 中压侧复压方向过流动作 | 白马垅变
SOE 事件 | 2018-08-22 14:56:10.625 | 1#主变保护 B 屏 WBH-800 中压侧复压方向过流动作 | 白马垅变
遥信变位 | 2018-08-22 14:56:10.750 | 500 分闸 | 白马垅变
遥信变位 | 2018-08-22 14:56:10.750 | 510 分闸 | 白马垅变
遥信变位 | 2018-08-22 14:56:10.875 | 白马垅变 502 开关分闸 | 白马垅变

遥信变位 | 2018-08-22 14:56:10.875 | 白马垅变 504 开关分闸 | 白马垅变
遥信变位 | 2018-08-22 14:56:10.875 | 白马垅变 506 开关分闸 | 白马垅变
SOE 事件 | 2018-08-22 14:56:20.875 | 502TV 断线 | 白马垅变
SOE 事件 | 2018-08-22 14:56:20.875 | 504TV 断线 | 白马垅变
SOE 事件 | 2018-08-22 14:56:20.875 | 506TV 断线 | 白马垅变

值班人员检查遥测信号 110 kV Ⅰ母失压,110 kV Ⅰ母所带线路断路器全部跳闸,#1 主变中压侧断路器 510 跳闸。

②事故前运行方式

仿真变一次接线图及保护配置见附录。110 kV 白马垅变 110 kV 母线并列运行,母联 500 断路器在合闸位置,110 kV 线路在故障前均处运行状态,配置绝缘监视装置。

2)母线保护信息识别

母线失压时的主要事故象征有:

①音响

告警声,并报语音"××变事故告警"。

②告警信息窗

"××变××断路器事故跳闸""××变×母第一套××母差(失灵)""××变×母第二套××母差(失灵)""××变×母××保护 TA 断线告警"等。

③光字牌

"××变××断路器事故跳闸""××变×母第一套××母差(失灵)""××变×母第二套××母差(失灵)""××变×母××保护 TA 断线告警"等。

④遥测值

×母电压显示为 0。

母线故障信息的释义及产生原因见表 6.1。

表 6.1 母线故障信息的释义及产生原因(一)

序号	信号名称	释　义	产生原因	分类
1	××变××断路器事故跳闸	××断路器分闸	任何保护动作或机构故障造成的断路器分闸均发此信号	事故
2	××变×母第一、二套××母差(失灵)	母差保护动作发出Ⅰ母或Ⅱ母上所有断路器跳闸命令	1.220 kV Ⅰ段或Ⅱ段母线上发生故障 2.正常运行时误合Ⅰ段或Ⅱ段母线侧接地刀闸	事故

续表

序号	信号名称	释　义	产生原因	分类
3	××变×母××保护TA断线告警	母差保护装置检测到任一支路电流互感器二次回路开路或短路	1. 电流互感器本体故障 2. 电流互感器二次回路断线(含端子松动、接触不良)或短路	告警
4	××母线第一(二)套母差保护PT断线告警	母差保护装置检测到Ⅰ母或Ⅱ母电压消失或三相不平衡	1. 电压互感器本体故障 2. 电压互感器熔断器熔断或空气开关跳闸,电压互感器二次回路断线(含端子松动、接触不良)或短路	告警

3)准确识别关键信息

在本例中关键信息为:(A相差动)(B相差动)大差动作;110 kV母差保护屏WMH-800(A相差动)(B相差动)Ⅰ母差动动作;2#主变保护A屏、B屏中压侧复压方向过流动作;500,510,502,504,506断路器分闸。

(2)**故障判断与分析**

1)监控信号分析

①母线失压可能的原因

a.母线故障。

b.保护误动。保护误动的原因有保护装置故障、人员工作失误、保护接线错误造成区外故障时保护误动。

②故障判断

因Ⅰ母差动动作,故障为110 kV Ⅰ母差动保护范围内设备发生三相短路,应现场检查110 kV Ⅰ母线及附属设备情况,查找故障点。

2)现场检查及保护报文分析

①故障报文

故障报文如图6.17所示。

报文分析:

0 ms　AB相电压降低,AB相电流增大,110 kV Ⅰ母发生AB相短路。

20 ms　ABC相电压降低,ABC相电流增大,110 kV Ⅰ母发生ABC相短路。

A,B,C三相分别于36 ms,40 ms,40 ms跳闸。

故障线路：110kV母联电流
故障距离(km)：999.
故障相别：ABC
故障电流(A)：5.1　5.1　5.5
故障电压(V)：0.5　0.6　0.6
跳闸相别：A　B　C
跳闸时间(ms)：36　40　40
S6 110kV Ⅰ母差动动作：6. ms 合
S4 110kV母联操作箱出口：17. ms 合
S4 110kV母联操作箱出口：47.3 ms 分
S6 110kV Ⅰ母差动动作：71.6 ms 分
a1 110kV Ⅰ母电压UA：突变 越限 正序
a2 110kV Ⅰ母电压UB：突变 越限
a3 110kV Ⅰ母电压UC：突变 越限
a4 110kV Ⅰ母电压3U0：突变 越限

故障前后电流电压有效值：

线路名：	110kV母联电流				110kV Ⅰ母电压			
	A	B	C	0	A	B	C	0
-40ms	0.15A	0.15A	0.15A	0.00A	58.84V	58.41V	58.30V	0.23V
-20ms	0.15A	0.29A	0.15A	0.00A	52.15V	55.27V	58.33V	0.25V
0ms	5.38A	5.43A	2.40A	0.02A	21.62V	21.34V	42.34V	0.97V
20ms	4.95A	5.16A	5.27A	0.03A	0.67V	1.04V	0.62V	2.21V
40ms	0.00A	0.62A	0.61A	0.01A	1.21V	1.53V	2.73V	8.71V
60ms	0.00A	0.00A	0.00A	0.01A	0.08V	0.03V	0.09V	0.07V
80ms	0.00A	0.00A	0.00A	0.00A	0.07V	0.06V	0.22V	0.27V
100ms	0.00A	0.00A	0.00A	0.00A	0.07V	0.13V	0.25V	0.25V
120ms	0.00A	0.00A	0.00A	0.00A	0.12V	0.24V	0.27V	0.35V
140ms	0.00A	0.00A	0.00A	0.00A	0.23V	0.24V	0.29V	0.42V

打印序号	通道号	类型	通道名称
1	b1	交流电流	110kV母联电流IA
2	b2	交流电流	110kV母联电流IB
3	b3	交流电流	110kV母联电流IC
4	b4	交流电流	110kV母联电流3I0
5	a1	交流电压	110kV Ⅰ母电压UA
6	a2	交流电压	110kV Ⅰ母电压UB
7	a3	交流电压	110kV Ⅰ母电压UC
8	a4	交流电压	110kV Ⅰ母电压3U0
9	s6	开关	110kV Ⅰ母差动动作
10	s4	开关	110kV母联操作箱出口

时标单位：毫秒
比例尺：　110kV母联电流　:0.100740　110kV Ⅰ母电压　:2.111872

图6.17　故障报文

②故障录波图

母线故障录波图如图6.18所示。

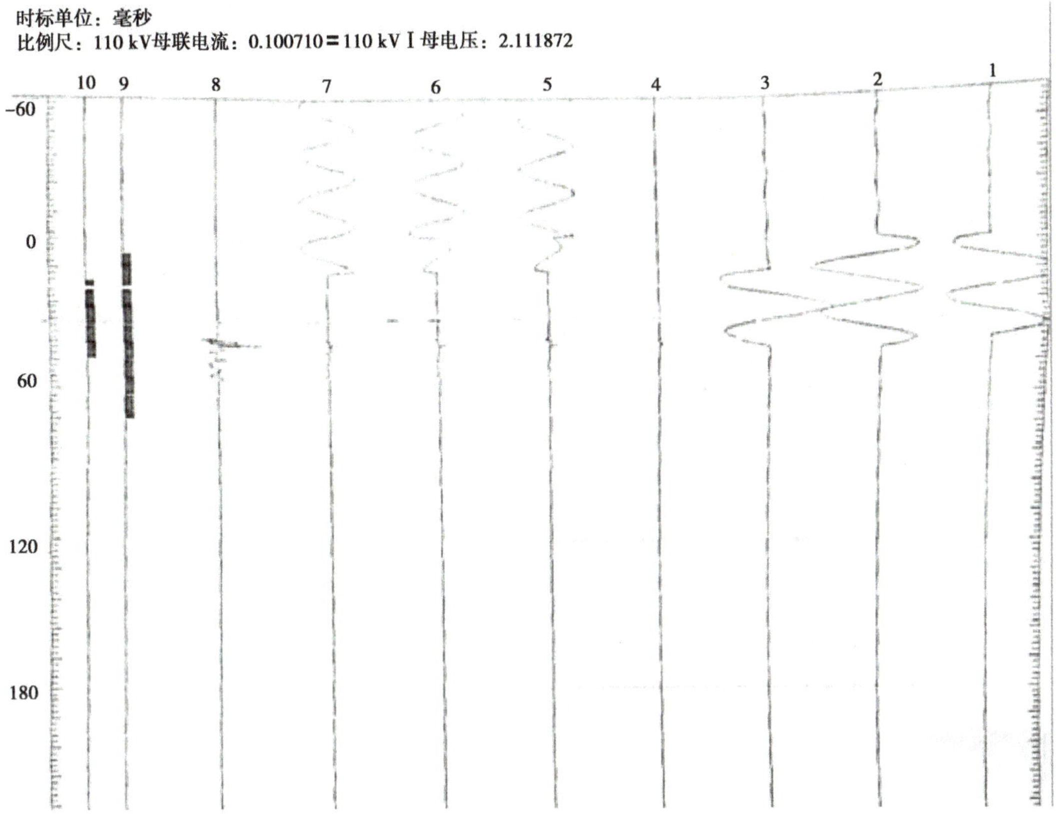

图6.18　母线故障录波图

(3)**具体处理流程**

1)故障情况及时间记录及第一次汇报

8月22日14:56 110 kV Ⅰ母差动保护动作失压;500,510,502,504,506断路器跳闸。天气晴。现场设备及保护装置情况待检查。

2)现场检查

值班人员应注意穿绝缘靴,做好安全防范措施,再到检查现场110 kV Ⅰ母线一次、二次设备,现场发现110 kV Ⅰ母1#电压互感器处发生了三相短路故障。检查保护装置动作信息及运行情况、故障录波器动作情况,打印保护报文及故障录波报告。

3)第二次汇报

现场检查白马垅变110 kV Ⅰ母1#电压互感器处发生了三相短路故障,现场510,500,502,504,506断路器在断开位置。

4)在调度的指挥下进行故障处理的注意事项

①应监视其他运行主变及相关线路的负荷情况,检查运行主变运行是否正常。

②如母线失压造成站用电消失,应及时切换或恢复。

③失压母线上的电容器、线路断路器应断开。

【任务工单】

110 kV 母线单相接地故障处理任务工单见表6.2。

表6.2　110 kV 母线单相接地故障处理任务工单

工作任务	110 kV 母线单相接地故障信号分析及处理		学　时		成　绩	
姓　名		学　号		班　级	日　期	

任务描述:220 kV 白马垅变电站110 kV 母线(双母接线)发生单相接地故障时,请对出现的信号进行识读与初步分析判断,并进行简单处理。

一、咨询

1. 保护装置认识

(1)了解保护装置基本操作,查询并记录母线保护装置型号、版本号。

(2)阅读保护装置说明书,了解母线差动保护逻辑图。

(3)记录装置保护配置及母线差动保护相关定值。

2. 故障前运行方式

二、决策

岗位划分如下:

人　员	岗　位		
	变电值班员正值	变电值班员副值	电力调度员

三、计划

1. 资料准备与咨询

(1)变电站运行规程。

(2)GB/T 14285—2006　继电保护和安全自动装置技术规程。

(3)电力安全工作规程(变电部分)。

(4)电力调度规程。

续表

2. 仿真运行准备

工况保存:110 kV 母线单相接地故障。

3. 故障信号分析及处理

4. 总结评价

四、实施

(故障工况发布)

1. 告警信号记录

(1)保护及告警信号记录。

(2)汇报。

2. 现场情况检查

一次设备及其他运行情况检查。

3. 处理

(1)汇报调度。

(2)根据调度命令,做进一步处理。

五、检查及评价(记录处理过程中存在的问题、思考解决的办法,对任务完成情况进行评价)

考评项目		自我评估 20%	组长评估 20%	教师评估 60%	小计 100%
素质考评(20 分)	劳动纪律(5 分)				
	积极主动(5 分)				
	协作精神(5 分)				
	贡献大小(5 分)				
总结分析(20 分)					
工单考评(60 分)					
总　分					

【拓展任务】

任务描述：

220 kV 白马垅变电站 220 kV 母线发生单相接地故障时，请对出现的信号进行识读与初步分析判断，并进行简单处理。

任务 6.2　其他母线保护信号识别与分析

【任务目标】

知识目标

1. 了解母线其他保护配置及原理。
2. 了解断路器失灵保护的原理。

能力目标

能对线路故障同时断路器失灵时的故障进行简单分析。

【任务描述】

白马垅变 220 kV 叶白Ⅰ线 604 线路发生 A 相接地故障，604 短路器拒动。试对主控台信号进行分析，初步判断故障原因，并进行简单处理。

【任务准备】

（1）规程准备

《电力安全工作规程　发电厂和变电站电气部分》(GB 26860—2011)、《白马垅变运行规程》、《继电保护和安全自动装置技术规程》(GB/T 14285—2006)。

（2）设备、资料准备

阅读母线保护装置说明书其他母线保护相关部分。

（3）知识准备

预习本节相关知识内容，并回答以下问题：

①母线保护配置有哪些？

②如何判断断路器失灵？

【相关知识】

母线保护除配置比率制动差动保护外，通常还配置大差后备保护、母线保护复合电压闭锁、母联死区保护、母联失灵保护、母联充电保护、母联过流保护、母联非全相保护、断路器失灵保护、失灵保护复合电压闭锁、TA 异常告警、TA 断线闭锁及告警、TV 断线告警及母线运行方式自动识别等保护功能。

6.2.1　母线保护用复合电压

母线保护如果误动，将造成大面积停电，影响范围大，因此，母线保护差动元件通常配合复合电压闭锁元件，保证母线保护的可靠性，并实现分母线闭锁。母线保护复合电压闭锁元件包括母线各相间低电压、负序电压（U_2）和零序电压（自产 $3U_0$）元件，三者构成或门关系。其判据为

$$U_{\phi\phi} < U_s \tag{6.10}$$

$$U_2 > U_{2s} \tag{6.11}$$

$$3U_0 > U_{0s} \tag{6.12}$$

式中　$U_{\phi\phi}$——母线相间电压；

U_s, U_{2s}, U_{0s}——母线保护用电压闭锁元件相间低电压、负序、零序电压定值。

6.2.2　母联充电保护

母联充电保护是在任一组母线检修后再投入运行之前，利用母联断路器对该母线进行充电试验时短时投入的保护。

充电保护有专门的启动元件，且只能短时启动，在充电保护启动期间如果母联任一相电流大于充电保护电流定值，充电保护按整定延时动作切除母联断路器。母联充电保护出口不经复合电压闭锁。

母联充电保护逻辑简单，当被试验母线存在故障时，可通过母联充电保护快速、可靠地切除故障，同时闭锁母差保护，防止母差保护动作造成事故扩大。正常运行时，充电保护退出。

6.2.3　母联过流保护

当利用母联断路器带出线运行且出线无保护时可投入母联过流保护作线路的临时保护。

母联过流保护按两段设置。当母联过流保护投入时，母联任一相电流大于母联过流保护相电流整定值，或母联零序电流（$3I_0$）大于零序电流整定值，经整定延时跳母联开关。母联过流保护出口不经复合电压闭锁。

6.2.4　母联死区保护

母联死区是指在双母线接线或单母线分段接线中，如果母联断路器仅一侧装设 TA，在母联断路器与母联 TA 之间的区域发生故障，保护将无法切除故障，此区域即死区。如图 6.19 所示，两段母线并列运行时，K 点发生故障，对Ⅱ母差动保护来说为外部故障，Ⅱ母差动保护不动；对Ⅰ母差动保护为内部故障，Ⅰ母差动保护动作，跳开Ⅰ母上的连接元件及母联断路器，但此时故障未被切除，Ⅱ母仍继续向故障点提供短路电流。

针对这种情况，需要配置死区保护。Ⅰ母母差动作后经死区保护延时后检测母联断路器位置，若母联处于跳位，并且母联电流大于定值时，母联电流不再计算入差动保护，从而破坏Ⅱ母电流平衡，使Ⅱ母差动动作，最终切除故障。

如果母联断路器两侧各装设一组 TA，并且交叉接线，此时死区可被消除，无须设置死区保护。

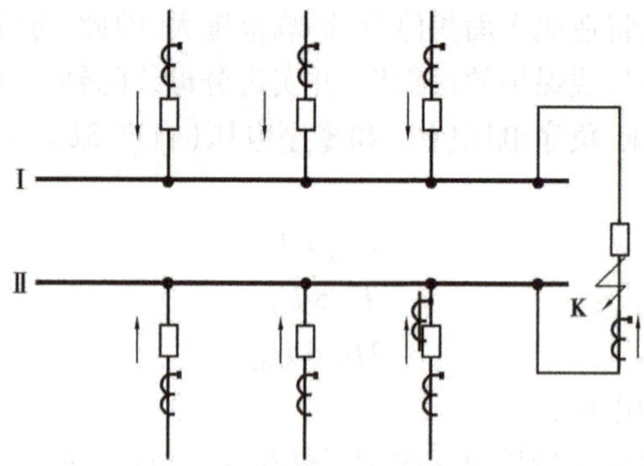

图 6.19　母联(分段)死区故障示意图

6.2.5　断路器失灵保护

高压电网的保护装置和断路器都应考虑一定的后备方式，以便在保护装置拒动或断路器失灵时，仍能可靠地切除故障。相邻元件的远后备保护是最简单和最有效的后备方式，它既是保护拒动的后备，又是断路器拒动的后备。但在高压电网中，由于各电源支路的助增作用，实现这种后备方式往往不能满足灵敏度要求，且动作时间较长，容易引起事故范围的扩大，甚至破坏系统稳定。因此，对重要的 220 kV 及以上电压等级的主干线路，为防止保护拒动，通常装设两套独立的主保护(即保护双重化)。针对断路器拒动(即断路器失灵)，则装设断路器失灵保护。

断路器失灵保护又称后备接线。在同一发电厂或变电所内，当断路器拒绝动作时，它能以较短时限切除与拒动断路器连接在同一母线上所有电源支路的断路器，将断路器拒动的影响限制到最小。

(1)装设断路器失灵保护的条件和要求

根据《继电保护和安全自动装置技术规程》(GB/T 14285—2006)，在 220 ~ 500 kV 电网及 110 kV 电网中的个别重要部分，应按下列规定装设断路器失灵保护：

①线路或电力设备的后备保护采用近后备方式。

②如断路器与电流互感器之间发生故障不能由该回路主保护切除形成保护死区，而由其他线路或变压器的后备保护来切除又会扩大停电范围，并引起严重后果时(必要时，可为该保护死区增设保护，以快速切除该故障)。

③对 220 ~ 500 kV 分相操作的断路器，可仅考虑断路器单相拒动的情况。

对失灵保护的要求如下：

①失灵保护必须有较高的安全性，不应发生误动作。

②当失灵保护动作于母联和分段断路器后，相邻元件保护以相继动作切除故障时，失灵保护不能动作其他断路器。

③失灵保护的故障判别元件和跳闸闭锁元件应保证断路器所在线路或设备末端发生故障时有足够的灵敏度。对分相操作的断路器，只要求校验单相接地故障的灵敏度。

(2)断路器失灵保护的工作原理

如图 6.20 所示为断路器失灵保护原理图。其保护由启动元件、时间元件、闭锁元件及跳闸出口元件等部分组成。

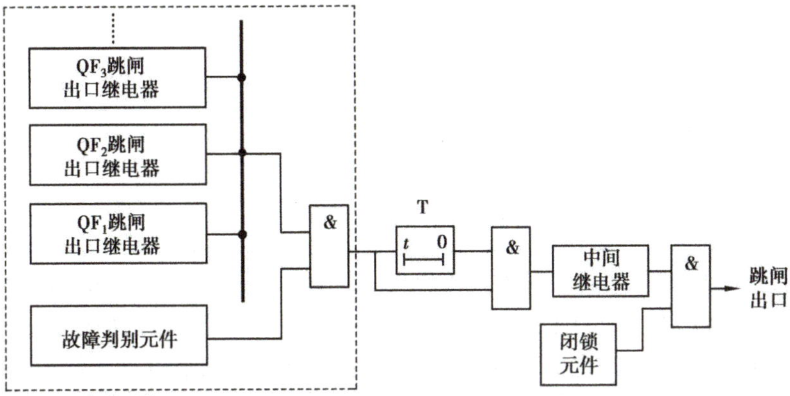

图 6.20　断路器失灵保护原理图

启动元件由该组母线上所有连接元件的保护出口继电器和故障判别元件构成。只有在故障元件的保护装置出口继电器动作后不返回(表示继电保护动作,断路器未跳开),同时在保护范围内仍然存在故障且故障判别元件处于动作状态时,启动元件才动作。

时间元件 T 的延时按断路器跳闸时间与保护装置返回时间之和来整定(通常 t 取 0.3 ~ 0.5 s)。当采用单母线分段或双母线接线时,延时可分两段:第Ⅰ段动作于分段断路器或母联断路器;第Ⅱ段动作于并有电源的出线断路器。

为进一步提高工作可靠性,采用低电压元件和零序过电压元件作为闭锁元件,通过"与"门构成断路器失灵保护的跳闸出口回路。

对启动元件中的故障判别元件,当母线上连接元件较少时,可采用检查故障电流的电流继电器;当连接元件较多时,可采用检查母线电压的低电压继电器。当采用电流继电器时,在满足灵敏度的情况下,应尽可能大于负荷电流;当采用低电压继电器时,动作电压应按最大运行方式下线路末端发生短路故障时保护有足够的灵敏度来整定。

6.2.6　母联失灵保护

当保护向母联断路器发出跳令后,经整定延时(应大于母联断路器最大动作时间)母联电流仍然大于母联失灵电流定值时,母联失灵保护经两条母线的复合电压闭锁后切除两条母线上的所有连接元件。母联失灵保护可由差动保护、充电保护、过流保护、失灵保护启动,也可由外部保护启动。

6.2.7　运行方式识别

在双母线系统中,在母线一次运行方式发生变化时,要求母线保护能自动跟踪一次系统运行方式的切换。

在倒闸操作时,如刀闸位置变化,保护装置将报出刀闸变位信息;当某个元件刀闸双跨或母线互联压板投入时，保护装置报母线互联并发信号，保护按单母线方式运行，当发生故障时不判别故障母线，同时跳两条母线；当刀闸双跨解除且母线互联压板处于退出位置时，保护恢复到双母线方式运行，保护装置的母线互联信号可手动复归。

【任务实施】

(1)保护信息分析

1)事故详细描述

①主要象征

在 220 kV 白马垅变电站中，主控台显示以下信号：

10:58:41:711-220 kV　叶白Ⅰ线 604 线路第一套保护 PSL-603G 保护动作-动作
10:58:41:711-220 kV　叶白Ⅰ线 604 线路第一套保护 PSL-603G 保护出口-动作
10:58:41:711-220 kV　叶白Ⅰ线 604 线路第一套保护 PSL-603G 快速距离保护动作-动作
10:58:41:711-220 kV　叶白Ⅰ线 604 线路第一套保护 PSL-603G 快速距离保护出口-动作
10:58:41:711-220 kV　叶白Ⅰ线 604 线路第二套保护 RCS-902A 保护动作-动作
10:58:41:711-220 kV　叶白Ⅰ线 604 线路第二套保护 RCS-902A 保护出口-动作
10:58:41:711-220 kV　叶白Ⅰ线 604 线路第二套保护 RCS-902A 工频变化量阻抗动作-动作
10:58:41:711-220 kV　叶白Ⅰ线 604 线路第二套保护 RCS-902A 工频变化量阻抗保护出口-动作
10:58:41:712-220 kV　叶白Ⅰ线 604 线路第一套保护 PSL-603G 分相差动动作-动作
10:58:41:712-220 kV　叶白Ⅰ线 604 线路第一套保护 PSL-603G 分相差动保护出口-动作
10:58:41:712-220 kV　叶白Ⅰ线 604 线路第一套保护 PSL-603GA 相差动动作-动作
10:58:41:712-220 kV　叶白Ⅰ线 604 线路第二套保护 LFX912 装置动作-动作
10:58:41:712-220 kV　叶白Ⅰ线 604 线路第二套保护 LFX912 保护出口-动作
10:58:41:712-220 kV　叶白Ⅰ线 604 线路第二套保护 RCS-902A 纵联距离动作-动作
10:58:41:712-220 kV　叶白Ⅰ线 604 线路第二套保护 RCS-902A 纵联距离保护出口-动作
10:58:41:713-220 kV　叶白Ⅰ线 604 线路第一套保护 PSL-603G 零序差动动作-动作
10:58:41:713-220 kV　叶白Ⅰ线 604 线路第一套保护 PSL-603G 零序差动保护出口-动作
10:58:41:713-220 kV　叶白Ⅰ线 604 线路第二套保护 RCS-902A 纵联零序动作-动作
10:58:41:713-220 kV　叶白Ⅰ线 604 线路第二套保护 RCS-902A 纵联零序保护出口-动作
10:58:41:726-事故总-动作
10:58:41:738-220 kV　叶白Ⅰ线 604 线路第一套保护 PSL-603G 接地距离Ⅰ段动作-动作
10:58:41:738-220 kV　叶白Ⅰ线 604 线路第一套保护 PSL-603G 接地距离Ⅰ段保护出口-动作
10:58:41:738-220 kV　叶白Ⅰ线 604 线路第二套保护 RCS-902A 距离Ⅰ段动作-动作
10:58:41:738-220 kV　叶白Ⅰ线 604 线路第二套保护 RCS-902A 距离Ⅰ段保护出口-动作
10:58:41:761-220 kV　叶白Ⅰ线 604 断路器第一组出口跳闸-动作

10:58:41:761-220 kV　叶白Ⅰ线 604 断路器第二组出口跳闸-动作
10:58:41:761-220 kV　叶白Ⅰ线 604 线路第一套保护 PSL-603G 启动失灵-动作
10:58:41:761-220 kV　叶白Ⅰ线 604 线路第二套保护 RCS-902A 启动失灵-动作
10:58:41:921-220 kV　叶白Ⅰ线 604 线路第一套保护 PSL-603G 单跳失败三跳-动作
10:58:42:071-220 kV　叶白Ⅰ线 604 断路器保护 RCS-923A 装置动作-动作
10:58:42:071-220 kV　叶白Ⅰ线 604 断路器保护 RCS-923A 失灵动作-动作
10:58:42:071-220 kV　叶白Ⅰ线 604 断路器保护 RCS-923A 启动失灵-动作
10:58:42:071-220 kV　母线第一套保护 BP-2B 失灵动作-动作
10:58:42:071-220 kV　母线第一套保护 BP-2B 失灵保护出口-动作
10:58:42:071-220 kV　母线第一套保护 BP-2B 保护动作-动作
10:58:42:071-220 kV　母线第二套保护 BP-2B 失灵动作-动作
10:58:42:071-220 kV　母线第二套保护 BP-2B 失灵保护出口-动作
10:58:42:071-220 kV　母线第二套保护 BP-2B 保护动作-动作
10:58:42:091-220 kV　叶白Ⅰ线 604 线路第一套保护 PSL-603G 远跳发信-动作
10:58:42:091-220 kV　叶白Ⅰ线 604 线路第一套保护 PSL-603G 远跳发信-动作
10:58:42:091-220 kV　叶白Ⅰ线 604 线路第二套保护 RCS-902A 远跳发信-动作
10:58:42:091-220 kV　叶白Ⅰ线 604 线路第二套保护 RCS-902A 远跳发信-动作
10:58:42:091-220 kV　云白Ⅰ线 608 线路第一套保护 RCS-931A 远跳发信-动作
10:58:42:091-220 kV　云白Ⅰ线 608 线路第一套保护 RCS-931A 远跳发信-动作
10:58:42:091-220 kV　云白Ⅰ线 608 线路第二套保护 CSC-101B 远跳发信-动作
10:58:42:091-220 kV　云白Ⅰ线 608 线路第二套保护 CSC-101B 远跳发信-动作
10:58:42:091-220 kV　白冶线 614 线路第一套保护 RCS-931A 远跳发信-动作
10:58:42:091-220 kV　白冶线 614 线路第一套保护 RCS-931A 远跳发信-动作
10:58:42:091-220 kV　白冶线 614 线路第二套保护 PSL-602 远跳发信-动作
10:58:42:091-220 kV　白冶线 614 线路第二套保护 PSL-602 远跳发信-动作
10:58:42:121-220 kV　母联兼旁路 600 断路器第一组出口跳闸-动作
10:58:42:121-220 kV　母联兼旁路 600 断路器第二组出口跳闸-动作
10:58:42:131-220 kV　母联兼旁路 600 断路器 ABC 相-分闸
10:58:42:171-220 kV　云白Ⅰ线 608 断路器第一组出口跳闸-动作
10:58:42:171-220 kV　云白Ⅰ线 608 断路器第二组出口跳闸-动作
10:58:42:171-#1　主变高压侧 610 断路器第一组出口跳闸-动作
10:58:42:171-#1　主变高压侧 610 断路器第二组出口跳闸-动作
10:58:42:171-220 kV　白冶线 614 断路器第一组出口跳闸-动作
10:58:42:171-220 kV　白冶线 614 断路器第二组出口跳闸-动作
10:58:42:181-220 kV　云白Ⅰ线 608 断路器 ABC 相-分闸
10:58:42:181-#1　主变高压侧 610 断路器 ABC 相-分闸
10:58:42:181-220 kV　白冶线 614 断路器 ABC 相-分闸

10:58:42:196-220 kV　Ⅰ母计量 PT 失压-动作
10:58:46:761-220 kV　白冶线 614 线路第一套保护 RCS-931A 保护 TV 断线-动作
10:58:46:761-220 kV　白冶线 614 线路第一套保护 RCS-931A 保护 TV 断线-动作
10:58:46:761-220 kV　白冶线 614 线路第二套保护 PSL-602 保护 TV 断线-动作
10:58:46:761-220 kV　白冶线 614 线路第二套保护 PSL-602 保护 TV 断线-动作
10:58:46:761-220 kV　叶白Ⅰ线 604 线路第一套保护 PSL-603G 保护 TV 断线-动作
10:58:46:761-220 kV　叶白Ⅰ线 604 线路第一套保护 PSL-603G 保护 TV 断线-动作
10:58:46:761-220 kV　叶白Ⅰ线 604 线路第一套保护 PSL-603G 装置呼唤-动作
10:58:46:761-220 kV　叶白Ⅰ线 604 线路第二套保护 RCS-902A 保护 TV 断线-动作
10:58:46:761-220 kV　叶白Ⅰ线 604 线路第二套保护 RCS-902A 保护 TV 断线-动作
10:58:46:761-220 kV　云白Ⅰ线 608 线路第一套保护 RCS-931A 保护 TV 断线-动作
10:58:46:761-220 kV　云白Ⅰ线 608 线路第一套保护 RCS-931A 保护 TV 断线-动作
10:58:46:761-220 kV　云白Ⅰ线 608 线路第二套保护 CSC-101B 保护 TV 断线-动作
10:58:46:761-220 kV　云白Ⅰ线 608 线路第二套保护 CSC-101B 保护 TV 断线-动作
10:58:46:761-220 kV　母联保护 PSL-602 保护 TV 断线-动作
10:58:46:761-220 kV　母联保护 PSL-602 保护 TV 断线-动作
10:58:46:761-220 kV　母线第一套保护 BP-2BPT 断线-动作
10:58:46:761-220 kV　母线第一套保护 BP-2B 保护 TV 断线-动作
10:58:46:761-220 kV　母线第二套保护 BP-2BPT 断线-动作
10:58:46:761-220 kV　母线第二套保护 BP-2B 保护 TV 断线-动作
10:58:48:623-#2　主变第一套保护 PST-1201B 高压侧过负荷-动作
10:58:48:623-#2　主变第一套保护 PST-1201B 高压侧过负荷告警-动作
10:58:48:623-#2　主变第二套保护 PST-1201B 高压侧过负荷-动作
10:58:48:623-#2　主变第二套保护 PST-1201B 高压侧过负荷告警-动作
10:58:48:623-#2　主变第一套保护 PST-1201B 中压侧过负荷-动作
10:58:48:623-#2　主变第一套保护 PST-1201B 中压侧过负荷告警-动作
10:58:48:623-#2　主变第二套保护 PST-1201B 中压侧过负荷-动作
10:58:48:623-#2　主变第二套保护 PST-1201B 中压侧过负荷告警-动作

值班人员检查 220 kVⅠ母线电压为 0.0 kV,相电压均为 0.0 kV,Ⅰ母上的所带断路器 608,614 跳闸,604 断路器在合位,母联短路器 600 分闸,主变高压侧断路器 610 分闸。

②事故前运行方式

仿真变一次接线图及保护配置见附录。220 kV 白马垅变 220 kV 母线并列运行,母联 600 断路器在合闸位置,220 kV 线路故障前处运行状态。

③准确识别关键信息

在本例中关键信息为:叶白Ⅰ线 604 一、二套保护动作;失灵保护动作;220 kV 母线失灵保护动作;614,610,608,600 跳闸;604 发远跳信号。

2)信号分析与判断

①信号分析

母线失压时的告警信息主要有"××变××断路器事故跳闸""××变×母第一套××母差(失灵)""××变×母第二套××母差(失灵)""××变×母××保护 TA 断线告警"等。母线故障信息的释义及产生原因见表 6.3。

表 6.3　母线故障信息的释义及产生原因(二)

序号	信号名称	释　义	产生原因	分类
1	××变××断路器事故跳闸	××断路器×相分闸	任何保护动作或机构故障造成的断路器×相分闸均发此信号	事故
2	××变×母第一、二套××失灵保护动作	母差失灵保护动作发出Ⅰ母或Ⅱ母上所有断路器跳闸命令	220 kV Ⅰ段或Ⅱ段母线上线路或主变发生故障,相应断路器拒动	事故
3	××变×母××保护 TA 断线告警	母差保护装置检测到任一支路电流互感器二次回路开路或短路	1. 电流互感器本体故障 2. 电流互感器二次回路断线(含端子松动、接触不良)或短路	告警

②故障判断

根据保护动作情况及断路器变位情况判断,故障为 220 kV 叶白Ⅰ线发生故障,但由于其所在线路断路器拒动,启动断路器失灵保护,因此,保护动作跳开母联断路器 600 以及叶白Ⅰ线所在母线上的所有断路器跳闸(除叶白Ⅰ线 604 断路器拒动外),包括主变高压侧断路器 610。

(2)**具体处理流程**

1)故障情况及时间记录及第一次汇报

12 月 20 日 10:58 白马垅变叶白Ⅰ线 604 一、二套保护动作,失灵保护动作,220 kV 母线失灵保护动作,220 kV Ⅰ母失压,220 kV 母联断路器 600 跳闸,#1 主变高压侧 610 断路器跳闸,白冶线 614、白云Ⅰ线 608 跳闸,叶白Ⅰ线 604 发远跳信号,断路器未发跳闸信号。天气晴。现场设备及保护装置情况待检查。

2)现场检查

值班人员应注意穿绝缘靴,做好安全防范措施,再到检查现场#1 主变、220 kV Ⅰ母线及所属设备有无接地或异常。现场检查 220kV Ⅰ母、TV 等设备无异常,确认各断路器位置情况及打印保护报告及故障录波报告。

3)第二次汇报

现场检查白马垅变 220 kV 其他设备无异常,220 kV 母联断路器 600、#1 主变高压侧 610 断路器、白冶线 614、白云Ⅰ线 608 在分闸位置,叶白Ⅰ线 604 断路器在合闸位置。

4)加强 2#主变监控并在调度的指挥下进行故障处理

根据调度命令,查找故障线路。

【任务工单】

220 kV 线路断路器拒动处理任务工单见表 6.4。

表 6.4　220 kV 线路断路器拒动处理任务工单

工作任务	220 kV 线路断路器拒动处理		学　时		成　绩	
姓　名		学　号	班　级		日　期	
任务描述:白马垅变电站 220 kV 线路发生单相接地故障(断路器拒动)时,请对出现的信号进行识读与初步分析判断,并进行简单处理。 一、咨询 1. 保护装置认识 (1)阅读保护装置说明书,了解母线充电保护逻辑图。 (2)阅读保护装置说明书,了解母线失灵保护逻辑图。 (3)阅读保护装置说明书,了解母线非全相保护逻辑图。 (4)阅读保护装置说明书,了解母线死区保护逻辑图。 (5)阅读保护装置说明书,了解母线过流保护逻辑图。						

续表

2. 故障前运行方式

二、决策

岗位划分如下：

人　员	岗　位		
	变电值班员正值	变电值班员副值	电力调度员

三、计划

1. 资料准备与咨询

(1)变电站运行规程。

(2)GB/T 14285—2006　继电保护和安全自动装置技术规程。

(3)电力安全工作规程(变电部分)。

(4)电力调度规程。

2. 仿真运行准备

工况保存：

(1)220 kV 线路断路器拒动。

(2)220 kV 母线单相接地故障。

3. 故障信号分析及处理

4. 总结评价

四、实施

(故障工况发布)

1. 告警信号记录

(1)保护及告警信号记录。

(2)汇报。

2. 现场情况检查

一次设备及其他运行情况检查。

续表

3. 处理

(1)汇报调度。

(2)根据调度命令,做进一步处理。

五、检查及评价(记录处理过程中存在的问题、思考解决的办法,对任务完成情况进行评价)

考评项目		自我评估 20%	组长评估 20%	教师评估 60%	小计 100%
素质考评(20 分)	劳动纪律(5 分)				
	积极主动(5 分)				
	协作精神(5 分)				
	贡献大小(5 分)				
总结分析(20 分)					
工单考评(60 分)					
总　分					

【拓展任务】

任务描述:

白马垅变 220 kV 白冶线 614 线路进行倒闸操作,白冶线 614 线路由Ⅰ母运行倒换至Ⅱ母,在 614Ⅰ合上的同时,614 断路器与 614TA 之间发生短路故障。试分析各相关保护及断路器的动作行为。

习　题

【习题 1】

任务 1.1

判断题：

1.1.1　在电力网的继电保护中，根据保护不同作用，可分为 3 种：主保护、后备保护和辅助保护。（　）

1.1.2　保护的可靠性是指首先由故障设备或线路本身的保护切除故障，当故障设备或线路本身的保护或断路器所动时，允许由相邻设备、线路的保护或断路器失灵保护切除故障。（　）

1.1.3　继电保护的任务是系统发生故障时仅发出信号。（　）

1.1.4　继电保护装置以尽可能快的速度切除故障元件或设备是指保护具有较好的灵敏性。（　）

选择题：

1.1.5　继电保护装置是由（　）组成的。

A. 二次回路各元件　　B. 测量元件、逻辑元件、执行元件

C. 包括各种继电器、仪表回路　　D. 仪表回路

1.1.6　当系统发生故障时，正确地切断离故障点最近的断路器，是继电保护的（　）的体现。

A. 快速性　　B. 选择性　　C. 可靠性　　D. 灵敏性

1.1.7　电力系统最危险的故障是（　）。

A. 单相接地　　B. 两相短路　　C. 三相短路　　D. 断线

1.1.8　一般把继电保护（　）、动作时间的计算和灵敏度的校验称为继电保护的整定计算。

A. 功率　　B. 相位　　C. 动作值　　D. 相角

问答题：

1.1.9　电力系统中继电保护的基本任务是什么？

1.1.10　对动作于跳闸的继电保护有哪些基本要求？

1.1.11　什么是电力系统故障、不正常状态和事故？常见的故障和不正常状态有哪些？

1.1.12　继电保护一般由哪些部分组成？保护启动和保护动作的区别是什么？

1.1.13　什么是继电保护的主保护、近后备和远后备？

任务 1.2

判断题：

1.2.1 继电器按继电保护的作用，可分为测量继电器和辅助继电器两大类，而时间继电器就是测量继电器的一种。（ ）

1.2.2 电流继电器的文字符号表示为 kA。（ ）

1.2.3 过量继电器的返回系数和欠量继电器的返回系数皆小于 1。（ ）

1.2.4 电流继电器的返回系数一般大于 1。（ ）

1.2.5 触点数目多是中间继电器起中间桥梁作用的一大优点。（ ）

选择题：

1.2.6 时间继电器在继电保护装置中的作用是（ ）。

A. 计算动作时间　　B. 建立动作延时

C. 计算保护停电时间　　D. 计算断路器停电时间

1.2.7 所谓继电器常开触点，是指（ ）。

A. 正常时触点断开　　B. 继电器线圈带电时触点断开

C. 继电器线圈不带电时触点断开　　D. 短路时触点断开

1.2.8 电磁型电流继电器通入同样的电流时，当两线圈并联时产生的电磁转矩是串联时的（ ）。

A. 2 倍　　B. 相等　　C. 1/2 倍　　D. 3/2 倍

问答题：

1.2.9 何谓电流继电器的动作电流、返回电流和返回系数？返回系数过大或过小会有什么影响？

1.2.10 中间继电器有何作用？

1.2.11 调整电流继电器动作电流的方法有哪些？

【习题 2】

任务 2.1

判断题：

2.1.1 瞬时电流速断保护的动作电流是按躲过线路末端最大短路电流整定的。（ ）

2.1.2 电流保护的保护范围与运行方式有关，在最大运行方式下保护范围最大，最小运行方式下保护范围最小。（ ）

2.1.3 带时限电流速断保护的保护范围为线路全长，灵敏度校验应考虑全线路范围内对各种故障的反应能力。（ ）

2.1.4 瞬时电流速断保护在最小运行方式下保护范围最小。（ ）

2.1.5 因过电流保护灵敏度高，故通常用来作主保护。（ ）

2.1.6 电流速断保护的特点是动作迅速，并且能保护本线路的全长。（ ）

选择题:

2.1.7 当系统运行方式变小时,电流和电压的保护范围是(　　)。

A. 电流保护范围变小,电压保护范围变大

B. 电流保护范围变小,电压保护范围变小

C. 电流保护范围变大,电压保护范围变小

D. 电流保护范围变大,电压保护范围变大

2.1.8 线路的过电流保护的启动电流是按(　　)而整定的。

A. 该线路的负荷电流　　B. 最大的故障电流

C. 大于允许的过负荷电流　　D. 最大短路电流

2.1.9 当电流超过某一预定数值时,反映电流升高而动作的保护装置,称为(　　)。

A. 过电压保护　　B. 过电流保护　　C. 电流差动保护　　D. 欠电压保护

2.1.10 电流速断保护(　　)。

A. 能保护线路全长　　B. 不能保护线路全长

C. 有时能保护线路全长　　D. 能保护线路全长并延伸至下一段

2.1.11 当大气过电压使线路上所装设的避雷器放电时,电流速断保护(　　)。

A. 应同时动作　　B. 不应动作

C. 以时间差动作　　D. 视情况而定是否动作

2.1.12 瞬时电流速断保护的动作电流应大于(　　)。

A. 被保护线路末端短路时的最大短路电流

B. 线路的最大负载电流

C. 相邻下一线路末端短路时的最大短路电流

D. 被保护线路首端短路时的最小短路电流

2.1.13 电流保护Ⅰ段的灵敏系数通常用保护范围来衡量,其保护范围越长表明保护越(　　)。

A. 可靠　　B. 不可靠　　C. 灵敏　　D. 不灵敏

2.1.14 阶级式继电保护中,Δt 表示时间差我国取值为(　　)。

A. 1.0 s　　B. 0.2 s　　C. 0.5 s　　D. 1.5 s

问答题:

2.1.15 电流Ⅰ段保护的保护范围是多少?为什么不能保护线路全长?

2.1.16 电流Ⅱ段保护的整定原则是什么?若与下一级电流Ⅰ段保护无法配合时,应如何调整?

2.1.17 电流Ⅲ段保护动作电流的整定应考虑哪些因素?

2.1.18 保护启动与保护动作有何区别?在图2.5中,各线路均装有三段式电流保护,在K点发生短路时,哪些保护启动?哪些保护动作断开?哪个是断路器?

2.1.19 三相星形接线与两相星形接线各有何优缺点?

2.1.20 在Yd接线的变压器线路上为什么要采用两相三继电器接线方式?

2.1.21 什么是方向元件动作区、最大灵敏角?

2.1.22 什么叫“电压死区”?如何减小和消除死区?

2.1.23　什么是方向元件的90°接线？采用90°接线后是否还存在死区？

计算题：

2.1.24　线路三段式电流保护定值计算。

如图2.1所示，35 kV线路装有三段式电流保护，系统等值阻抗 $X_{sA.max}=5\ \Omega$，$X_{sA.min}=8\ \Omega$，线路单位长度正序电抗为 $X_1=0.4\ \Omega/km$。线路 L_2 正常运行时最大负荷电流为200 A，L_2 定时限过电流保护的时限为2 s。试计算线路 L_1 三段式电流保护整定值并校验Ⅱ，Ⅲ段灵敏度（取Ⅰ段可靠系数 $K_{rel}^{I}=1.25$，Ⅱ段可靠系数 $K_{rel}^{II}=1.25$，三段可靠系数 $K_{rel}^{III}=1.3$，自启动系数 $K_{ast}=2.2$，返回系数 $K_{re}=0.85$）。

任务2.2

判断题：

2.2.1　两相不完全星形接线的方式广泛应用于大接地电流系统。（　　）

2.2.2　中性点直接接地电网发生单相接地短路时，非故障相电压会降低。（　　）

2.2.3　零序电流的分布与系统的零序网络无关，而与电源的数目有关。（　　）

选择题：

2.2.4　中性点不接地系统发生单相接地时，非故障相电压等于正常运行时相电压的（　　）。

A.3 倍　　B.1 倍　　C.2 倍　　D.3 倍

2.2.5　过电流保护的三相三继电器的完全星形连接方式，能反映（　　）。

A.各种相间短路　　B.单相接地故障

C.两相接地故障　　D.各种相间和单相接地短路

2.2.6　小电流接地电网中线路电流保护常用（　　）接线方式。

A.两相不完全星形　B.三相完全星形　C.两相电流差　D.单相式

2.2.7　零序保护的最大特点是能（　　）。

A.反映接地故障　　B.反映相间故障

C.反映变压器的内部故障　　D.不确定

问答题：

2.2.8　中性点不接地系统发生单相接地时电压和电流各有什么特点？

2.2.9　中性点不接地系统单相接地保护原理有哪些？

【习题3】

任务3.1

判断题：

3.1.1　电力系统发生振荡时，整个系统中的距离保护的阻抗元件都会发生误动作。（　　）

3.1.2　输电线路的特性阻抗大小与线路长度有关。（　　）

3.1.3　距离保护装置的动作阻抗是指能使阻抗继电器动作的最小测量阻抗。（　　）

3.1.4　当输电线路距离保护的测量值大于保护动作值时，保护装置就要动作。（　　）

3.1.5　正方向不对称故障时,对正序电压为极化量的相间阻抗继电器,稳态阻抗特性圆不包括原点,对称性故障恰好通过原点。（　　）

单选题:

3.1.6　距离保护装置一般由(　　)组成。

A. 测量部分、启动部分

B. 测量部分、启动部分、振荡闭锁部分

C. 测量部分、启动部分、振荡闭锁部分、二次电压回路断线失压闭锁部分

D. 测量部分、启动部力、振荡闭锁部分、二次电压回路断线失压闭锁部分、逻辑部分

3.1.7　距离保护装置的动作阻抗是指能使阻抗继器动作的(　　)。

A. 最小测量阻抗

B. 最大测量阻抗

C. 介于最小与最大测量阻抗之间的一个定值

D. 大于最大测量阻抗一个定值

3.1.8　距离保护是以距离(　　)元件作为基础构成的保护装置。

A. 测量　　B. 启动　　C. 振荡闭锁　　D. 逻辑

3.1.9　距离保护的Ⅰ段保护范围通常选择为被保护线路全长的(　　)。

A. 50% ~55%　　B. 60% ~65%　　C. 70% ~75%　　D. 80% ~85%

3.1.10　反映相间故障的阻抗继电器,采用线电压和相电流的接线方式,其继电器的测量阻抗(　　)。

A. 在三相短路和两相短路时均为 Z1L

B. 在三相短路时为 3Z1L,在两相短路时为 2Z1L

C. 在三相短路和两相短路时均为 3Z1L

D. 在三相短路和两相短路时均为 2Z1L

3.1.11　单侧电源供电系统短路点的过渡电阻对距离保护的影响是(　　)。

A. 使保护范围伸长　B. 使保护范围缩短　C. 保护范围不变　D. 保护范围不定

3.1.12　距离保护在运行中最主要优点是(　　)。

A. 具有方向性　　B. 具有时间阶梯特性

C. 具有快速性　　D. 具有灵敏性

3.1.13　距离保护装置反映(　　)而动作。

A. 测量阻抗增大　B. 测量阻抗降低　C. 电流增大　D. 电压降低

3.1.14　对距离保护Ⅱ段的保护范围不完全正确的说法是(　　)。

A. 线路全长 85%　　B. 线路全长

C. 线路全长及下一线路的 30% ~40%　　D. 线路全长及下一线路全长

3.1.15　距离保护Ⅰ段的保护范围描述不正确的是(　　)。

A. 该线路一半　　B. 被保护线路全长

C. 被保护线路全长的 80% ~85%　　D. 线路全长的 20% ~50%

3.1.16　影响距离保护正确工作的因素主要有(　　)。

A. 故障点过渡电阻　　B. 电力系统振荡

C. 保护安装处和故障点间分支线　　　　D. 系统运行方式

问答题:

3.1.17　什么叫距离保护?

3.1.18　距离保护对电流保护有何优点?

3.1.19　圆阻抗继电器有哪几种?

3.1.20　什么是测量阻抗、整定阻抗与动作阻抗?

3.1.21　阻抗继电器的接线方式有哪些?

3.1.22　距离保护的Ⅰ,Ⅱ,Ⅲ段动作阻抗的整定原则分别是什么?

3.1.23　影响距离保护正确动作的因素有哪些?

3.1.24　什么是分支系数?计算整定阻抗时应如何考虑?

任务 3.2

判断题:

3.2.1　零序电流保护Ⅲ段不受电网运行方式的影响。　(　　)

3.2.2　零序Ⅲ段的动作电流应按躲过最大不平衡电流来整定。　(　　)

3.2.3　零序Ⅰ段通常设置两个零序Ⅰ段保护,分为灵敏Ⅰ段和不灵敏Ⅰ段。　(　　)

3.2.4　零序Ⅱ段的动作电流应按躲过最大不平衡电流来整定。　(　　)

选择题:

3.2.5　从继电保护原理上讲,受系统振荡影响的有(　　)。

A. 零序电流保护　　B. 负序电流保护　　C. 相间距离保护　　D. 相间过流保护

3.2.6　以下(　　)项定义不是接地距离保护的优点。

A. 接地距离保护的Ⅰ段范围固定

B. 接地距离保护比较容易获得有较短延时和足够灵敏度的Ⅱ段

C. 接地距离保护三段受过渡电阻影响小,可作为经高阻接地故障的可靠的后备保护

问答题:

3.2.7　中性点直接接地系统发生单相接地故障时有何特点?

3.2.8　可通过哪些方法来取得零序电流?

3.2.9　三段式零序电流保护的整定原则是什么?

3.2.10　零序电流保护有何优点?

3.2.11　零序电流保护为什么要加装方向元件?

计算题:

3.2.12　在如图 3.14 所示的电网中,拟订在断路器 1DL—5DL 上装设反映相间短路的过电流保护及反映接地短路的零序过电流保护,取 $\Delta t=0.5$ s。试确定 1DL—5DL 相间短路过电流保护的动作时限与零序过电流保护的动作时限。

任务 3.3

判断题:

3.3.1　光纤作为继电保护的通道介质,具有不怕超高压与雷电电磁干扰、对电场绝缘、频带宽和衰耗低等优点。　(　　)

3.3.2　对输电线路两端电气量在正常运行、区外短路和区内短路时特征差异的分析，构成输电线路纵联保护。（　）

3.3.3　收到高频信号是保护动作于跳闸的必要条件，这样的高频信号是闭锁信号。（　）

3.3.4　线路纵联差动保护也可作相邻线路的后备保护。（　）

选择题：

3.3.5　高频阻波器所起的作用是（　）。

A. 限制短路电流　B. 补偿接地电流

C. 阻止高频电流向变电站母线分流　D. 增加通道衰耗

3.3.6　切除线路任一点故障的主保护是（　）。

A. 相间距离保护　B. 纵联保护　C. 零序电流保护　D. 接地距离保护

3.3.7　高频闭锁距离保护的优点是（　）。

A. 对串补电容无影响

B. 在电压二次断线时不会误动

C. 能快速地反映各种对称和不对称故障

D. 系统振荡无影响，不需采取任何措施

3.3.8　高频保护采用相一地制高频通道是因为（　）。

A. 所需的加工设备少，较经济　B. 相一地制通道衰耗小

C. 减少对通信的干扰　D. 相一地制通道衰耗大

3.3.9　纵联保护电力载波高频通道用（　）方式来传送被保护线路两侧的比较信号。

A. 卫星传输　B. 微波通道　C. 相一地高频通道　D. 电话线路

3.3.10　高频保护载波频率过低，如低于 50 kHz，其缺点是（　）。

A. 受工频干扰大，加工设备制造困难　B. 受高频干扰大

C. 通道衰耗大　D. 以上 3 个答案均正确

3.3.11　输电线路（　）可实现全线速动。

A. 电流保护　B. 零序电流保护　C. 距离保护　D. 纵联保护

3.3.12　纵联电流差动保护原理是建立在（　）基础之上的。

A. 基尔霍夫定律　B. 诺顿定律　C. 戴维南定律　D. 支路电流定律

3.3.13　高频阻波器能起到（　）的作用。

A. 阻止高频信号由母线方向进入通道　B. 阻止工频信号进入通信设备

C. 限制短路电流水平　D. 阻止高频信号进入通信设备

3.3.14　高频通道中结合滤波器与耦合电容器共同组成带通滤波器，其在通道中的作用是（　）。

A. 使输电线路和高频电缆的连接成为匹配连接

B. 使输电线路和高频电缆的连接成为匹配连接，同时使高频收发信机和高压线路隔离

C. 阻止高频电流流到相邻线路上去

3.3.15　下面不属于单侧测量保护的有（　）。

A. 电网纵联保护　B. 零序电流保护　C. 短路电流保护　D. 距离保护

问答题：

3.3.16 输电线路纵联保护中通道的作用是什么？通道的种类及其优缺点、适用范围有哪些？

3.3.17 通道传输的信号种类、通道的工作方式有哪些？

3.3.18 阐述纵联保护与阶段式保护的区别。

3.3.19 绘图说明线路纵差动保护在被保护线路外部发生短路时，线路中和保护回路中电流的分布。

3.3.20 输电线路纵联电流差动保护在系统振荡、非全相运行期间，是否会误动？为什么？

3.3.21 具有制动特性的差动继电器能提高灵敏度的原因是什么？

3.3.22 闭锁式纵联方向保护的工作原理是什么？为什么需要采用两个灵敏度不同的启动元件？

3.3.23 闭锁式纵联方向保护动作于跳闸的条件是什么？若通道损坏，内外部故障时保护能否正确动作？

3.3.24 比较允许式纵联保护和闭锁式纵联保护的优缺点。

3.3.25 为什么纵联电流差动保护要求两侧测量和计算的严格同步，而纵联比较式保护原理则无两侧同步要求？

【习题4】

任务4.1

判断题：

4.1.1 变压器的引出线故障不属于变压器保护范围内的故障。 （ ）

4.1.2 变压器故障分为油箱内故障和匝间短路故障两大类。 （ ）

4.1.3 当变压器外部故障，差动保护中流入不平衡电流，保护应不动作。 （ ）

单选题：

4.1.4 变压器的励磁涌流中，含有大量的高次谐波分量，其中以（ ）谐波所占的比例最大。

A. 二次　B. 三次　C. 四次　D. 五次

4.1.5 变压器差动速断元件的动作电流整定时大于变压器的（ ）。

A. 最大负荷电流　B. 最大不平衡电流　C. 励磁涌流　D. 无法确定

4.1.6 变压器电流速断保护的灵敏度校验不满足要求时改用（ ）。

A. 过电流保护　B. 零序电流保护　C. 过负荷保护　D. 差动保护

4.1.7 变压器纵联差动保护或电流速断保护可反映引出线的短路故障以及（ ）。

A. 过电压　B. 过负荷

C. 油箱漏油造成油面降低　D. 变压器绕组、套管故障

4.1.8 变压器油箱内故障包括绕组与铁芯之间的单相接地故障、一相绕组匝间短路及（ ）等。

A. 引出线上的相间故障　B. 绕组间的相间故障

C. 引出线的套管闪络故障　　D. 套管破碎通过外壳发生的单相接地故障

多选题:

4.1.9　变压器异常运行包括(　　)等。

A. 过负荷　　B. 油箱漏油造成油面降低

C. 外部短路引起的过电流　　D. 绕组间的相间故障

4.1.10　对变压器励磁涌流的描述,正确的是(　　)。

A. 可能达到变压器额定电流的 6 ~ 8 倍　　B. 含有明显的非周期分量

C. 五次谐波含量最多　　D. 系统运行方式

问答题:

4.1.11　电力变压器的不正常工作状态和可能发生的故障有哪些?

4.1.12　电力变压器一般应装设哪些保护?其主保护有哪些?

4.1.13　变压器励磁涌流在何时产生?对变压器保护有何影响?

4.1.14　励磁涌流有哪些特点?如何防止励磁涌流对差动保护的影响?

4.1.15　变压器差动保护产生不平衡电流的原因有哪些?

任务 4.2

判断题:

4.2.1　对分级绝缘的变压器,中性点不接地或经放电间隙接地时应装设零序过电压和零序电流保护,以防止发生接地故障时因过电压而损坏变压器。　　(　　)

4.2.2　变压器复合电压启动的过电流保护一般用于升压变压器或大容量的降压变压器。　　(　　)

选择题:

4.2.3　变压器保护中(　　)为变压器及相邻元件接地故障的后备保护。

A. 过电流保护　　B. 零序电流保护　　C. 过负荷保护　　D. 速断电流保护

4.2.4　变压器中性点间隙接地保护是由(　　)构成的。

A. 零序电流继电器与零序电压继电器并联

B. 零序电流继电器与零序电压继电器串联

C. 单独的零序电流继电器或零序电压继电器

4.2.5　变压器装设的过流保护,是变压器(　　)。

A. 负荷过电流的主保护

B. 差动瓦斯保护的后备保护

C. 线圈相间短路过电流的主保护

4.2.6　中性点接地开关合上后其(　　)投入。

A. 中性点零序过流　B. 间隙过流　　C. 间隙过压　　D. 220 kV 电流保护

4.2.7　由负序电压元件与低电压元件组成的复合电压元件构成复合电压闭锁过流保护,其动作条件是(　　)。

A. 复合电压元件不动,过流元件动作,并启动出口继电器

B. 低电压元件或负序电压元件动作,同时电流元件动作,保护才启动出口继电器

C. 当相间电压降低或出现负序电压时,电流元件才动作

4.2.8　主变间隙过压过流保护的构成是(　　)。

A. 间隙过流继电器与间隙过压继电器并联构成或门,并带0.5s 延时

B. 间隙过流继电器与间隙过压继电器串联构成与门,并带0.5s 延时

C. 间隙过流继电器与间隙过压继电器各自带0.5s 延时,分别出口

4.2.9　升压变压器后备保护采用复合电压启动的过电流保护时,电流元件应接于(　　)的电流互感器二次回路上。

A. 低压侧　　B. 高压侧　　C. 负荷侧　　D. 发电机出口

4.2.10　降压变压器后备保护采用复合电压启动的过电流保护时,电流元件应接于(　　)的电流互感器上。

A. 低压侧　　B. 高压侧　　C. 负荷侧　　D. 电源进线输电线路

4.2.11　三侧都有电源的三绕组变压器过负荷保护,应在(　　)装设过负荷保护。

A. 高、低压侧　　B. 中、低压侧　　C. 所有三侧　　D. 高、中压侧

问答题:

4.2.12　大接地电流系统中的变压器中性点有的接地,也有的不接地,取决于什么因素?

4.2.13　什么叫大接地电流系统?该系统发生接地短路时,零序电流分布取决于什么?

4.2.14　变压器相间短路的后备保护有哪些?

4.2.15　变压器复合电压启动的过电流保护,在系统发生三相短路与两相短路时是如何工作的?

4.2.16　中性点接地方式不同的变压器接地短路的后备保护分别有哪些?

4.2.17　主变零序后备保护中零序过流与放电间隙过流是否同时工作?各在什么条件下起作用?

任务4.3

判断题:

4.3.1　变压器在运行中补充油,应事先将重瓦斯保护改接信号位置,以防止误动跳闸。(　　)

4.3.2　变压器采用纵联差动保护后,可不必装设瓦斯保护。(　　)

4.3.3　变压器的瓦斯保护范围在差动保护范围内,这两种保护均为瞬动保护,所以可用差动保护来代替瓦斯保护。(　　)

选择题:

4.3.4　变压器重瓦斯保护动作时将(　　)。

A. 延时动作于信号　　B. 跳开变压器各侧断路器

C. 跳开变压器负荷侧断路器　　D. 不确定

4.3.5　变压器气体保护包括轻瓦斯保护和(　　)。

A. 重瓦斯保护　　B. 过负荷保护　　C. 零序电流保护　　D. 速断电流保护

4.3.6　气体(瓦斯)保护是变压器的(　　)。

A. 主后备保护　　B. 内部故障的主保护

C. 外部故障的主保护　　D. 外部故障的后备保护

4.3.7　(　　)及以上的油浸式变压器,均应装设气体(瓦斯)保护。

A. 0.8 MV·A　　B. 1 MV·A　　C. 0.5 MV·A　　D. 2 MV·A

4.3.8　变压器大盖沿气体继电器方向的升高坡度应为(　　)。

A. 1% ~1.5%　　B. 0.5% ~1%　　C. 2% ~2.5%　　D. 2.5% ~3%

4.3.9　变压器瓦斯继电器的安装,要求导管沿油枕方向与水平面具有(　　)升高坡度。

A. 0.5% ~1.5%　　B. 2% ~4%　　C. 4.5% ~6%　　D. 6.5% ~7%

4.3.10　变压器的瓦斯保护能反映(　　)。

A. 变压器油箱内的故障　　B. 油面降低

C. 变压器油箱内故障和油面降低　　D. 引出线短路

问答题:

4.3.11　为什么差动保护不能代替瓦斯保护?

4.3.12　什么是瓦斯保护?它有哪些优缺点?

4.3.13　瓦斯保护的保护范围是什么?

4.3.14　变压器瓦斯保护的基本工作原理是什么?它可反映哪些类型的故障?

4.3.15　为什么瓦斯保护不能代替差动保护?

【习题5】

任务5.1

判断题:

5.1.1　发电机装设纵联差动保护,它是作为定子绕组及其引出线的相间短路保护。(　　)

5.1.2　发电机正常运行时,其机端三次谐波电压大于中性点的三次谐波电压。(　　)

5.1.3　利用纵向零电压构成的发电机匝间保护,要求在保护的交流输入回路上加装三次谐波滤过器。(　　)

5.1.4　发电机中性点处发生单相接地时,机端零序电压为 E_A;机端发生单相接地时,零序电压为零。(　　)

选择题:

5.1.5　发电机比率制动的差动继电器,设置比率制动原因是(　　)。

A. 提高内部故障时保护动作的可靠性

B. 使继电器动作电流随外部不平衡电流增加而提高

C. 使继电器动作电流不随外部不平衡电流增加而提高

5.1.6　零序电压的发电机匝间保护,要加装方向元件是为保护在(　　)时不误动作。

A. 定子绕组接地故障　　B. 定子绕组相间故障

C. 外部不对称故障　　D. 外部对称故障

5.1.7　由反映基波零序电压和利用三次谐波电压构成的100%定子接地保护,其基波零序电压元件的保护范围是(　　)。

A. 由中性点向机端的定子绕组的85% ~90%

B. 由机端向中性点的定子绕组的 85% ~90%

C. 100% 的定子绕组

5.1.8　利用基波零序电压的发电机定子单相接地保护(　　)。

A. 不灵敏　　B. 无死区　　C. 有死区　　D. 灵敏

5.1.9　定子绕组中性点不接地的发电机,当发电机出口侧 A 相接地时,发电机中性点的电压为(　　)。

A. 相电压　　B. $\sqrt{3}$ 相电压　　C. 1/3 相电压　　D. 零

5.1.10　发电机定子绕组相间短路、匝间短路、分支开焊等不对称故障时,故障分量负序功率 P_2 的方向是(　　)。

A. 从系统流入发电机

B. 从发电机流出

C. 不定,视故障严重程度而定

问答题:

5.1.11　发电机常用的内部短路的主保护有哪些?

5.1.12　发电机差动保护与变压器差动保护有什么区别?

5.1.13　发电机保护出口动作方式有哪些?

5.1.14　发电机匝间短路有何危害?

5.1.15　发电机匝间短路保护类型有哪些?

5.1.16　试述发电机零序电流型横差保护的工作原理。它可抵御哪些故障类型?

5.1.17　纵向零序电压匝间保护在单相接地故障是否会动作? 为什么?

5.1.18　发电机定子绕组单相接地保护类型有哪些?

5.1.19　发电机定子绕组单相接地有何危害?

5.1.20　三次谐波电压单相接地保护是如何构成的? 各部分的保护范围分别是什么?

任务 5.2

判断题:

5.2.1　发电机转子接地保护是对发电机励磁回路一点接地故障的保护。　(　　)

5.2.2　发电机转子一点接地保护动作后一般作用于全停。　(　　)

5.2.3　转子绕组一点接地保护主要用于反映发电机转子对大轴绝缘电阻的下降。　(　　)

5.2.4　利用机端二次谐波电压作为特征量的励磁回路两点接地保护一般仅用于两极汽轮发电机组。　(　　)

5.2.5　发电机励磁回路发生接地故障时,将会使发电机转子磁通产生较大的偏移,从而烧毁发电机转子。　(　　)

选择题:

5.2.6　发电机转子绕组两点接地时对发电机的主要危害是 (　　)。

A. 破坏了发电机气隙磁场的对称性,将引起发电机剧烈振动

B. 转子电流被地分流,使流过转子绕组的电流减少

C. 转子电流增加,致使定子绕组过电流

5.2.7　发电机励磁回路一点接地保护动作后,作用于(　　)。

A. 全停　　B. 解列、灭磁　　C. 发信号

5.2.8　按直流电桥原理构成的励磁绕组两点接地保护,当(　　)接地后,投入跳闸。

A. 转子滑环附近　　B. 励磁绕组一点　　C. 励磁机正极或负极

问答题:

5.2.9　发电机转子绕组发生一点接地有何危害?

5.2.10　发电机转子绕组一点接地保护有哪些?

5.2.11　发电机转子绕组发生两点接地有何危害?

5.2.12　对大型发电机,两点接地故障的后果是严重的,目前主要有哪些措施?

任务5.3

判断题:

5.3.1　发电机逆功率保护主要保护汽轮机。　(　　)

5.3.2　负序电流保护主要抵御发电机的不对称过负荷、非全相运行以及外部不对称短路故障引起的负序过电流。　(　　)

5.3.3　发电机长期承受负序电流的能力与发电机结构无关。　(　　)

5.3.4　对称过负荷保护主要用于反映发电机定、转子绕组因过负荷或外部工作引起的定、转子绕组过电流。　(　　)

选择题:

5.3.5　发电机失磁后,需从系统中吸取(　　)功率,将造成系统电压下降。

A. 有功和无功　　B. 有功　　C. 无功

5.3.6　发电机逆功率保护的主要作用是(　　)。

A. 防止发电机在逆功率状态下损坏

B. 防止系统发电机在逆功率状态下产生振荡

C. 防止汽轮机在逆功率状态下损坏

D. 防止汽轮机及发电机在逆功率状态下损坏

5.3.7　发电机复合电压启动的过电流保护在(　　)低电压启动过电流保护。

A. 反映对称短路及不对称短路时灵敏度均高于

B. 反映对称短路灵敏度相同但反映不对称短路时灵敏度高于

C. 反映对称短路及不对称短路时灵敏度相同只是接线简单于

D. 反映不对称短路灵敏度相同但反映对称短路时灵敏度均高于

5.3.8　发电机定子绕组过电流保护的作用是(　　)。

A. 反映发电机内部故障

B. 反映发电机外部故障

C. 反映发电机外部故障,并作为发电机纵差保护的后备

5.3.9　发电机的负序过流保护主要是为了防止(　　)。

A. 损坏发电机的定子线圈

B. 损坏发电机的转子

C. 损坏发电机的励磁系统

问答题：

5.3.10　发电机失磁对系统的主要影响是什么？

5.3.11　一台 300 MW 汽轮发电机允许轻负荷下进相运行，失磁保护具有什么功能？

5.3.12　发电机定子绕组中负序电流对发电机有什么危害？

5.3.13　发电机长期与短期承受负序电流的能力分别以什么来衡量？

5.3.14　发电机失磁过程中主要电气量的变化特点是什么？

5.3.15　发电机失磁有何危害？

5.3.16　失磁保护的主判据与辅助判据有哪些？

5.3.17　什么是发电机的逆功率保护？

【习题 6】

任务 6.1

判断题：

6.1.1　母线完全电流差动保护对所有连接元件上装设的电流互感器的变比相等。　(　　)

6.1.2　元件固定连接的双母线差动保护装置，在元件固定连接方式破坏后，如果电流二次回路不作相应切换，则元件无法保证动作的选择性。　(　　)

6.1.3　母线倒闸操作时，电流相位比较式母线差动保护退出运行。　(　　)

6.1.4　母联电流相位比较式母线保护只与电流的相位有关，而与电流幅值大小无关。　(　　)

单选题：

6.1.5　在正常运行及母线外部故障时，流入的电流和流出的电流的大小关系为(　　)。

A. 二者相等　　B. 流入的大于流出的

C. 流入的小于流出的　　D. 以上都不对

6.1.6　当母线上发生故障时，下列关于故障点的电流说法正确的是(　　)。

A. 故障点的电流为各点电流之和　　B. 故障点的电流为最小

C. 故障点的电流为正常的负荷电流　　D. 以上都不对

6.1.7　双母线运行倒闸过程中会出现两个隔离开关同时闭合的情况，如果此时Ⅰ母发生故障，母线保护应(　　)。

A. 切除两条母线　　B. 切除Ⅰ母　　C. 切除Ⅱ母　　D. 两条母线均不切除

多选题：

6.1.8　一般来说，不装设专门的母线保护，但是在某些情况下，为了满足选择性的要求，需要装设母线保护，下列情况包括(　　)。

A. 在 110 kV 及以上的双母线和单母线分段上，为了保证选择性，应装设专门的母线保护

B. 重要发电厂的 35 kV 母线或高压侧为 110 kV 及以上的重要降压变电所的 35 kV 母线

C. 长线路

D. 以上都不对

6.1.9　下列对双母线运行时，固定连接方式母线保护的实现方法说法正确的是(　　)。

A. 当母线按照固定连接方式运行时，保护装置可有选择性地切除发生故障的一组母线，另一组母线可继续运行

B. 当母线按照固定连接方式破坏时，任一母线上的故障将导致切除两条母线

C. 从保护的角度来看，要求母线按照固定连接方式运行，这就限制了电力系统调度的灵活性

D. 这种保护的调度灵活性好，不受系统运行方式的影响

6.1.10　当母线发生故障时，对电力系统的影响有(　　)。

A. 影响供电可靠性　　B. 破坏电力系统的稳定性

C. 有些用户被迫停电　　D. 以上都不对

问答题：

6.1.11　母线保护的配置原则是什么？

6.1.12　母线发生短路故障时，有哪些切除方法？试说明之。

6.1.13　何谓母线的完全电流差动保护和不完全电流差动保护？试说明不同点。

6.1.14　电流相位比较式母线保护与电流差动母线保护相比有何优点？

6.1.15　母线保护中，如何解决差动继电器躲过外部短路故障时不平衡电流的能力和内部短路故障时应有一定的灵敏度之间的矛盾？试说明之。

任务 6.2

判断题：

6.2.1　断路器失灵保护是一种远后备保护，当元件断路器拒动时，该保护隔离故障点。(　　)

6.2.2　某 110 kV 变电站的一条 10 kV 出线故障。线路电流保护动作但断路器拒动时，则启动 10kV 母线的失灵保护来切除故障。(　　)

6.2.3　断路器失灵保护的相电流判别元件的整定值，在为了满足线路末端单相接地故障时有足够灵敏度，可不躲过正常运行负荷电流。(　　)

单选题：

6.2.4　断路器的失灵保护是(　　)。

A. 一种近后备保护，当故障元件的保护拒动时，可依靠该保护切除故障

B. 一种远后备保护，当故障元件的断路器拒动时，必须依靠故障元件本身保护的动作信号启动失灵保护以切除故障点

C. 一种近后备保护，当故障元件的断路器拒动时，可用该保护隔离故障点

D. 一种远后备保护，先于故障元件的保护

6.2.5　对双母线接线的变电所，当某一连接元件发生故障且断路器拒动时，失灵保护动作应首先跳开(　　)。

A. 拒动断路器所在母线上的所有断路器

B. 母联断路器

C. 故障元件的其他断路器

D. 以上都不对

6.2.6 下列保护中,属于后备保护的是( )。

A. 变压器差动保护　　B. 瓦斯保护

C. 高频闭锁零序保护　　D. 断路器失灵保护

6.2.7 双母线的电流差动保护,当故障发生在母联断路器与母联 TA 之间时出现动作死区,此时应( )。

A. 启动远方跳闸　　B. 启动母联失灵(或死区)保护

C. 启动失灵保护及远方跳闸　　D. 以上都不对

6.2.8 对双母线接线方式的变电所,当某一连接元件发生故障且断路器拒动时,失灵保护动作应首先跳开( )。

A. 拒动断路器所在母线上的所有断路器

B. 母联断路器

C. 故障元件其他断路器

D. 所有断路器

多选题:

6.2.9 断路器失灵保护要动作于跳开一组母线上的所有断路器,为防止保护误动,对失灵保护的启动提出了附加条件,下列正确的是( )。

A. 故障线路的保护装置出口继电器动作后不返回

B. 可随便动作

C. 在保护范围内仍然存在着故障

D. 以上都不对

6.2.10 下列关于断路器失灵保护的说法正确的是( )。

A. 断路器失灵保护是一种后备保护　　B. 在断路器拒动时动作

C. 可作为主保护　　D. 以上都不对

问答题:

6.2.11 为什么双母线接线的断路器失灵保护要以较短时限先切母联断路器,再以较长时限切除故障母线上的所有断路器?

6.2.12 断路器失灵保护的作用是什么? 为提高断路器失灵保护动作的可靠性,一般应采取哪些措施?

6.2.13 双母线接线中,如何切除在母联断路器和母联电流互感器之间发生短路故障?

附　录

附录 1　白马垅变一次接线图

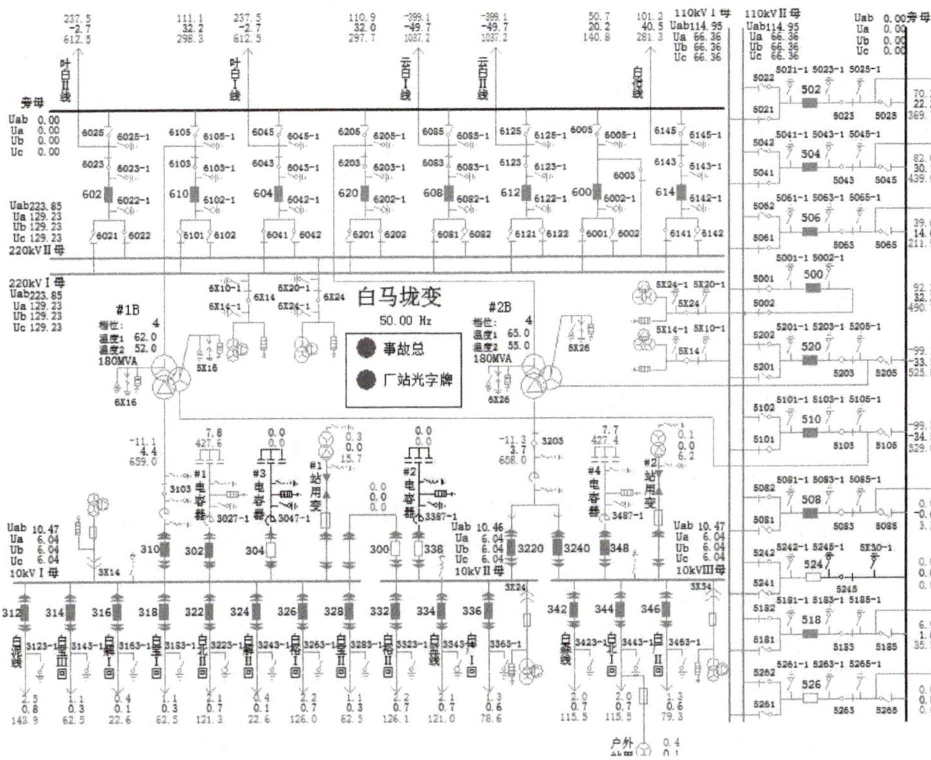

附录 2　白马垅变正常运行方式

(1)**电源及主变**

608(云白Ⅰ线)、612(云白Ⅱ线)为白马垅变电源,分别接于Ⅰ母、Ⅱ母。

#1 主变、#2 主变并联运行,220 kV 母联 600、110 kV 母联 500 处于运行状态,10 kV 母联 300 处于热备用状态。

(2)220 kV 系统

220 kV 母线为双母线带旁路接线。Ⅰ母所连设备为610(#1 主变)、604(叶白Ⅰ线)、608(云白Ⅰ线)、614(白冶线)均处于运行状态;Ⅱ母所连设备为602(叶白Ⅱ线)、612(云白Ⅱ线)、620(#2 主变)均处于运行状态。600 为母联兼旁路断路器。

(3)110 kV 系统

110 kV 母线为双母线带旁路接线。Ⅰ母所连设备为502(白氮线)、504(白化线)、506(白牵线)、510(#1 主变)均处于运行状态;Ⅱ母所连设备为508(白叶线)、518(白南线)、526(桂白线)、520(#1 主变)均处于运行状态。500 为母联断路器,524 为旁路断路器。

(4)10 kV 系统

10 kV 母线为单母线分段接线。Ⅰ母所连设备312,314,316,318,322,324,326,328,310均处于运行状态,1#电容器302 处于运行状态,3#电容器304 处于热备用状态;Ⅱ母所连设备332,334,336,3320 均处于运行状态,2#电容器338 处于热备用状态;Ⅲ母所连设备342,344,346,3240 均处于运行状态,4#电容器348 处于运行状态。1#,2#所用变分别接于Ⅰ母、Ⅲ母、334(白北Ⅰ回)户外站用电源。

附录3　白马垅变保护配置

(1)主变保护配置

#1、#2 主变保护采用两面屏配置。

<table>
<tr><th colspan="2">保护名称</th><th>保护范围</th><th>动作行为</th></tr>
<tr><td colspan="2">差动保护</td><td>主变本体、套管及三侧引出线至断路器处(LP1)</td><td>零秒跳主变三侧断路器</td></tr>
<tr><td rowspan="2">220 kV 复压(方向)过流</td><td>复压(方向)过流</td><td rowspan="2">主变本体、引线及220 kV 线路的后备保护(LP2)</td><td>t_1 跳 600　t_2 跳高压侧</td></tr>
<tr><td>220 kV 复压过流</td><td>跳三侧</td></tr>
<tr><td rowspan="4">220 kV 零序电流保护</td><td>零序方向Ⅰ段</td><td rowspan="4">主变本体、引线及220 kV 线路的后备保护(LP3)</td><td>t_1 跳 600　t_2 跳高压侧</td></tr>
<tr><td>零序方向Ⅱ段</td><td>t_1 跳 600　t_2 跳高压侧</td></tr>
<tr><td>零序过流</td><td>跳三侧</td></tr>
<tr><td>中性点零序过流</td><td>t_1 跳 600　t_2 跳三侧</td></tr>
<tr><td colspan="2">220 kV 间隙保护</td><td>不接地变三侧(LP4)</td><td>跳三侧</td></tr>
<tr><td rowspan="2">110 kV 复压(方向)过流</td><td>复压(方向)过流</td><td rowspan="2">主变本体、引线及110 kV 线路的后备保护(LP5)</td><td>t_1 跳 500　t_2 跳中压侧</td></tr>
<tr><td>110 kV 复压过流</td><td>跳三侧</td></tr>
</table>

续表

<table>
<tr><th colspan="2">保护名称</th><th>保护范围</th><th>动作行为</th></tr>
<tr><td rowspan="4">110 kV 零序电流保护</td><td>零序方向Ⅰ段</td><td rowspan="4">主变本体、引线及 110 kV 线路的后备保护（LP6）</td><td>t_1 联跳　t_2 跳 500　t_3 跳中压侧</td></tr>
<tr><td>零序方向Ⅱ段</td><td>t_1 联跳　t_2 跳 500　t_3 跳中压侧</td></tr>
<tr><td>零序过流</td><td>跳三侧</td></tr>
<tr><td>中性点零序过流</td><td>t_1 联跳　t_2 跳 500　t_3 跳三侧</td></tr>
<tr><td colspan="2">另一台主变 110 kV 零序联跳 1</td><td>LP8</td><td></td></tr>
<tr><td colspan="2">另一台主变 110 kV 零序联跳 2</td><td>LP19</td><td></td></tr>
<tr><td colspan="2">10 kV Ⅰ（Ⅲ）段复压过流</td><td>主变低压侧、10 kV 母线及出线（LP9）</td><td>$t_1$300　t_2 跳 310（330）　t_3 跳三侧</td></tr>
<tr><td colspan="2">10 kV Ⅰ（Ⅲ）段限时速断</td><td>主变低压侧、10 kV 母线及出线（LP10）</td><td>$t_1$300　t_2 跳 310（330）　t_3 跳三侧</td></tr>
<tr><td colspan="2">10 kV Ⅱ（Ⅳ）段复压过流</td><td>主变低压侧、10 kV 母线及出线（LP26）</td><td>$t_1$300　t_2 跳 320（330）　t_3 跳三侧</td></tr>
<tr><td colspan="2">10 kV Ⅱ（Ⅳ）段限时速断</td><td>主变低压侧、10 kV 母线及出线（LP27）</td><td>$t_1$300　t_2 跳 320（330）　t_3 跳三侧</td></tr>
<tr><td colspan="2">本体重瓦斯</td><td>主变本体内部故障（LP20）</td><td>零秒跳主变三侧断路器</td></tr>
<tr><td colspan="2">调压重瓦斯</td><td>主变调压装置故障（LP21）</td><td>零秒跳主变三侧断路器</td></tr>
<tr><td colspan="2">压力释放</td><td>LP22</td><td>发信</td></tr>
<tr><td colspan="2">冷却器故障 1</td><td>LP23</td><td>20 min 跳三侧</td></tr>
<tr><td colspan="2">冷却器故障 2</td><td>LP48</td><td>20 min 跳三侧</td></tr>
<tr><td colspan="2">绕组温度</td><td>LP24</td><td>95 ℃发信</td></tr>
<tr><td colspan="2">油温保护</td><td>LP25</td><td>105 ℃跳三侧</td></tr>
</table>

（2）线路保护配置

<table>
<tr><th>序号</th><th>电压等级</th><th>线路保护</th><th>保护配置</th></tr>
<tr><td rowspan="2">1</td><td rowspan="2">220 kV</td><td>220 kV 纵联分相距离保护柜Ⅰ屏</td><td>纵联差动保护
三段式相间和接地距离
四段零序方式保护</td></tr>
<tr><td>220 kV 光纤差动线路保护柜Ⅱ屏</td><td>失灵启动
三相不一致保护
充电保护
光纤差动保护
三段式相间和接地距离
四段零序方式保护
综合重合闸</td></tr>
</table>

续表

序号	电压等级	线路保护	保护配置
2	220 kV	220 kV 旁路纵联分相距离保护柜	纵联差动保护 三段式相间和接地距离 四段零序方式保护 电压切换箱 分相操作箱 失灵启动 三相不一致保护 充电保护
3	110 kV	线路保护柜	三段式相间和接地距离 四段零序方式保护 三相一次重合闸
4	10 kV		时限过电流保护、不平衡电流保护、差压保护、过压保护、低压保护、零序过压保护、零序电流保护、TV 断线告警

(3)**母线保护**

220 kV 母线为双母线接线方式,母线保护配置两套微机母线保护。

保护设备名称	保护屏名称	保护配置
220 kV 母线保护	220 kV 母线保护Ⅰ屏	母线差动保护、母联死区保护、母联失灵保护及断路器失灵保护
	220 kV 母线保护Ⅱ屏	母线差动保护、母联(分段)断路器失灵和盲区保护、断路器失灵保护、复合电压闭锁功能、运行方式识别功能、CT 断线告警及闭锁功能、母联(分段)充电过流保护、母联(分段)非全相保护
110 kV 母差保护	110 kV 微机母差保护屏	母线差动保护、母联(分段)断路器失灵和盲区保护、断路器失灵保护、复合电压闭锁功能、运行方式识别功能、CT 断线告警及闭锁功能、母联(分段)充电过流保护、母联(分段)非全相保护

参考文献

[1] 张保会,尹项根.电力系统继电保护[M].2 版.北京:中国电力出版社,2009.

[2] 李彦梅. 电力系统继电保护与自动化[M].北京:中国电力出版社,2009.

[3] 国家电力调度通信中心.国家电网公司继电保护培训教材:上、下册[M].北京:中国电力出版社,2009.

[4] 江苏省电力公司.电力系统继电保护原理与实用技术[M].北京:中国电力出版社,2005.

[5] 高春如.大型发电机组继电保护整定计算与运行技术[M].北京:中国电力出版社,2010.

[6] 崔家佩,孟庆炎,陈永芳,等.电力系统继电保护与安全自动装置整定计算[M].北京:中国电力出版社,1993.

[7] 李发海,朱东起.电机学[M].北京:科学出版社,2001.

[8] 杨增力.超高压线路继电保护整定计算及协调问题研[M].武汉:华中科技大学,2008.

[9] 庄凤华.220 kV 线路保护动作的行为分析[J].电力安全技术,2017,19(6):67-70.

[10] 黄晓晖.发电机负序功率方向继电器动作分析[J].电力自动化设备,2001,21(2):30-31.

[11] 杨利水,王艳,等.电力系统继电保护与自动装置[M].北京:中国电力出版社,2014.

[12] 陈根永,赵建宾,冯振保.电力系统继电保护整定计算原理与算例[M].北京:化学工业出版社,2010.

[13] 李火元,等,电力系统继电保护与自动装置[M].2 版.北京:中国电力出版社,2009.

[14] 贺家李,李永丽,董新洲,等.电力系统继电保护原理[M].4 版.北京:中国电力出版社,2010.

[15] 谷水清,李凤荣,梁国艳,等.电力系统继电保护[M].北京:中国电力出版社,2007.

[16] 杨娟,周卫星.变电运行[M].北京:中国电力出版社,2012.

[17] 刘旭.一起发电机失磁保护跳机事件分析[J].能源研究与管理,2018(3):60-62.

[18] 黄新.一起 300 MW 发电机失磁保护动作原因的分析与处理[J].山东工业技术,2017(24):168.

